逆向工程数据特征计算与识别

李自胜　肖晓萍　著

U0253879

中国原子能出版社

图书在版编目（CIP）数据

逆向工程数据特征计算与识别 / 李自胜，肖晓萍著
. --北京：中国原子能出版社，2024.4
ISBN 978-7-5221-3309-6

Ⅰ．①逆…　Ⅱ．①李…②肖…　Ⅲ.①工业产品–数
据模型–计算②工业产品–数据模型–识别　Ⅳ.
①TB472

中国国家版本馆 CIP 数据核字（2024）第 068834 号

逆向工程数据特征计算与识别

出版发行	中国原子能出版社（北京市海淀区阜成路 43 号　100048）
责任编辑	张　磊
责任印制	赵　明
印　　刷	河北宝昌佳彩印刷有限公司
经　　销	全国新华书店
开　　本	787 mm×1092 mm　1/16
印　　张	16.75
字　　数	260 千字
版　　次	2024 年 4 月第 1 版　2024 年 4 月第 1 次印刷
书　　号	ISBN 978-7-5221-3309-6　　　**定　价　88.00 元**

发行电话：010-88821568　　　　　　　　版权所有　侵权必究

前　　言

　　逆向工程是利用仪器设备对实物样件测量，生成离散几何模型，逆向分析模型，获得样件的技术规格，并根据需要进行再设计的过程。样件测量是逆向工程的第一步，测量仪器设备主要有 CMM、三维激光扫描仪、结构光源转换仪、深度相机或 X 射线断层成像等 3D 扫描仪，测量数据又称为逆向工程数据或点云数据。逆向工程数据作为一种三维图像表现形式，是同一空间参考系下实物样件空间分布和表面特性的海量点集合，是一种基础的三维模型。每个点对应样件表面的空间位置，点与点之间无拓扑关系，隐藏了实物样件的大量信息。逆向工程数据模型的本质是实物样件表面的空间坐标，以离散化方式呈现实物样件表面的几何形状，包含了点、线和面这些基本几何元素。无论是数据数模处理还是应用，均以点、线和面为基础，通过计算基本元素的几何属性值，获得几何量，由几何量构成三维模型或局部区域的几何特征，以表征三维模型或区域，便于模型辨识和应用。本书包括两个部分，分别从两个方面介绍逆向工程数据的特征计算与识别。

　　第 1 章阐述图像点云修复测量点云模型孔洞的方法，先后介绍了相机参数标定原理与方法，序列图像生成图像点云的运动结构恢复方法，图像点云的密度调控方法，图像点云与测量点云粗配准的主方向计算方法，融合密度特征的精配准 ICP 方法。

　　第 2 章阐述测量曲线定位方法，以微分几何为工具，从曲线曲率、挠率和 Frenent 标架等定义出发，先后介绍了离散曲线的曲率、挠率和标架的估算方法，曲线端点搜索方法，离散曲线与理论曲线粗定位的采样细分方法，离散曲线与理论曲线精定位的求解的 Levenberg-Marquardt 方法。

第 3 章阐述测量曲面定位方法，以微分几何为工具，从理论曲面的基本形式、法曲率、Weingarten 变换、主曲率、脐点定义出发，分别介绍了参数曲面和隐式曲面脐点计算方法、离散曲面主法向与脐点估算方法，离散曲面与理论曲面粗配准准则与求解方法，离散曲面与理论曲面最近点搜索方法，精配准求解方法。

第 4 章阐述点云模型测地路径计算方法，从曲面测地线定义出发，介绍了非均匀网格划分方法，单向非均匀紧致差分快速行进法，测地路径的正向跟踪法。

第 5 章阐述点云模型的法线估算方法，通过对邻近点构成空间非均匀网格划分，利用单向非均匀紧致差分快速行进法计算各单元格值，使用紧致差分计算单元格二阶差分近似曲率值，沿曲率值最大方向从起点向终点传播，对测地路径主法向量进行拟合，估算出点云法线。

第 6 章阐述点云模型特征线提取方法，从 Laplace 算子定义出发，在给出曲面 Laplace 与曲面曲率关系证明基础上，介绍了点云模型的 Laplace 算子估算方法，应用 Laplace 算子提取特征点的方法，特征线识别与重建方法。

第 7 章阐述基元曲面识别方法，分别介绍了高斯映射对曲面分组方法，应用 Lapalce-Beltrami 算子区别球面和环面的方法，平面、柱面、锥面、球面和环面的形状识别方法及几何参数提取方法。

每章综述了各章主题内容的国内外相关研究现状，以帮助读者了解本领域的发展动态，把握技术发展趋势。书中给出了工程样例，样例主要源于机械领域，逆向工程数据具有共性，本书中的方法亦可用于其他相关领域。

肖晓萍撰写第 1 章、第 2 章、第 3 章和第 4 章，约 14 万字，李自胜撰写第 5 章、第 6 章和第 7 章，约 11 万字，由李自胜统稿。

　　本书得到西南科技大学制造科学与工程学院、四川省科技计划"点云特征自动识别关键技术与应用研究（2017GZ0350）"、西南科技大学博士基金"混合维数据融合原理、方法及在特征识别中的应用（17zx7153）"与"曲线曲面测量定位与测点布局规划研究（17zx7154）"等单位和项目资助，同时硕士生蒙浩参与第 1 章插图和校对工作，在此表示感谢。

　　鉴于作者水平有限，书中出现错误和不完善论点在所难免，恳请同行专家学者进行斧正。

著　者

2024 年 1 月

目　　录

第 1 章　融合密度特征的点云孔洞修复

1.1　国内外研究现状

三维测量设备在获取点云数据过程中，受周围环境的影响而含有噪声，同时也会受测量设备、测量方式的限制，实体模型表面存在缺陷，这些因素导致数据缺失问题[1]，形成点云孔洞。孔洞的存在会对网格重构带来困难，使生成的网格含有几何拓扑错误，无法保证重建模型的准确性和完整性，进而对模型的重建效果产生重大影响，有必要对点云数据中的孔洞进行修复。

现有关于点云孔洞修复方法主要分为三类：

（1）网格法，对点云进行三角化等处理得到相应的网格模型，判断网格中三角形的边是否为边界边以得到孔洞边界，并对孔洞区域采用插值等算法修补填充。谢倩茹等[2]提出一种基于曲率特征的孔洞修复方法，首先识别出孔洞边界，使用波前法完成孔洞的初始修复，然后结合曲率标准细化孔洞网格，利用 Delaunay 性质优化网格，提高修补网格质量，该方法适用于多种类型的孔洞修复。Ngo 等[3]提出一种针对网格模型的点云孔洞修复方法，将复杂孔洞细分为多个简单的二维曲面孔洞，利用三角网格算法填充二维曲面孔洞，并将二维曲面孔洞映射到原三维空间，该方法可恢复孔洞区域的尖锐特征。刘云华等[4]提出一种基于区域生长的孔洞修复方法，根据模型拓扑关系提取孔洞边界，以孔洞边界为起点划分孔洞周边网格，利用对应孔洞特征区域的几何性质计算修补面片的法矢，并采用逐层迭代向孔洞内部异步生长，该方法在曲率变化平缓时修复效果较好，不适用于孔洞区域曲率变化剧烈的情况。Quinsat 等[5]提出一种基于网格变形的孔洞修复方法，首先识别孔洞区域，以数值模型的先验知识作为名义网格，计算名义网格与点云偏差，采用减少变形能量的方法对名义网格变形，修复模型上孔洞区域，该方法依赖能量最小化网格的模型变形，不需要附加信息，适用于数据量和曲率变化较小的点云数据，对于海量数据，由于三角网格构建过程耗时较长，孔洞修复效率低。

（2）曲面拟合法，建立点云的空间关系，利用算法检测孔洞边界特征点，通过孔洞邻近点构建并拟合曲面片完成孔洞修复。邱泽阳等[6]提出了一种基于局部离散数据点的点云孔洞修复方法，根据孔洞区域周边的局部离散点拟合一张曲面片，采用面上取点的方式填补孔洞区域所缺失的点，该方法修复后的点具有较高的精度，并且与孔洞区域周围的点也具有良好的连续性。朱春红等[7]提出了一种基于 B 样条曲面的点云孔洞拟合填充方法，对孔洞区域周围离散点参数化，最小二乘自适应拟合曲面片，迭代优化得到拟合曲面，该方法拟合后的曲面精度较高，可以应用于复杂曲面的点云孔洞修复。Li 等[8]提出了一种基于混合多项式技术的点云孔洞修复方法，查找特征点在孔洞区域周边的邻近点定义特征曲线，特征曲线将复杂孔洞划分为子孔洞，用 Bezier 拉格朗日面片填充子孔洞，该方法在很大程度上取决于如何对复杂孔洞的分割。Marchandise 等[9]提出一种基于径向基函数网格修复方法，正交梯度法求解径向基函数在任意曲面的偏微分方程，该方法能够较好地修复点云孔洞。晏海平等[10]提出了一种基于径向基函数的孔洞修复算法，提取点云孔洞边界特征点，在孔洞区域的最小二乘特征平面上填充孔洞，利用径向基函数，建立孔洞边界点及其邻域的隐式曲面，将孔洞填充点向曲面调整，从而实现点云孔洞修复，该方法能够实现孔洞区域修补点与原始点云数据间的平滑过渡，孔洞修复效果良好。王凡[11]提出了一种基于机器学习的多尺度 RBF 并行点云孔洞修复方法，可以较好地修复点云孔洞，同时获得较高的加速比。刘许等[12]采用非封闭孔洞相连的点云数据边界，确定出孔洞修复区域，根据提取的非封闭孔洞边界点及其邻域信息，基于移动最小二乘法重构隐式曲面，通过一定步长进行隐式曲面采样，实现孔洞修补点与原始点云数据的平滑过渡，完成孔洞修复，该方法具有较好的修复效果。曾露露等[13]提出一种基于运动恢复结构点云孔洞修复算法，将三维孔洞边界点投影得到的二维相位信息，提取孔洞边界，配准获取的点云数据与光栅投影法采集的点云数据，并提取信息补充点，最后在添加补充点后的点云数据上，利用径向基函数进一步修补孔洞，该方法对于表面缺乏纹理的数据修复效果一般，但不需要建立网格模型，一定程度上提高了孔洞修复的效率。

（3）坐标法，采用多个步骤计算孔洞处点云空间坐标。针对 ATOS 扫描设备，李绪武[14]提出了通过多幅图像对点云数据进行孔洞修复的方法，在对被测物体进行三维测量的同时，通过相机拍摄被测物体的多视图照片，提取二维图像与三维点云数据中非编码点的位置坐标和缺陷点云的边界，以非编码点建立图像与点云数据间的对应关系，并求出焦点位置，建立焦点与需修补非编码点之间的空间直线方程，计算多条直线交点，确定所要修复的缺陷点云数据位置坐标，但是该方法对没有非编码点的二维图像不适用。

现有的孔洞修复技术在精度、效率和适用性上无法同时兼顾。使用三维测量设备补测数据以修复点云孔洞，由于设备本身精度及环境等因素限制，通常情况下补测得到数据的效果并不理想。与之相比，普通的成像系统所成图像具有较高的分辨率，这对目标区域识别极为重要，并且图像的获取相对方便，灵活性较高，成本较低，数字图像的特征提取算法也相对成熟。因此，可利用相机在点云数据中存在孔洞的样件对应区域处，补拍若干张图像，将拍摄图像生成三维图像点云，然后将图像点云与原点云数据配准，修复孔洞区域。

为了利用补拍图像的方法来修复三维测量所获取点云数据中的孔洞，需要将点云与图像进行配准融合。点云数据与图像数据属于不同类型传感器数据，它们之间的配准问题属于三维-二维数据配准问题。在实际配准过程中，需要根据两种数据各自的特点采取不同的配准方法。根据配准过程不同，二维数据与三维数据的配准方法可分为以下三类[15]：

（1）基于设备位置同步的配准法，将三维测量设备与摄像机刚性连接，固定二者位置，使其共享同一空间位置变化，在匹配过程中获取摄像机在空间中的位置实现配准。Levoy 等[16]将相机与扫描仪固定在一起，使用预定的同名点标定相机和扫描仪的位置关系，然后进行图像与点云的配准，该方法需要对相机和扫描仪之间的位置关系进行标定，标定精度要求较高。Scaramuzza 等[17]研究了自然场景中扫描仪与相机的联合标定，该方法需要手动选择点云与图像中的匹配点对，不仅耗时，并且人为引入的误差容易影响其精度。该类方法是二维数据与三维数据配准中最简便的方法，但是该方法受制于三维测量设备与摄像机位置校正的准确性，并且需要对摄像机进行标定。

（2）基于特征的 3D-2D 配准法，该方法关键在于如何将二维图像和三维点云中的同名特征进行提取，这些同名特征一般为同名特征点，在研究中也引入了轮廓线和特征线等其他特征。Stamos 等[18]通过提取图像与点云中的直线来进行三维场景重建，以相机坐标系原点与提取的直线构成平面，通过使点云中同名直线端点到该平面的投影距离最小化来求解刚体变换矩阵，该方法只适用于含有大量直线的场景。Roux[19]通过提取图像中的平面特征和点云中的点作为配准基元，求出图像与点云间的变换关系，实现点云与图像的融合，但是该方法需要进一步验证配准精度。胡戳[20]提出一种基于直线和平面特征的配准算法，首先提取图像和点云中的直线特征，计算刚体变换矩阵，根据灭点的几何属性从二维图像中计算三维特征，从而实现配准，该方法主要适用于配准规则物体，对于配准不规则物体需要对算法进行进一步改进。

方伟[21]通过将三维点云进行投影生成强度全景影像，将 3D-2D 配准转为 2D-2D 配准，然后提取和匹配强度影像与光学影像之间的特征，将无效匹配剔除后把强度影像中的特征点转换为三维点，实现点云与图像的配准，但是该方法无法提取影像变形较大处的特征点。

（3）基于立体像对的 3D-3D 配准法，该方法首先要对一组二维图像进行匹配、定向以及模型连接生成三维立体像对，然后对点云和三维立体像对间的同名特征点进行提取，将点云与立体像对间的空间变换关系求解之后，利用该空间变换关系求解图像在点云坐标系下的外方位元素值。邓非等[22]提出一种基于立体像对匹配点与点云的最近邻迭代配准算法，能够将立体像对匹配点与三维点云进行准确的配准，并且该方法在使用两幅以上的图像时，配准效果更好。米晓峰等[23]提出一种基于点特征的点云与图像配准方法，采用立体像对与点云联合同名点搜索算法，迭代匹配图像特征点与点云，实现一个像对区域的图像与点云的高精度配准，该方法对图像质量的要求较高。

本章主要介绍图像生成图像点云并用于测量点云孔洞修复的方法。在利用图像点云数据修复测量点云孔洞时，图像点云与测量点云的密度往往不一致，有时甚至相差较大，为了使二者能够更好地配准融合，需要对图像点云的密度进行调控。密度调控一方面可以减小点云密度，精简点云数据，便于数据的储存和处理；另一方面也可以增大点云密度，增强细节信息。

1.2　图像点云生成

深度图（Depth Map）和距离图像（Range Image）是生成图像点云的两种主要方式。深度图是指将场景中各点到参考平面的距离作为像素值的图像，参考平面可为像平面、焦平面或非常靠近目标物体的平面。距离图像是指将场景中各点到参考点的距离作为像素值的图像，参考点通常为相机位置。为方便孔洞修复，采用相机补拍图像，利用距离图像生成图像点云。距离图像生成点云需对相机进行内外参数标定，并采用运动恢复结构法生成点云，同时需要调整图像点云的密度，使其接近待修复点云密度，以保持修复后点云模型各部分密度一致性。

1.2.1 相机标定

1. 成像坐标系

相机成像涉及像素坐标系、图像坐标系、相机坐标系和世界坐标系，成像过程就是坐标系之间变换的过程。

（1）像素坐标系

图像的像素坐标系以像素为单位，如图 1-1 所示，以图像最左上顶点 O_0 为原点，将图像像素坐标系 $O_0 \text{-} uv$ 建立在图像上，像素点在图像平面数组中的行数与列数构成了该像素点的坐标 (u, v)。

（2）图像坐标系

因为相机相邻像素点之间距离（像元尺寸）的差异，像素坐标只是代表像素的位置，不具备度量信息。为了能够将图像中某点的

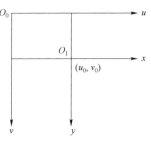

图 1-1　像素坐标系和图像坐标系

物理位置确切地表示出来，在获取了图像的物理单位之后，就可以建立图像坐标系对位置信息进行物理度量。如图 1-1 所示，图像中的直角坐标系 $O_1 \text{-} xy$ 表示图像坐标。这个坐标系的原点在图像中心 O_1 点处，坐标轴平行于像素坐标系的 u 轴和 v 轴。

原点 O_1 是相机光学中轴与成像平面的交点。假设图像坐标系的原点 O_1 在像素坐标系 $O_0 \text{-} uv$ 中的坐标为 (u_0, v_0)，在理想状态下，(u_0, v_0) 处于图像中心位置，但是由于生产工艺存在的误差等因素，在实际应用中很难达到理想状态，从而会存在一定偏移，令 dx 和 dy 分别表示 x 方向和 y 方向像素的物理尺寸，则坐标系 $O_0 \text{-} uv$ 和坐标系 $O_1 \text{-} xy$ 之间存在以下转换关系：

$$\begin{bmatrix} u \\ v \\ 1 \end{bmatrix} = \begin{bmatrix} \dfrac{1}{dx} & 0 & u_0 \\ 0 & \dfrac{1}{dy} & v_0 \\ 0 & 0 & 1 \end{bmatrix} \begin{bmatrix} x \\ y \\ 1 \end{bmatrix} \qquad （1\text{-}1）$$

（3）相机坐标系

如图 1-2 所示，相机坐标系 $O_c\text{-}X_cY_cZ_c$ 的原点是相机的光学中心 O_c、X_c、Y_c 轴分别与图像坐标系的 x、y 轴平行，Z_c 轴与相机光轴重合，并且这两者与该图像平面属于垂直关系，交点为图像坐标系原点 O_1，坐标系原点到图像平面的距离 O_cO_1 为相机焦距 f。从成像平面角度来说，$P(x,y)$ 为该坐标系中点 $P_c(X_c,Y_c,Z_c)$ 的成像点。

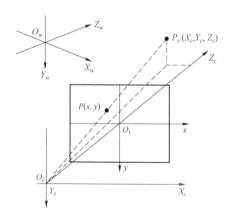

图 1-2　相机坐标系与世界坐标系

（4）世界坐标系

空间物体的三维位置用世界坐标系来描述。如图 1-2 所示，$O_w\text{-}X_wY_wZ_w$ 是世界坐标系。摄像机在空间中的位置不相同，各相机坐标系也不相同。在世界坐标系中描述不同位姿的相机，需要依靠旋转矩阵 $\boldsymbol{R}$ 和平移矩阵 $\boldsymbol{T}$ 来实现各相机坐标系间的联系。假设空间一点 P 在世界坐标系 $O_w\text{-}X_wY_wZ_w$ 和相机坐标系 $O_c\text{-}X_cY_cZ_c$ 下的坐标值分别为 $P_w(X_w,Y_w,Z_w)^T$ 和 $P_c(X_c,Y_c,Z_c)^T$，则点 P 的坐标值在各自坐标系之间存在如下关系：

$$\begin{bmatrix} X_c \\ Y_c \\ Z_c \\ 1 \end{bmatrix} = \begin{bmatrix} R & T \end{bmatrix} \begin{bmatrix} X_w \\ Y_w \\ Z_w \\ 1 \end{bmatrix} \tag{1-2}$$

式中：R 为三阶旋转矩阵，T 为三维平移向量。

由针孔相机模型，图像坐标系和相机坐标系中对应点的坐标值转换关系：

$$Z_c \begin{bmatrix} x \\ y \\ 1 \end{bmatrix} = \begin{bmatrix} f & 0 & 0 \\ 0 & f & 0 \\ 0 & 0 & 1 \end{bmatrix} \begin{bmatrix} X_c \\ Y_c \\ Z_c \end{bmatrix} \tag{1-3}$$

将式（1-3）与式（1-1）结合可以得到：

$$\begin{bmatrix} u \\ v \\ 1 \end{bmatrix} = \frac{1}{Z_c} \begin{bmatrix} \dfrac{1}{\mathrm{d}x} & 0 & u_0 \\ 0 & \dfrac{1}{\mathrm{d}y} & v_0 \\ 0 & 0 & 1 \end{bmatrix} \begin{bmatrix} f & 0 & 0 \\ 0 & f & 0 \\ 0 & 0 & 1 \end{bmatrix} \begin{bmatrix} X_c \\ Y_c \\ Z_c \end{bmatrix} = \frac{1}{Z_c} \begin{bmatrix} \dfrac{f}{\mathrm{d}x} & 0 & u_0 \\ 0 & \dfrac{f}{\mathrm{d}y} & v_0 \\ 0 & 0 & 1 \end{bmatrix} \begin{bmatrix} X_c \\ Y_c \\ Z_c \end{bmatrix} \tag{1-4}$$

将世界坐标系下的点 P_w 变换到相机坐标系可以得到：

$$Z_c \begin{bmatrix} u \\ v \\ 1 \end{bmatrix} = \begin{bmatrix} \dfrac{f}{\mathrm{d}x} & 0 & u_0 \\ 0 & \dfrac{f}{\mathrm{d}y} & v_0 \\ 0 & 0 & 1 \end{bmatrix} \begin{bmatrix} R & T \end{bmatrix} \begin{bmatrix} X_w \\ Y_w \\ Z_w \\ 1 \end{bmatrix} = K \begin{bmatrix} R & T \end{bmatrix} \begin{bmatrix} X_w \\ Y_w \\ Z_w \\ 1 \end{bmatrix} \tag{1-5}$$

式中：f、$\mathrm{d}x$、$\mathrm{d}y$、u_0、v_0 是相机自身属性，为相机内参数；分别令 $\dfrac{f}{\mathrm{d}x}$、$\dfrac{f}{\mathrm{d}y}$ 为 a_x、a_y，称之为水平尺度因子和垂直尺度因子；K 为相机内参数矩阵；R、T 分别为旋转矩阵和平移矩阵；$\begin{bmatrix} R & T \end{bmatrix}$ 为相机外参矩阵。

2. 相机标定方法

相机内参数描述了相机的内部结构，因此需要计算相机的内参数，才能从图像中映射出物体空间坐标值，相机内参数要通过相机标定来得到。现有相机标定方法可分为传统标定法和自标定法[24]。

传统标定法基于形状与尺寸已知的标定物，通过对比标定物上的三维坐标点与所拍摄图像像素点之间的对应关系得到相机矩阵，将相机矩阵进行分解得到相机内参数，如张正友标定法[25]、RAC 标定法[26]等，任一个相机都能用此方法标定，虽然操作过程复杂，但标定精度较高。

自标定法基于多幅图像对应点之间的关系确定相机内参数，如基于Kruppa 方程自标定法[27]、分层逐步标定法[28]等，该标定法简单，无需标定物，但标定精度较低。

张正友标定法[25]是一种基于棋盘格模板的标定法，采用多个视点拍摄棋盘标定板，从图像中提取棋盘特征点并计算对应点的坐标，利用特征点和对应点的坐标关系求出相机的内外参数。与传统标定法不同，张正友标定法不需要高精度标定物，仅用标准棋盘格图像，自动化程度较高，精度高于自标定法，因此得到广泛应用。

假设标定板平面与 $Z=0$ 的世界坐标系平面重合，令 $Z=0$ ，可将式（1-5）转化为：

$$Z_c \begin{bmatrix} u \\ v \\ 1 \end{bmatrix} = K[r_1 \quad r_2 \quad r_3 \quad T] \begin{bmatrix} X_w \\ Y_w \\ 0 \\ 1 \end{bmatrix} = K[r_1 \quad r_2 \quad T] \begin{bmatrix} X_w \\ Y_w \\ 1 \end{bmatrix} \qquad （1\text{-}6）$$

其中，r_1、r_2、r_3 为旋转矩阵 R 的列向量；$K[r_1 \quad r_2 \quad T]$ 称为单应矩阵 H，H 与相机矩阵的关系为：

$$Z_c \begin{bmatrix} u \\ v \\ 1 \end{bmatrix} = H \begin{bmatrix} X_w \\ Y_w \\ 1 \end{bmatrix} \qquad （1\text{-}7）$$

其中，$H = [h_1 \quad h_2 \quad h_3] = K[r_1 \quad r_2 \quad T]$。

相机的内外参数可以通过式（1-7）计算，同时通过棋盘平面和成像平面间的 H 约束。H 可通过计算棋盘格所在空间与成像平面上对应点得到。

每一幅图像通过旋转矩阵 R 所具备的性质得到约束等式，约束等式也是图像所对应的两个内参数：

$$\begin{cases} h_1^T \boldsymbol{K}^{-T} \boldsymbol{K}^{-1} h_2 = 0 \\ h_1^T \boldsymbol{K}^{-T} \boldsymbol{K}^{-1} h_1 = h_2^T \boldsymbol{K}^{-T} \boldsymbol{K}^{-1} h_2 \end{cases} \tag{1-8}$$

式（1-8）的计算参数矩阵 $\boldsymbol{K}$，需要三幅及以上的棋盘格图像。通过等式关系在外参数矩阵里得出平移矩阵以及旋转矩阵。

$$\begin{cases} r_1 = \boldsymbol{K}^{-1} h_1 \\ r_2 = \boldsymbol{K}^{-1} h_2 \\ r_3 = r_1 \times r_2 \\ \boldsymbol{T} = \boldsymbol{K}^{-1} h_3 \end{cases} \tag{1-9}$$

以 IMX376 传感器标定为例，使用标定板尺寸为 210（mm）×297（mm），由 7 行 9 列 63 个 28（mm）×28（mm）的正方形方格组成，如图 1-3 所示。

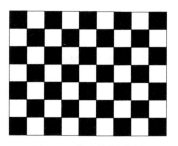

图 1-3　棋盘格标定板

使用 14 幅不同位姿棋盘格图像标定相机，得到相机内参矩阵。

$$\boldsymbol{K} = \begin{bmatrix} 3\,491.939\,587 & 0 & 2\,251.665\,491 \\ 0 & 3\,493.764\,222 & 1\,735.773\,362 \\ 0 & 0 & 1 \end{bmatrix} \tag{1-10}$$

1.2.2　图像点云生成方法

运动恢复结构法（Structure From Motion，SFM）[29]通过相机在三维空间中运动，从多个视角拍摄目标物体的多幅图像，通过图像求解相机的姿态变化，生成目标物体的三维点云数据，以恢复目标结构。

SFM 是一种经典三维重建方法，普通 RGB 摄像头实现，无需深度相机，因此成本低，且受环境约束条件较少，能适用于多种场合。SFM 能同时重建三维场景结构、估计相机位姿（或外部参数）和相机内部参数。相机外参数反映了三维场景坐标系与相机坐标系之间的刚体变换。SFM 对图像的质量要求较低，同时在三维重建过程中可实现相机的自标定。随着特征提取与匹配技术不断进步，SFM 的鲁棒性在不断增强。SFM 的主要步骤如下：

（1）特征点提取与匹配

图像特征点提取与匹配是三维重建和相机位姿估计的基础，匹配速度与精度都依赖特征点，因此特征点的稳定性和准确性非常重要。SFM 是对具有几何一致性的匹配特征点集进行重建，并建立跟踪点集合。

（2）两视图位姿估计

两幅图像 I_0 和 I_1，在拍摄 I_0 时摄像机所在位置建立世界坐标系，则拍摄 I_1 时摄像机的相对运动为 $(\boldsymbol{R}, \boldsymbol{T})$。由于同一台摄像机对目标进行拍摄，内参矩阵均为 $\boldsymbol{K}$。对 I_0 和 I_1 图像做规范化变换：

$$\begin{cases} m_0' = \boldsymbol{K}^{-1} m_0 \\ m_1' = \boldsymbol{K}^{-1} m_1 \end{cases} \tag{1-11}$$

图像规范化变换得到新图像 I_0' 和 I_1'。原图像基本矩阵（Fundamental Matrix）为：

$$\boldsymbol{F} = \boldsymbol{K}^{-T} [t]_x \boldsymbol{R} \boldsymbol{K}^{-1} \tag{1-12}$$

经过规范化变换，I_0' 和 I_1' 间的极线几何约束关系为：

$$m_1^T \boldsymbol{K}^{-T} [t]_x \boldsymbol{R} \boldsymbol{K}^{-1} m_0 = (\boldsymbol{K}^{-1} m_1)^T [t]_x \boldsymbol{R} (\boldsymbol{K}^{-1} m_0) = m_1'^T [t]_x \boldsymbol{R} m_0' = 0 \tag{1-13}$$

式（1-13）的确定依赖本质矩阵 $\boldsymbol{E} = [t]_x \boldsymbol{R}$，其中 $\boldsymbol{S} = [t]_x$ 是一个反对称矩阵，它包含了平移信息。

$$[t]_x = \begin{bmatrix} 0 & -T_Z & T_Y \\ T_Z & 0 & -T_X \\ -T_Y & T_X & 0 \end{bmatrix} \tag{1-14}$$

本质矩阵与基本矩阵的秩均为 2，描述了两幅规范化图像间的极几何关系。但本质矩阵与基本矩阵不同之处在于，前者消去了相机内参数，仅与相机外参数有关。因此，摄像机的欧式运动参数可用本质矩阵估计。

（3）运动参数估计

不妨假设摄像机的第一个外参矩阵为 $P_0=[I|0]$，I 为单位矩阵。对本质矩阵做 SVD 分解，得到该摄像机的第二个外参矩阵 $P_1=[R|T]$，上述分解过程需要计算旋转矩阵 R 和反对称矩阵 S 相乘的结果，即 SR，进而得到摄像机第二个外参 R 和 T。

将本质矩阵 E 进行 SVD 分解，

$$E=U\mathrm{diag}(\sigma,\sigma,0)V^T \tag{1-15}$$

则 S 与 R 可分别表示如下：

$$S=UZU^T \text{，} \quad R=UWV^T \text{ 或 } R=UW^TV^T \tag{1-16}$$

其中，U、V 为 3 阶酉矩阵，$W=\begin{bmatrix} 0 & -1 & 0 \\ 1 & 0 & 0 \\ 0 & 0 & 1 \end{bmatrix}$ 为正交矩阵，$Z=\begin{bmatrix} 0 & 1 & 0 \\ -1 & 0 & 0 \\ 0 & 0 & 0 \end{bmatrix}$

为反对称矩阵。

$R=UWV^T$ 和 $R=UW^TV^T$ 都能表示旋转矩阵 R，$T=u_3$ 和 $T=-u_3$ 都能表示平移向量 T。在平移向量表达式中，矩阵 U 的最后一列用 u_3 表示，可用四个式子表示摄像机的第二个外参矩阵 P_1，$P_1=[UWV^T|u_3]$、$[UWV^T|-u_3]$、$[UW^TV^T|u_3]$ 和 $[UW^TV^T|-u_3]$，但只有一个表达式是正确的，即当点同时出现在两相机像平面的正面。

（4）多视图位姿跟踪

估计前两幅图像的位姿关系，并对匹配的特征点三角化，得到一个初始三维重建结果，通过光束法平差（Bundle Adjustment，BA）对结果中的匹配点以及摄像机参数进行优化，并对每次新增图像做如图 1-4 所示的处理。

（5）全局光束法平差优化

光束法平差优化的目的是尽可能减小重建误差，它本质上是一个非线性优化算法。通过上述操作可得出最后的位姿跟踪结果，同时得出三维重建结果。

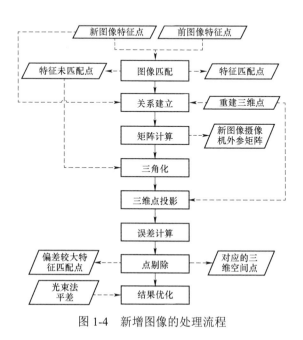

图 1-4　新增图像的处理流程

1.3　图像点云密度调控

1.3.1　图像特征点提取

使用 Shi-Tomasi 算法[30]检测图像角点。由于特征点检测是局部的，灰度图像在角点处的一阶导数为局部最大，并且在水平和竖直方向上，图像的灰度均会发生变化。

假设灰度图像在点 (x, y) 处的值为 $I(x, y)$，以该点为中心建立一个 $n \times n$ 的窗口 O，将窗口平移 $[u, v]$，产生灰度变化 $E(u, v)$：

$$E(u,v) = \sum_{(x,y) \in O} w(x,y)[I(x+u, y+v) - I(x,y)]^2 \qquad (1\text{-}17)$$

13

对于局部微小移动量 $[u,v]$，将 $I(x+u,y+v)$ 进行泰勒展开并且忽略二阶及以上项，带入式（1-17）得：

$$E(u,v)=u^2\sum_{(x,y)\in O}w(x,y)I_x^2+2uv\sum_{(x,y)\in O}w(x,y)I_xI_y+v^2\sum_{(x,y)\in O}w(x,y)I_y^2 \qquad （1-18）$$

其中，I_x、I_y 分别为灰度图像在 x 和 y 方向的偏导数，$w(x,y)$ 为特定的高斯滤波器，将式（1-18）写成矩阵形式：

$$E(u,v)=[u,v]M\begin{bmatrix}u\\v\end{bmatrix} \qquad （1-19）$$

其中，M 为 2×2 阶矩阵，其表达式为：

$$M=\sum_{(x,y)\in O}w(x,y)\begin{bmatrix}I_x^2 & I_xI_y\\I_xI_y & I_y^2\end{bmatrix} \qquad （1-20）$$

E 可近似看作局部互相关函数，M 描述了在该点的形状，可通过矩阵 M 来判断点 (x,y) 是否为角点。设矩阵 M 的两个特征值分别为 λ_1、λ_2，假如已给出的阈值小于 M 矩阵中较小的特征值，也就是 $\lambda_1\geq\lambda_2$ 并且 $\lambda_2\geq k\lambda_{2\max}$，经过上述方法可找出强角点。其中，$\lambda_{2\max}$ 是图像像素点较小特征值中的最大值。

Shi-Tomasi 算法的过程为：

（1）对图像所有像素，采用水平和垂直的差分算子滤波处理，求得 I_x、I_y，进而得到由 I_x^2、I_xI_y、I_xI_y、I_y^2 四个元素组成的 2×2 阶矩阵；

（2）对步骤（1）中的矩阵高斯平滑滤波，得到矩阵 M；

（3）求矩阵 M 的特征值 λ_1、λ_2，根据 $\lambda_1\geq\lambda_2$ 并且 $\lambda_2\geq k\lambda_{2\max}$ 判断该像素点是否为强角点；

（4）在已知的两个阈值中，如 T_C 和 T_D，对距离和数量进行定量约束，距离为相邻特征点之间的距离，数量为特征点个数。如两幅图像所提取的特征点数量相同，或同一幅图像中相邻点之间的距离大于给定阈值，可对匹配点对的数目进行评估，以防止区域重叠。

图 1-5 是图像特征点提取实验图，图中只显示了其中 1 000 个强角点。

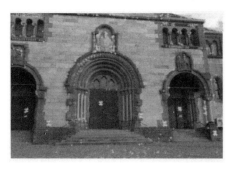

图 1-5　特征点提取实验图

1.3.2　图像点云密度调控方法

1. 密度减小方法

采用类似于四叉树的方法对二维特征点进行网格划分，对所选二维空间区域四分划分，保证划分后每个网格大小保持一致。在划分过程中，根据阈值判定节点是否为最小节点，如果大于阈值，则继续将节点所在区域四等分，直到划分后的节点小于阈值。减小图像点云密度的具体步骤如下：

（1）区域网格化，确定阈值 oc_dis，即最小单元格的边长，求出在第一幅图像中提取的二维特征点坐标在 x、y 方向的最大值和最小值，确定二维特征点区域，对该区域以 oc_dis 均匀网格化，得到一系列网格。图 1-6 是网格划分示意图，图中点 A、B 分别为 y 坐标值最大和最小的点，点 C、D 分别为 x 坐标值最小和最大的点。在网格划分过程中，为防止特征点区域未被全部划分导致特征点位于网格外，

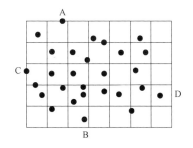

图 1-6　特征点区域均匀网格划分示意图

需要分别向特征点区域的两个相邻边长方向各增加一列单元格使得特征点区域被完全划分；

（2）特征点提取，提取每个最小单元格中距该网格中心最近的特征点，用该点表示其所属单元格中的所有点，图 1-7 是密度减小的示意图，图中点 A 距其所属单元格中心距离最近，故用该点表示其所属单元格中的所有点；

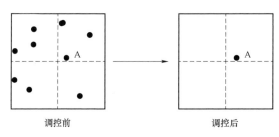

调控前　　　　　　　　　　　　调控后

图 1-7　密度减小示意图

（3）匹配特征点，使用 KLT 特征点跟踪算法，从第二幅图像中获取与步骤（2）中的特征点相匹配的点；

（4）点云生成，根据匹配点对生成图像点云。

在实际应用中，有时需要根据给定的点云密度来对图像点云的密度进行调控，点云密度用空间点云的平均间距来度量，单元格 oc_dis 值可根据给定的点云间距，利用式（1-4）进行估算，通过改变 oc_dis 的值可获得密度减小时不同密度的图像点云。

2. 密度增大方法

当给定的点云密度大于图像点云的密度时，就要增大图像点云的密度。增大图像点云密度的步骤与减小图像点云密度的步骤基本一致，只需对第二步进行修改而其余步骤保持不变即可。修改后的步骤（2）为：对每个单元格中的二维特征点，进行最小二乘曲线拟合，插值拟合曲线增大密度。图 1-8 是增大密度的流程图，其中插值的步长值由 oc_dis 值进行估算，步长值的最大值小于 oc_dis 值。图 1-9 是密度增大的示意图，图中实心点为未进行密度调控时的点，空心圆圈为增大密度时所增加的点。

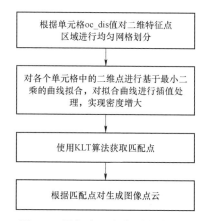

图 1-8　图像点云密度增大流程图

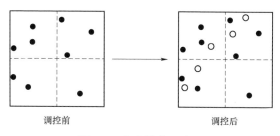

图 1-9　密度增大示意图

1.4　测量点云孔洞修复

　　孔洞修复需将待修复主体点云与用于修复的点云片配准,待修复主体点云即为测量点云,用于修复的点云片即为图像点云。点云数据配准方式由待配准点云数据特性决定,分为非刚性配准和刚性配准。刚性配准只需刚体变换,非刚性配准还需考虑点云数据之间的变形,三维点云数据通常只需刚体变换。点云配准过程可分为粗配准和精配准两个阶段,粗配准为精配准提供初始位置参数,精配准优化粗配准结果[31]。

　　点云粗配准常用的方法有基于随机取样一致(Random Sampling Consistency,RANSAC)、基于特征和基于频域的配准方法。

基于 RANSAC 的配准方法，易受几何位置关系的影响，样本子集需在任意两组点云数据里随机选择，并选取其中 3 对及以上点进行配准，并评价配准结果，如此循环，直到最优配准水平，因而该方法比较耗时。基于特征的配准方法，建立在两组点云数据具有特征基础上，特征量一致的点即为对应点或匹配点。特征量分为局部特征量和全局特征量，前者的信息编码对象仅仅是邻域所属信息的一部分，后者是由具有几何属性的点在编码过程中形成，属于特征集合的一种，全局特征配准方法比基于 RANSAC 的配准方法效率更高，但配准结果易受遮挡干扰。鉴于此，实际应用中常常采用局部特征量的配准方法。基于频域的配准方法利用傅里叶变换将全部点云数据转换到频域，需要对相应的频谱配准。该方法对点云数据配准时，重叠区域较小时不可行。

精配准方法通常是以迭代方式使两组点云数据相互逼近，使二者的距离误差达到最小。理想的初始位置参数有利于提供收敛性，达到整体最优结果。但在实际应用中，数据迭代往往只能够保证局部最优。Besl 等提出的迭代最近点（Iterative Closest Point，ICP）算法[32]及改进算法是普遍使用的点云数据精配准方法。

1.4.1　测量点云与图像点云粗配准

点云数据在空间中都有一个主方向，点云描述形状确定，主方向也随之确定。因此可通过计算点云中所有点的特征向量得到主次方向，据此，以点云数据质心为原点，建立参考坐标系，主次方向为坐标系的坐标轴。固定一个坐标系，调整另一坐标系，使两坐标系保持一致，可实现相似度较大点云间的配准。对于相似度不大的点云，该方式可减小点云间的错位。

粗配准首先要计算两组点云数据的协方差矩阵，根据协方差矩阵得到点云数据的主轴向量，进而可以得到两组点云数据之间的变换矩阵。该方法的具体过程如下：

（1）计算质心，设目标点云数据为 $P=\{p_i\,|\,i=1,\cdots,n\}$，参考点云数据

$Q = \{q_i \mid j = 1, \cdots, m\} Q$，两者的质心分别为 $\bar{P} = \dfrac{1}{n}\sum\limits_{i=1}^{n} p_i$ 和 $\bar{Q} = \dfrac{1}{m}\sum\limits_{j=1}^{m} q_j$；

（2）建立协方差矩阵，建立 P 和 Q 的协方差矩阵，计算主轴方向，得出点云数据相关性最大的方向：

$$\text{COV} = \frac{1}{n}\sum_{i=1}^{n}(p_i - \bar{P})(p_i - \bar{P}) \tag{1-21}$$

$$\text{COV}(P) = \begin{bmatrix} \text{cov}(X,X) & \text{cov}(X,Y) & \text{cov}(X,Z) \\ \text{cov}(Y,X) & \text{cov}(Y,Y) & \text{cov}(Y,Z) \\ \text{cov}(Z,X) & \text{cov}(Z,Y) & \text{cov}(Z,Z) \end{bmatrix} \tag{1-22}$$

$$\text{COV} = \frac{1}{m}\sum_{i=1}^{m}(q_i - \bar{Q})(q_i - \bar{Q}) \tag{1-23}$$

$$\text{COV}(Q) = \begin{bmatrix} \text{cov}(X,X) & \text{cov}(X,Y) & \text{cov}(X,Z) \\ \text{cov}(Y,X) & \text{cov}(Y,Y) & \text{cov}(Y,Z) \\ \text{cov}(Z,X) & \text{cov}(Z,Y) & \text{cov}(Z,Z) \end{bmatrix} \tag{1-24}$$

（3）奇异值分解，对协方差矩阵奇异值分解（SVD），特征向量 U 为主轴方向：

$$\text{COV}(P) = U_P D_P V_P^T \tag{1-25}$$

$$\text{COV}(Q) = U_Q D_Q V_Q^T \tag{1-26}$$

（4）计算刚体变换，R 是 P 和 Q 之间的旋转矩阵，T 是 P 和 Q 之间的平移矩阵：

$$\boldsymbol{R} = U_P U_Q^{-1} \tag{1-27}$$

$$\boldsymbol{T} = \bar{Q} - R \cdot \bar{P} \tag{1-28}$$

1.4.2　测量点云与图像点云精配准

1. 基于 k-d 树的最近邻点搜索

点云数据精配准需要计算最近邻点集，最近邻点搜索方法较多，用于修复的图像点云数据规模较小，选用 k-d 树算法[33]将 k 维数据空间进行分割。高维空间中，$k \geq 2$ 时，选取某一个维度进行划分，左子树与右子树均被划分了 k 维数据。k-d 树搜索算法每次只需对高维中的一个维度进行处理，计算简单，交替检测不同属性取值可快速将搜索范围减小到包含目标节点。与八叉树相比，*k-d* 树的搜索效率更高。

在 *k-d* 树的内部节点中包含属性 a 和值 V，由此将数据点分为 $a \leqslant V$、$a > V$ 两部分。因为所有维的属性均在层间循环，所以树的不同层上属性不同。图 4-4 是二维数据 *k-d* 树划分示意图，首先在 X 属性上划分，以 A 为划分节点将二维空间划分为 $X \leqslant 40$、$X > 40$ 两部分，其中左子空间包含 B、D、E 三个节点，右子空间包含 C、F 两个节点；然后分别在每个子空间中对 Y 属性进行划分，其中左子空间以 B 为划分节点，右子空间以 C 为划分节点。以此类推，直至空间中只包含一个节点为止，如图 1-10 所示。

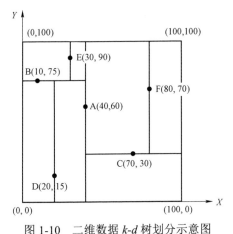

图 1-10 二维数据 *k-d* 树划分示意图

构建 *k-d* 树的过程是一个递归过程，其流程图如图 1-11 所示。

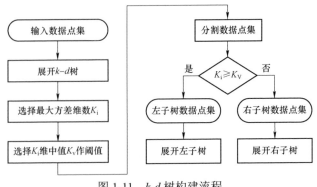

图 1-11 *k-d* 树构建流程

基于 k-d 树算法，最近邻点搜索过程为：

（1）确定最近邻点路径，从根节点起，查询点就开始比较分类维数值，如果被查询点的相应分类维数值比根节点数值大，选择右子树方向路径，反之，选择左子树方向的路径，循环往复，直到叶子节点；

（2）选择路径的叶子节点，将其作为最近点；

（3）根据叶子的节点精确找到最近点，并用此方法找到其所对应的根节点，同理，也能找到其另一个子树，对比当前的最近点的距离值与所查询的点的距离值的大小关系，若后者大于前者，就继续循环此搜索路径，循环至第一层并完成查找为止；反之，将该点作为最近点，接着找出该路径还有没有更近的点，循环至第一层并完成查找为止。

（4）返回至第一层，所查询的最近点即是最近点。

2. 基于改进 ICP 算法的点云精配准

ICP 配准算法通过最小二乘逼近误差最小的空间坐标变换矩阵，其基本原理是给定两组待配准的点云数据集 P、Q，对数据集 P 中的每一个点 p_i，在数据集 Q 中寻找最近点 q_i，最小化点对的误差平方和，得到点云之间的刚体变换矩阵。当待配准点云处于合适的初始位置时，ICP 算法才能获得准确的配准结果。对应点须在合适范围内并且是准确可靠，才能保证配准结果的准确性。因此找出近似对应点，或找到最符合且最近的点尤为关键。传统 ICP 算法通过欧式距离对数据筛选，找到"最近点"，但实际上并不一定是最近点，效率较低，结果还不一定准确。因此需要重新定义距离度量，在定义中引入了离散点的一些其他特征，才能更加准确找到"最近点"[31]。ICP 算法中引入的特征包括：（1）点到面的距离，Schutz 等[34]提出以源点云中的点到目标点云三角面片的距离作为最近点的选取标准，提高了收敛速度，可减少迭代次数；（2）方向特征，依照数据集的几何特征，比如曲率、法向量等，建立目标点云数据集合中候选子集，用欧式距离找出最近点，也可直用法向量测算距离权值，有效提高配准的精确度；（3）颜色特征，Johnson 等[35]将颜色的信息加入到最近点的距离计算当中；（4）特征融合，融合表面几何、法线、颜色等特征，不同特征形成不同权值[34]。

点云数据生成方法不同，密度存在差异，将图像点云与测量点云配准，以修复孔洞，需要引入尺度参数。

$$\begin{cases} d_k - d_{k+1} < \varepsilon \\ d_k = \dfrac{1}{N} \sum_{i=1}^{N} \|Q_{ik} - P_{ik}\|^2 \end{cases} \qquad (1-29)$$

式（1-29）测量点云与图像点云精配准模型，改进 ICP 算法步骤如下：

（1）尺度范围确定，确定目标点云与参考点云之间的尺度范围，并在该范围内进行迭代配准；

（2）点云粗配准，对点云数据进行降维处理实现点云粗配准；

（3）生成目标点集，采样目标点云生成目标点集；

（4）建立拓扑结构，使用 $k\text{-}d$ 树算法建立参考点云拓扑结构；

（5）构造对应点集合，找出参考点云中经过采样后的目标点；

（6）剔除点对，求解快速点云特征直方图（FPFH），设定 FPFH 阈值，删除大于阈值的点对；

（7）求解刚体变换，采用四元素法求解点对的旋转矩阵以及平移向量；

（8）更新点云坐标，利用旋转矩阵以及平移向量更新目标点云坐标；

（9）循环迭代，重复（5）步，直到满足精度条件；

（10）孔洞修复，获取最终旋转矩阵以及平移向量，变换图像点云，配准测量点云。

1.5　实验与分析

利用 MATLAB R2016a 编写算法，运行环境：CPU Intel Core i7，4GB RAM，Windows 7 64 位操作系统。

1.5.1　图像点云密度调控实验

1. Herz-Jesu 图像

Herz-Jesu 图像[36]的分辨率为 3 072×2 048，图 1-12 是 Herz-Jesu 图像在单元格尺寸为 30 个像素值时的特征点区域均匀网格划分实验图，图中只显示了 10 000 个特征点。图 1-13 是 Herz-Jesu 图像及其三维重建结果，其中（a）列举了其中一幅原图像；（b）是进行密度调控之前的重建结果；（c）和（d）分别对应减小密度时 oc_dis=5、oc_dis=15 的重建结果；（e）和（f）分别对应增大密度时插值步长值为 1 和 3 的重建结果。在减小密度的局部放大图中，

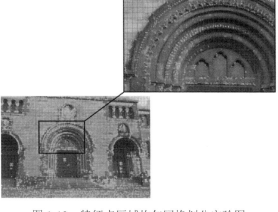

图 1-12　特征点区域均匀网格划分实验图

（a）Herz-Jesu 图像

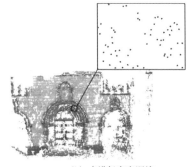

（b）未进行密度调控

图 1-13　Herz-Jesu 图像及其三维重建结果

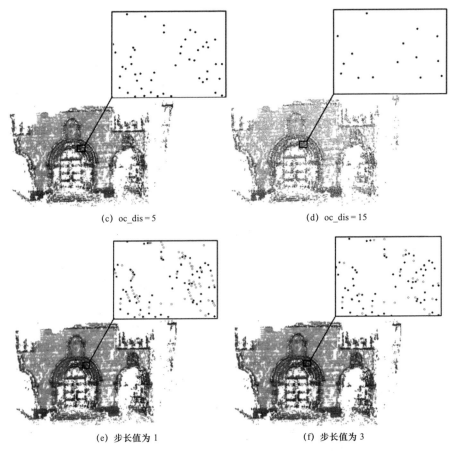

图 1-13　Herz-Jesu 图像及其三维重建结果（续）

实心点为减小密度后的点；在增大密度的局部放大图中，实心点为未进行密度调控时的点，空心圆圈为增大密度时所增加的点。表 1-1 和表 1-2 列举了进行密度调控之前的点云数量和点云平均间距，以及部分对点云密度进行调控之后的点云数量和点云平均间距。

表 1-1　Herz-Jesu 图像点云密度减小

oc_dis	未调控	5	10	15
点云数量/个	51 687	37 227	21 617	11 393
点云平均间距/m	$1.979\ 3 \times 10^{-4}$	$2.700\ 2 \times 10^{-4}$	$5.205\ 7 \times 10^{-4}$	$9.439\ 0 \times 10^{-4}$

表 1-2　**Herz-Jesu 图像点云密度增大**

插值步长值	1	2	3
点云数量/个	109 313	87 510	80 957
点云平均间距/m	$7.440\ 3 \times 10^{-5}$	$1.008\ 9 \times 10^{-4}$	$1.029\ 8 \times 10^{-4}$

由图 1-13 Herz-Jesu 图像及其三维重建结果和表 1-1 中的结果可知，在减小图像点云的密度时，设定的 oc_dis 值越大，重建的图像点云密度越小。由图 1-13 Herz-Jesu 图像及其三维重建结果和表 1-2 中的结果可知，在增大图像点云的密度时，插值的步长值越小，重建的图像点云密度越大。

2. Part 图像

在 1.2.1 第 1 节中，对 IMX376 传感器进行标定之后得到式（1-10）的相机内参矩阵。Part 图像的分辨率为 4 608×3 456，图 1-14 是 Part 的图像及其三维重建结果，其中（a）是其中一幅原图像；（b）是进行密度调控之前的重建结果；（c）和（d）分别对应减小密度时 oc_dis＝5、oc_dis＝15 的重建结果；（e）和（f）分别对应增大密度时插值步长值为 2 和 4 的重建结果。在减小密度的局部放大图中，实心点为减小密度后的点；在增大密度的局部放大图中，实心点为未进行密度调控时的点，空心圆圈为增大密度时所增加的点。表 1-3 和表 1-4 列举了进行密度调控之前的点云数量和点云平均间距，以及部分对点云密度进行调控之后的点云数量和点云平均间距。

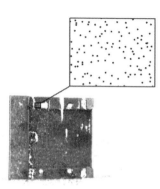

(a) Part 图像　　　　　　　　(b) 未进行密度调控

图 1-14　Part 图像及其三维重建结果

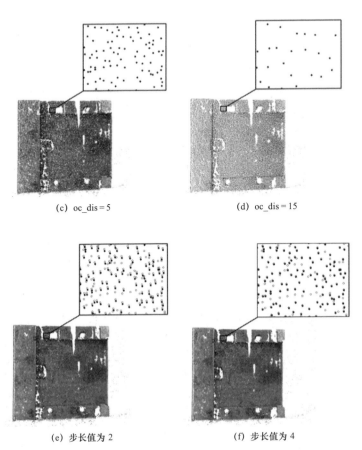

(c) oc_dis = 5　　　　　　　　　　　　(d) oc_dis = 15

(e) 步长值为 2　　　　　　　　　　　　(f) 步长值为 4

图 1-14　Part 图像及其三维重建结果（续）

表 1-3　Part 图像点云密度减小

oc_dis	未调控	5	10	15
点云数量/个	64 859	46 835	28 121	14 559
点云平均间距/m	$9.829\,5 \times 10^{-4}$	$1.411\,4 \times 10^{-3}$	$2.240\,2 \times 10^{-3}$	$4.712\,4 \times 10^{-3}$

表 1-4　Part 图像点云密度增大

插值步长值	2	3	4
点云数量/个	110 267	101 892	97 255
点云平均间距/m	$4.692\,5 \times 10^{-4}$	$4.945\,3 \times 10^{-4}$	$5.100\,7 \times 10^{-4}$

由图 1-14 和表 1-3 中的结果可知：在减小图像点云的密度时，设定的

oc_dis 值越大，重建的图像点云密度越小；由图 1-14 和表 1-4 中的结果可知：在增大图像点云的密度时，插值的步长值越小，重建的图像点云密度越大，得出的结论与 1 节的结论一致。实验结果表明，该方法可以通过调整单元格大小或插值步长来控制图像生成点云的密度，并且取得了较好的调控效果。

1.5.2　点云配准实验

利用斯坦福大学的标准数据库 bunny 模型、dragon 模型和机械零件 machine-part 模型对实验进行验证。图 1-15 是 bunny 点云数据的配准结果，图 1-16 是 dragon 点云数据的配准结果，图 1-17 是 machine-part 点云数据的配准结果。

(a) 初始位置　　　　(b) 粗配准　　　　(c) 精配准

图 1-15　bunny 模型配准效果

(a) 初始位置　　　　(b) 粗配准　　　　(c) 精配准

图 1-16　dragon 模型配准效果

(a) 初始位置   (b) 粗配准   (c) 精配准

图 1-17　machine-part 模型配准效果

从图 1-15、图 1-16 和图 1-17 可以看出，两组点云数据在初始位置不仅存在旋转平移变换，而且也存在尺度变换，经过改进的 ICP 配准算法后，获得较好配准效果。

1.5.3　点云孔洞修复实验

采用机械零件 part 的三维实测数据，通过处理来检测方法在实际应用中的效果。图 1-18 是经过处理后的 part 点云数据，在图中可以看出 part 点云数据中存在点云孔洞（圆圈内），因此可以对其进行孔洞修复。图 1-19 是孔洞修复的效果图。

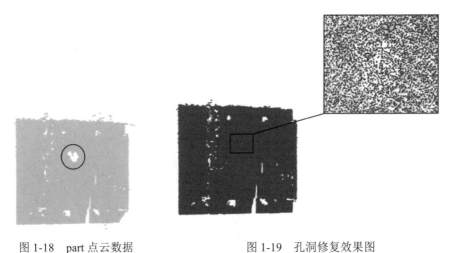

图 1-18　part 点云数据　　　　　　　图 1-19　孔洞修复效果图

机械零件 part 原始点云数据的平均间距为 $1.094\,3 \times 10^{-8}$ m，经过补拍图像、密度调控后的图像点云数据的平均间距为 $1.134\,8 \times 10^{-8}$ m。由图 1-19 可以看出，对点云孔洞进行修复后，孔洞区域处的点密度与原始数据点密度基本接近，并且较好地恢复了原始点云模型的特征。在对测量点云中的孔洞进行修复时，孔洞修复的效果主要取决于测量点云与图像点云的配准效果，而测量点云与图像点云的配准又属于不同尺度的点云配准，因此如何提高两者配准效果的鲁棒性将是提高孔洞修复质量的关键。

1.6　本章小结

本章主要介绍了计算机立体视觉系统中常用的四种坐标系，相机标定方法中的张正友棋盘格相机标定法，并对实验中所使用的摄像头进行了内参标定。针对图像点云与测量点云在配准时存在的密度不一致问题，提出了基于运动恢复结构生成点云的密度调控方法，实验验证了方法的有效性，密度调控方法能够满足实际应用中达到期望效果。

介绍了空间中的刚体变换、点云配准的数学模型以及变换矩阵的求解、点云粗配准方法和精配准方法，针对点云数据在配准过程中存在点云尺度不一致而导致配准精度不高的问题，提出了一种改进的 ICP 配准方法，并通过实验对其有效性进行了验证，实验结果表明，该方法能够达到较好的配准效果。

第 2 章　基于曲线特征的
曲线测量定位

2.1　国内外研究现状

  曲线包含了丰富的特征信息，是一种重要的几何模型。图像中曲线表现为颜色值发生突变之处，蕴含了对象的边界，图形学中旋转曲面通常需用曲线的运动轨迹来表达，曲线匹配在模式识别与模型表达有着重要作用。在制造业中，高精密加工的零部件如涡轮、叶片、凸轮等的外形曲线均不规则，不能由解析表达式统一描述，质量控制过程中，通常将零件轮廓采样离散化形成点云，将点云与理论曲线匹配，以便评定形位误差[37-42]。曲线的点云形式即为离散曲线。将离散曲线与理论曲线的参考点对齐，变换曲线使两曲线姿态近似一致，计算刚体变换矩阵，并微调曲线位姿使两曲线误差最小化的过程称为曲线测量定位。由于离散曲线拓扑信息缺失，在误差评定前需要将离散曲线与理论曲线精确匹配，所以曲线测量定位在误差评定等方面有着广泛的工程应用。

2.1.1　曲线特征计算研究现状

  为了准确定位空间曲线，需要找到曲线上的显著性特征量，显著性特征量即是几何特征量或几何不变量，这些特征量应在刚体变换下保持不变。现有离散曲线特征量计算主要分为两类：（1）构造几何特征量，如 Pajdla[43,44] 根据曲线上的点构造距离、切向量夹角等三个半微分形式的不变特征量来匹配曲线，Kuhl[45]和 Lin[46]使用椭圆傅里叶系数作为不变特征量识别闭轮廓曲线，周[47]从极坐标表示法得到启示，采用一组相对不变的长度、角度作为特征量来进行匹配，其中角度生成方法为连接两点，过中点做平面 S 垂直于连线，得到平面 S 和曲线段的交点，分别连接两个端点和角点，得到角度。该类方法不能保证特征量的刚体变换不变性；（2）估算微分几何量，曲线的正则性、弧长、曲率和挠率在刚体变换下保持不变[48]，由于离散曲线的弧长不能精确计算，大多选择曲线曲率、挠率及曲率和挠率衍生的几何量作为特征量。如 Gueziec[49]将离散曲线拟合为 B-Spline 曲线，通过 B-Spline 曲线的表达式估算曲线曲率和挠率，Lewiner[50,51]基于弧长参数和最小二乘拟合曲线估算 2D 曲线的曲率、3D 曲线的曲率和挠率，Phuong[52,53]采用模糊线段技术估算曲线的曲率和挠率，Tang[54]采用张量投票结果标记估算曲率信息，童[55]提出了一种自适应模糊线段生长的平面曲线曲率估计方法，将曲线上生长出的最长模糊线段作为切线来近似计算曲率，引入局部粗糙度自适应选择模糊线段的序，以提高估算性能，方[56]从参数曲线上依次取 4 点近似曲率和挠率，并采用加权最小二乘法优化，以提高估算精度。LO[57]提出曲线波形表达，波形由复函数构成，波形幅值是空间曲线的非负曲率函数，相位由曲线挠率确定，从波形中提取特征量。

2.1.2 点到曲线最近点求解研究现状

离散点到理论曲线最近点或最短距离的求解方法研究较多，大致上可分为四种：（1）基于几何特征的快速迭代求解法，宋海川[58]利用裁剪圆/球粗排除，构造点到曲线平方距离函数的凸包，通过已知待投影点到曲线的最小平方距离对应的常数函数与凸包的交点，排除不包含投影点的曲线区域，最后再调用迭代算法计算精确最近点；（2）基于优化算法的求解法[59]，通过构建基于距离的非线性方程，将最近点问题转化为优化问题，再通过黄金分割、二次插值、牛顿法等方法获取最优解；（3）全局搜索求解法，通过区间分割不断缩短满足条件的区间范围，获取最近点，廖平[60]提出利用分割逼近法快速计算点到复杂平面曲线最小距离。（4）曲线重建求解法，温秀兰[61]等针对自由曲线没有解析表达式，提出在重建曲线的基础上，利用伪随机 Halton 均匀产生数据参数值，计算点到重建曲线的最短距离。

2.1.3　曲线测量定位研究现状

离散曲线与理论曲线定位需要找到对应参考点，参考点的特征量为曲线匹配提供依据。由于离散曲线的几何形状未知，有限数量的参考点不足以确保两曲线定位的最优性。曲线定位最早采用暴力法来匹配[43,49]，对齐参考点，以特征量构造 Hough 参数空间，采用 Hough 技术，以投票数最大特征量所对应的数据点作为参考点，该方法效率低。固定总弧长和固定总曲率法[44]改进了暴力匹配方法，在定位过程中，使两点之间的总曲率或总弧长保持固定，通过滑动固定长度的曲线段搜索参考点并匹配，固定总曲率方法比固定总弧长更稳定。循环步长配对法，在匹配过程中，以指定的数据点个数为步长，不断往复移动曲线来实现配对。

曲线测量定位，通常采用粗定位与精定位相结合的方式，其核心是在两曲线上寻找刚体变换下的不变特征点，以不变特征点为参考点，对齐参考点，实现两曲线粗定位，进而计算离散曲线上特征点到理论曲面上的最近点，进一步优化曲线位姿，实现精定位。现有研究主要针对特定曲线或特定类曲线，在特征点匹配算法和定位过程方面，还需要进一步优化。

2.2　离散曲线特征计算

特征点是测量曲线定位的基础，具有相等特征量的空间数据点称为特征点。特征量应具有刚体变换不变性，以适应曲线姿态变化，特征量由曲线性状决定，微分几何是曲线特征量计算的理论基础。

2.2.1　曲线理论基础

设空间参数曲线方程为 $r(t) = (x(t), y(t), z(t))$ ，正则曲线满足：（1）曲线的每一个分量都是 C^∞ 函数；（2）$\left\|\dfrac{\mathrm{d}r}{\mathrm{d}t}\right\| > 0, \forall t \in (a, b)$ 成立。定义曲线从点 $r(t_0)$ 到 $r(t_1)$ 的弧长 s 为 $s(t) = \int_{t_0}^{t_1} \|\dot{r}(t)\| \, \mathrm{d}t$ 。当 r 为正则曲线，$s(t)$ 是严格增函数，必有反函数 $t(s)$ 。因此，曲线可以参数化为弧长参数 $r(s) = r \circ t(s)$ ，将 r 对 t 和 s 的导数分别记为 $\dot{r}(t)$ 和 $r'(s)$ 。

（1）Frenet 标架

令切向量 $\boldsymbol{T}(s) = r'(s)$ ，单位法向量 $\boldsymbol{N}(s) = \dfrac{r''(s)}{\|r''(s)\|}$ ，副法向量 $\boldsymbol{B}(s) = \boldsymbol{T}(s) \times \boldsymbol{N}(s)$ ，$\{r(s); \boldsymbol{T}(s), \boldsymbol{N}(s), \boldsymbol{B}(s)\}$ 构成一单位正交的右手标架，称为 Frenet 标架，将 $\boldsymbol{T}(s)$ 、$\boldsymbol{N}(s)$ 、$\boldsymbol{B}(s)$ 三向量视为基于 $\boldsymbol{R}^3$ 的一组单位正交基。

（2）曲率与挠率

曲率刻画了曲线的弯曲程度，能够表示曲线的局部几何形状特征，通常用 $\kappa(s)$ 表示，$\kappa(s) = \|r''(s)\|$ 。挠率用来描述曲线扭转的程度，用 $\tau(s)$ 表示。当有大小又有方向时，一般用副法向量 $\boldsymbol{B}(s)$ 的转动速度来表示曲线的扭转程度。弧长参数曲线 $r(s)$ 的曲率和挠率分别为：

$$\kappa(s) = \frac{\|r'(s) \times r''(s)\|}{\|r'(s)\|^3} \tag{2-1}$$

$$\tau(s) = \frac{(r'(s), r''(s), r'''(s))}{\|r'(s) \times r''(s)\|^2} \tag{2-2}$$

在实际应用中，往往更关心 Frenet 标架沿曲线的变化率，即 $\boldsymbol{T}'(s)$ 、$\boldsymbol{N}'(s)$ 、$\boldsymbol{B}'(s)$ 的表达式，根据 Frenet 公式得到：

$$\begin{cases} \boldsymbol{T}'(s) = \kappa(s)\boldsymbol{N}(s) \\ \boldsymbol{N}'(s) = -\kappa(s)\boldsymbol{T}(s) + \tau(s)\boldsymbol{B}(s) \\ \boldsymbol{B}'(s) = -\tau(s)\boldsymbol{N}(s) \end{cases} \qquad （2\text{-}3）$$

其矩阵形式为：

$$\begin{bmatrix} \boldsymbol{T}' \\ \boldsymbol{N}' \\ \boldsymbol{B}' \end{bmatrix} = \begin{bmatrix} 0 & \kappa(s) & 0 \\ -\kappa(s) & 0 & \tau(s) \\ 0 & -\tau(s) & 0 \end{bmatrix} \begin{bmatrix} \boldsymbol{T} \\ \boldsymbol{N} \\ \boldsymbol{B} \end{bmatrix} \qquad （2\text{-}4）$$

则曲率 $\kappa(s)$ 和扰率 $\tau(s)$ 分别为：

$$\kappa(s) = \boldsymbol{T}'(s) \cdot \boldsymbol{N}(s) \qquad （2\text{-}5）$$

$$\tau(s) = \boldsymbol{N}'(s) \cdot \boldsymbol{B}(s) \qquad （2\text{-}6）$$

由此得到曲率与挠率用 $\boldsymbol{T}'(s)$、$\boldsymbol{N}(s)$、$\boldsymbol{N}'(s)$、$\boldsymbol{B}(s)$ 的表示方法，为的离散测点曲率和挠率估算提供了理论依据。

2.2.2 离散曲线端点搜索

离散曲线无拓扑关系，但曲线始点和终点的顺序不会发生改变，以此作为匹配参考点，可避免特征点选择的盲目性。曲线始点和终点在定位过程中是重要的参考点，因此需要确定离散曲线的端点。通过找到曲线弧长参数的增大方向，有顺序地对齐参考点，可确定离散曲线的端点。其思路如下：假设曲线的两端点分别为起点 $(s=0)$ 和终点 $(s=1)$，曲线上任意一点的切向 $\boldsymbol{T}$ 均指向参数 s 增大的方向[48]，在刚体变换和缩放变换下，$\boldsymbol{T}$ 方向可能发生变化，但对参数变化的指向却始终保持不变。从而可在端点 p 处将邻近点分别向该点的切向 $\boldsymbol{T}$ 投影，得到各点的投影向量 $\boldsymbol{v}_i$，判断 $\boldsymbol{v}_i$ 与切向 $\boldsymbol{T}$ 的关系。如果所有 $\boldsymbol{v}_i$ 都与 $\boldsymbol{T}$ 方向一致，则认为点 p 是起点；如果所有 $\boldsymbol{v}_i$ 都与 $\boldsymbol{T}$ 方向相反，则 p 是终点，否则点 p 是离散曲线上的中间点。

确定了离散曲线的起点和终点，就能进一步确定出离散曲线上点与点的顺序关系。三类点投影示意图如图 2-1 所示，直线和曲线点云三类点切向量见图 2-2 所示。

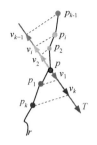 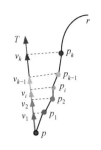 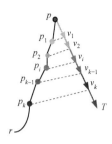

(a) 曲线中间点向切向投影　　(b) 曲线起点向切向投影　　(c) 曲线终点向切向投影

图 2-1　邻近点向切向投影示意图

 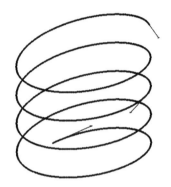

(a) 直线点云端点与中间点切向　　　　(b) 螺旋线点云端点与中间点切向

图 2-2　离散曲线端点与中间点切向

2.2.3　离散曲线特征计算

针对测量曲线点云各向异性、噪声以及非均匀采样等问题，通过对点邻域特征分析估算切向 $\boldsymbol{T}$，利用紧致差分方法估计曲率和挠率。

离散曲线 C 上任一点 $p(x,y,z)$ 的 k 最近邻域 $nbr(p)=\{p_i\}(1\leqslant i\leqslant k)$，质心点为 $\overline{p}(\overline{x},\overline{y},\overline{z})$，其中 $\overline{x}=\dfrac{1}{k}\sum\limits_{i=1}^{k}x_i$，$\overline{y}=\dfrac{1}{k}\sum\limits_{i=1}^{k}y_i$，$\overline{z}=\dfrac{1}{k}\sum\limits_{i=1}^{k}z_i$，令

$\boldsymbol{X}=\begin{pmatrix} x_1-\overline{x} & \cdots & x_k-\overline{x} \\ y_1-\overline{y} & \cdots & y_k-\overline{y} \\ z_1-\overline{z} & \cdots & z_k-\overline{z} \end{pmatrix}$，则协方差矩阵[62]：

$$\boldsymbol{M}=\boldsymbol{X}\boldsymbol{X}^{T} \qquad (2\text{-}7)$$

矩阵 $\boldsymbol{M}$ 特征值 λ_1、λ_2 及 λ_3 $(\lambda_1\leqslant\lambda_2\leqslant\lambda_3)$ 对应的特征向量分别为 $\boldsymbol{e}_1$、$\boldsymbol{e}_2$

和 e_3。曲线上最大特征值对应的特征向量为 p 点的切向量[63]，见图 2-3 所示。

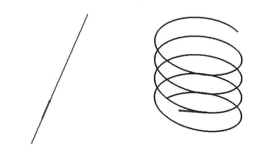

(a) 直线点云与特征向量 e_3 (b) 螺旋线线点云与特征向量 e_3

图 2-3　曲线点云与特征向量 e_3（红色）

通过对点邻域的特征分析，得到切向 T，可估算出 N 和 B。由式（2-3）知：

$$\begin{cases} N = T' / \kappa \\ B = T' \times N + T \times N' \end{cases} \tag{2-8}$$

考虑采样非均匀性等因素，可认为点云采样是非均匀的，采用基于非均匀网格的紧致差分估算 N 和 B。紧致差分通常用 Hermite 公式表示：

$$\sum_{k=l}^{I} (a_k f_{i+k} + b_k f'_{i+k} + c_k f''_{i+k}) = 0 \tag{2-9}$$

式（2-9）本质是由 $f(x)$ 邻近节点函数、一阶导数及二阶导数组合而成。采用相同网格，构造紧致差分，可达到更高精度，具有更高尺度分辨率、更小波相位误差。四阶方法需要五个节点，而紧致差分四阶精度仅需三个节点，大大简化了运算。Lele[64]探讨了均匀网格下的七点差分格式，各项系数用 Taylor 级数展开得到。随后，Chu[65,66]讨论了在均匀网格和非均网格条件下的三点六阶紧致差分格式。三点二阶紧致差分中间节点如下：

$$\alpha f''_{i-1} + f''_i + \beta f''_{i+1} = A f_{i+1} + B f_i + C f_{i-1} \tag{2-10}$$

式（2-8）中只有一阶导数，因此需要构造非均匀网格上的一阶紧致差分格式，端点及中间数据点构造差分选择点示意图见图 2-4 所示。

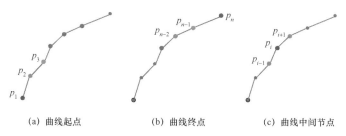

(a) 曲线起点   (b) 曲线终点   (c) 曲线中间节点

图 2-4 一阶紧致差分点的选择示意图

不妨假设节点在 x 轴方向的坐标为 $x_i (1 \leqslant i \leqslant n)$，间距为 $h_i = x_{i+1} - x_i$，则中间节点为：

$$\alpha T'_{i-1} + T'_i + \beta T'_{i+1} = A T_{i+1} + B T_i + C T_{i-1} \tag{2-11}$$

边界节点 $i = 1$，对应曲线的起点：

$$T'_1 + \alpha T'_2 = A T_1 + B T_2 + C T_3 \tag{2-12}$$

边界节点 $i = n$，对应曲线的终点：

$$T'_n + \alpha T'_{n-1} = A T_n + B T_{n-1} + C T_{n-2} \tag{2-13}$$

采用第 2.2.2 节方法确定曲线的起点和终点。

利用 Taylor 级数展开，比较相同导数项的系数并求解方程组，得到方程（2-11）、（2-12）和（2-13）系数分别如下：

$$\begin{cases} \alpha = \dfrac{h_{i+1}^2 + 2 h_i h_{i+1}}{(h_i + h_{i+1})(4 h_i + h_{i+1})} \\[2mm] \beta = \dfrac{h_i^2}{h_{i+1}(4 h_i + h_{i+1})} \\[2mm] A = \dfrac{h_i^4 + 6 h_i^3 h_{i+1} + 4 h_i^2 h_{i+1}^2}{h_{i+1}^2(4 h_i + h_{i+1})(h_i^2 + 2 h_i h_{i+1} + h_{i+1}^2)} \\[2mm] B = \dfrac{-h_i^3 - 4 h_i^2 h_{i+1} + 5 h_i h_{i+1}^2 + 2 h_{i+1}^3}{h_{i+1}^2(4 h_i^2 + h_i h_{i+1})} \\[2mm] C = -\dfrac{8 h_i^2 h_{i+1} + 9 h_i h_{i+1}^2 + 2 h_{i+1}^3}{4 h_i^4 + 9 h_i^3 h_{i+1} + 6 h_i^2 h_{i+1}^2 + h h_{i+1}^3} \end{cases} \tag{2-14}$$

$$
\begin{cases}
\alpha = \dfrac{h_2 + h_3}{h_2 + 2h_3} \\[2mm]
A = -\dfrac{2h_3^2 + 3h_2 h_3}{h_2(h_2 + h_3)(h_2 + 2h_3)} \\[2mm]
B = -\dfrac{h_2^2 + h_2 h_3 + 2h_3^2}{h_2(2h_3^2 + h_2 h_3)} \\[2mm]
C = \dfrac{h_2^2}{h_2^2 h_3 + 3h_2 h_3^2 + 2h_3^3}
\end{cases}
\tag{2-15}
$$

$$
\begin{cases}
\alpha = \dfrac{h_{n-1} + h_n}{h_{n-1} + 6h_n} \\[2mm]
A = \dfrac{h_{n-1} + h_n}{h_n(h_{n-1} + h_n)(h_{n-1} + 6h_n)} \\[2mm]
B = -\dfrac{5h_n^2 + 7h_{n-1}h_n + 2h_{n-1}^2}{h_n(h_{n-1}^2 + 6h_{n-1}h_n)} \\[2mm]
C = \dfrac{5h_n^2}{6h_{n-1}h_n^2 + 7h_{n-1}^2 h_n + h_{n-1}^3}
\end{cases}
\tag{2-16}
$$

已知任一点 p_i 的切向 $\boldsymbol{T}_i$、点 p_i 两邻近点切向 $\boldsymbol{T}_{i-1}$ 和 $\boldsymbol{T}_{i+1}$，根据式（2-11）、式（2-12）和式（2-13），可计算切向导数 $\boldsymbol{T}_i'$，得到点 p_i 的曲率 $\kappa_i = \|\boldsymbol{T}'\| = \sqrt{(x_i'')^2 + (y_i'')^2 + (z_i'')^2}$，由此得到法向量 $\boldsymbol{N}_i = \boldsymbol{T}_i' / \kappa_i$。同理，利用紧致差分，计算 $\boldsymbol{N}_i'$，结合（2-8）式和已知 $\boldsymbol{T}_i$、$\boldsymbol{T}_i'$，$\boldsymbol{N}_i$ 和 $\boldsymbol{N}_i'$ 计算 $\boldsymbol{B}_i$，再利用紧致差分得到 $\boldsymbol{B}_i'$，由 $\boldsymbol{B}_i = -\tau_i \boldsymbol{N}_i$ 计算出挠率 τ_i，同时得到点 p_i 的 Frenet 标架 $\{\boldsymbol{T}_i, \boldsymbol{N}_i, \boldsymbol{B}_i\}$。

2.3　曲线测量定位

在第 2.2.2 节确定了离散曲线两端点，曲线参数 s 的增长方向随之被确定，因此，在曲线定位时，以曲率和挠率作不变特征量，以特征量的值为匹配条件，以特征量值相等的容差和总弧长为约束条件，通过滑动曲线，有顺序地对齐参考点。

2.3.1　离散曲线端点匹配

假设离散曲线 $R(s)$ 的离散点为 $p_i(1 \leqslant i \leqslant n)$。计算 $R(s)$ 的平均采样密度 $\overline{s}' = S_c'/n$，其中 $S_c' = \sum_{i=1}^{n-1} \overline{|p_i p_{i+1}|}$ 表示两点之间的近似弧长，$\overline{p_i p_{i+1}}$ 表示点 p_i 与 p_{i+1} 之间的长度。确定离散曲线 $R(s)$ 的端点，估算 $R(s)$ 上端点曲率 $\kappa_j'(j=1,n)$、扰率 $\tau_j'(j=1,n)$ 及标架 $\{\boldsymbol{T}_j', \boldsymbol{N}_j', \boldsymbol{B}_j'\}(j=1,n)$。

假设理论曲线的采样间隔 $\overline{s} = \overline{s}'/5$，对理论曲线 $r(s)$ 采样离散化，采样点数为 m，计算获取各点的曲率 $\kappa_i(1 \leqslant i \leqslant m)$、扰率 $\tau_i(1 \leqslant i \leqslant m)$ 和标架 $\{\boldsymbol{T}_i, \boldsymbol{N}_i, \boldsymbol{B}_i\}(1 \leqslant i \leqslant m)$。

由此得出曲线 $r(s)$ 和 $R(s)$ 的五元特征向量集 $A = \{\kappa_i, \tau_i, \boldsymbol{T}_i, \boldsymbol{N}_i, \boldsymbol{B}_i\}(1 \leqslant i \leqslant m)$ 和 $A' = \{\kappa_j', \tau_j', \boldsymbol{T}_j', \boldsymbol{N}_j', \boldsymbol{B}_j'\}(j=1,n)$。因此，以曲率 κ 为主特征向量，挠率 τ 为次特征向量，以曲线的端点作为匹配参考点进行 Frenet 对齐。

1. 离散曲线端点匹配条件

当离散曲线在理论曲线上滑动过程中，需要比较离散曲线总弧长与潜在匹配曲线段的总弧长，因此设定弧长容差：$\varepsilon_{S_c} = \overline{s}$。

为简洁起见，将理论曲线记为 r，离散曲线记为 $\boldsymbol{R}$，r 的起点和终点分别记为 p_1 和 p_m，$\boldsymbol{R}$ 的起点和终点分别记为 p_1' 和 p_n'。通过曲线进行特征分析，实现了对曲线上数据点按照参数 s 从小到大方向的排序定向，记参数 s 增大的方向为 $\vec{s}$，其反方向为 $\overleftarrow{s}$。端点匹配搜索过程可分以下三步：

（1）搜索潜在配对端点，检查 p_1' 与 p_1 的曲率和扰率是否满足容差条件：

$$\begin{cases} |\kappa_1' - \kappa_1| < \varepsilon_\kappa \\ |\tau_1' - \tau_1| < \varepsilon_\tau \end{cases} \tag{2-17}$$

如果满足，将 p_1' 与 p_1 设定为潜在配对起点；否则，将 p_1' 从 p_1 开始，沿 $\vec{s}$ 滑动，直到下一个满足容差条件的数据点作为潜在配对起点；然后，检查将 p_n' 与 p_m 的曲率和挠率是否满足容差条件：

$$\begin{cases} |\kappa_n' - \kappa_m| < \varepsilon_\kappa \\ |\tau_n' - \tau_m| < \varepsilon_\tau \end{cases} \tag{2-18}$$

如果满足，将 p'_n 与 p_m 设定为潜在配对终点；否则，将 p'_n 从 p_m 开始，沿 r 往 $\bar{s}$ 继续滑动，直到下一个满足容差条件的数据点作为潜在配对终点。

（2）比较总弧长，计算 r 上潜在配对起点和终点之间的总弧长 S_c，并与 R 的总弧长比较 S'_c，如果满足弧长容差条件：

$$\left|S'_c - S_c\right| < \varepsilon_{S_c} \tag{2-19}$$

则标记该潜在配对端点为有效匹配，否则，转向第三步。

（3）继续滑动 p'_n，由于弧长不满足容差条件，因此需要将 p'_n 从当前点 p_i 开始，沿 r 往 $\bar{s}$ 继续滑动到下一个满足容差条件的数据点作为潜在配对终点，进入第二步检查。

2. 离散曲线端点匹配方法

离散曲线 R，可能是一条完整曲线，也可能是部分曲线等多种情况，则参考特征点匹配过程可以分如下情况处理。

（1）离散曲线是完整曲线

离散曲线 R 是一条完整的扫描曲线，如图 2-5 所示。图 2-5（a）是初始状态，搜索出两曲线的端点，分别计算出理论曲线 r 上所有采样点的曲率、扰率、标架及 R 上端点的曲率、扰率与标架，图 2-5（b）为 R 的端点与 r 的端点配对，图 2-5（c）配对端点的曲率、扰率和弧长满足容差条件，得到了两组端点匹配组。

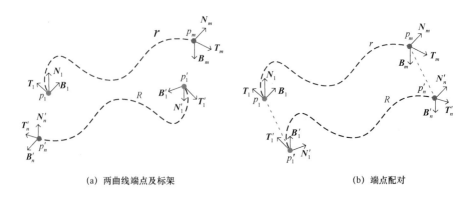

(a) 两曲线端点及标架　　　　　　　　(b) 端点配对

图 2-5　完整曲线定位过程

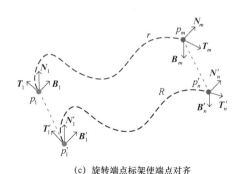

（c）旋转端点标架使端点对齐

图 2-5　完整曲线定位过程（续）

（2）离散曲线是部分曲线

从样件扫描点云 R 是曲线的一部分，r 上可能有多个数据点与 R 端点分别满足配对容差条件，见图 2-6 所示。首先将端点分别配对（图 2-6（a）），测试弧长容差条件，不满足则将 p_n' 在 r 上向 $\bar{s}$ 方向滑动至下一个满足特征量容差条件的点（图 2-6（b）），如果没有满足特征量容差条件和弧长容差条件，则将 p_1' 在 r 上向 $\bar{s}$ 方向滑动至下一个满足特征量容差条件的点，同时将 p_n' 恢复到 p_m 位置（图 2-6（c）），测试端点特征向量容差条件和弧长容差条件，不满足则滑动 p_n'（图 2-6（d）），p_1' 在当前位置未搜索到合适的起点，则继续向 $\bar{s}$ 方向滑动（图 2-6（e）），不断检查容差条件，直至搜索到满足条件的端点，如图 2-6（f）。

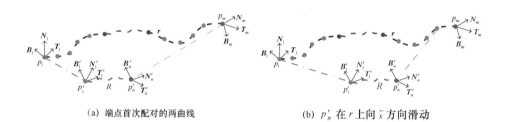

（a）端点首次配对的两曲线　　　　　　　（b）p_n' 在 r 上向 $\bar{s}$ 方向滑动

图 2-6　部分曲线段定位过程

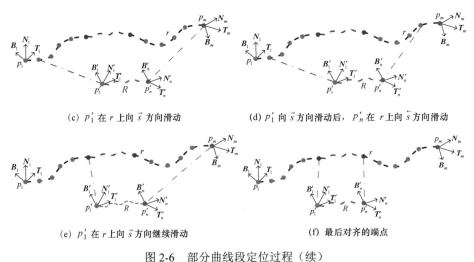

(c) p_1' 在 r 上向 $\vec{s}$ 方向滑动

(d) p_1' 向 $\vec{s}$ 方向滑动后，p_n' 在 r 上向 $\vec{s}$ 方向滑动

(e) p_1' 在 r 上向 $\vec{s}$ 方向继续滑动

(f) 最后对齐的端点

图 2-6　部分曲线段定位过程（续）

（3）离散曲线是多相似段曲线

工程中常常存在对称或相似的曲线轮廓，根据需要只扫描其中一个基本单元进行评定。多相似曲线段在匹配时，往往会出现多个满足容差条件的配对，在搜索过程中，需要搜索出所有满足条件的配对，以选择最佳位置来对齐，如图 2-7 所示。图 2-7（a）是两曲线端点及标架示意图，首先将曲线端点配对（图 2-7（b）），测试容差条件和弧长条件，不满足则将 p_n' 在 r 上向 $\vec{s}$ 方向滑动至下一个数据点（图 2-7（c）和（d）），直至搜索到第一组配对端点，旋转标架对齐参考点（图 2-7（e）），计算旋转矩阵。滑动 p_1' 并将 p_n' 恢复到 p_m 位置（图 2-7（f）），测试特征量容差条件和弧长容差条件，不满足则继续滑动 p_n'（图 2-7（g）），直至搜索到第二组满足条件的配对（图 2-7（h）），如此重复，直到搜索出所有满足条件的配对。

（4）离散曲线是常曲率或常挠率曲线

平面上圆弧是常曲率曲线，挠率为 0，空间中圆柱螺旋线每个点的曲率和挠率也都分别相同，见图 2-8 所示。为方便讨论，图中给出圆弧曲线，圆弧曲线挠率为 0，但保留了副法向量。

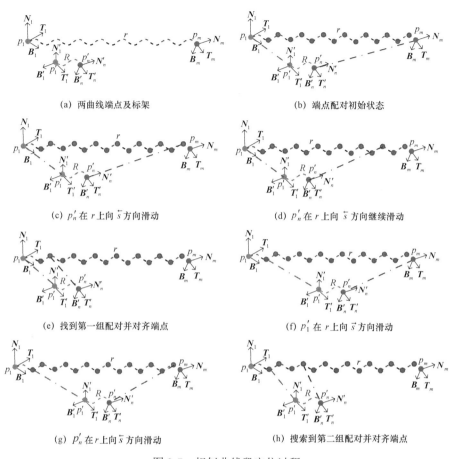

(a) 两曲线端点及标架　　　　　　　　(b) 端点配对初始状态

(c) p'_n 在 r 上向 $\vec{s}$ 方向滑动　　　　(d) p'_n 在 r 上向 $\vec{s}$ 方向继续滑动

(e) 找到第一组配对并对齐端点　　　　(f) p'_1 在 r 上向 $\vec{s}$ 方向滑动

(g) p'_n 在 r 上向 $\vec{s}$ 方向滑动　　　　(h) 搜索到第二组配对并对齐端点

图 2-7　相似曲线段定位过程

对于这类常曲率、常扰率曲线配对过程与多段相似曲线类似，不同的是 r 上每个点都与 R 的端点满足容差条件。曲线端点及标架见图 2-8（a），端点配对初始状态见图 2-8（b），不满足弧长条件，p'_n 在 r 上移动 8（c），直到搜索到第一组配对图 2-8（d）。移动 p'_1，将 p'_1 恢复到 p_m 位置图 2-8（e），不断测试弧长容差条件，搜索第二组配对图 2-8（f）。重复上述过程，搜索出所有满足条件的配对。

（5）离散曲线是直线

空间直线曲率为 0，挠率也不存在，其标架用切向标识即可，见图 2-9 所示。与常曲率扰挠率曲线配对过程类似，端点及标架如图 2-9（a），端点配

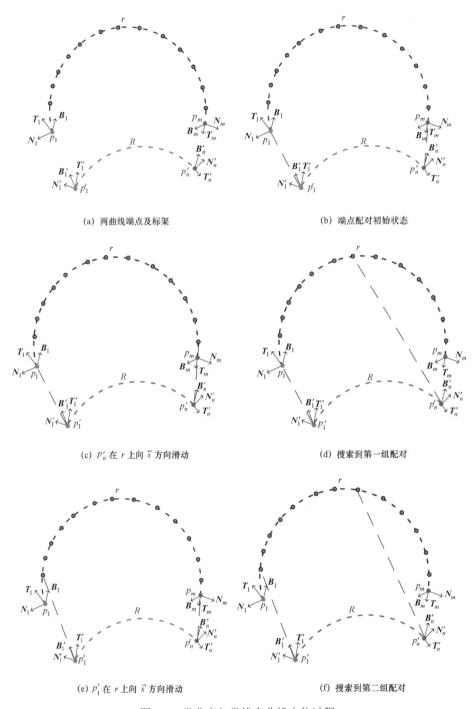

(a) 两曲线端点及标架

(b) 端点配对初始状态

(c) p'_n 在 r 上向 $\vec{s}$ 方向滑动

(d) 搜索到第一组配对

(e) p'_1 在 r 上向 $\vec{s}$ 方向滑动

(f) 搜索到第二组配对

图 2-8 常曲率与常扰率曲线定位过程

对初始状态（图 2-9（b）），首先 p'_n 滑动并测试弧长容差条件（图 2-9（c）），搜索到第一组配对（图 2-9（d））。然后移动 p'_1，将 p'_n 恢复到 p_m 位置图 2-9（e），不断测试弧长容差条件，搜索第二组配对图 4-7（f），重复上述过程，搜索第二组配对图 2-9（g），直至最后不满足弧长容差条件，由于直线标架中只有切向，所以无需计算旋转矩阵。

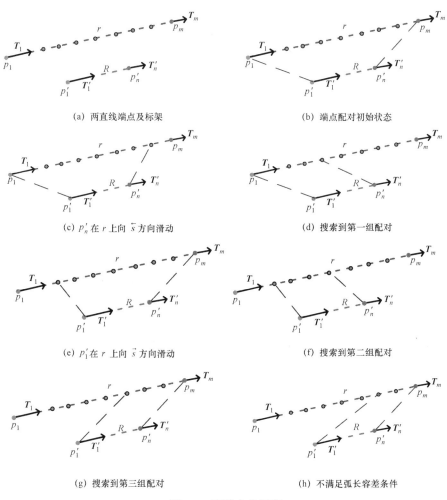

(a) 两直线端点及标架　　　　　　　　　(b) 端点配对初始状态

(c) p'_n 在 r 上向 $\vec{s}$ 方向滑动　　　　　(d) 搜索到第一组配对

(e) p'_1 在 r 上向 $\vec{s}$ 方向滑动　　　　　(f) 搜索到第二组配对

(g) 搜索到第三组配对　　　　　　　　　(h) 不满足弧长容差条件

图 2-9　直线定位过程

（6）离散曲线是闭曲线

闭曲线的匹配，主要是在端点搜索过程中，要指定起点和端点，一般选择在曲线曲率值最大处将其分开，分别指定起点和终点，匹配过程与上述几种情况相似，不再赘述。

2.3.2 曲线测量粗定位

通过曲线端点匹配，已经得到离散曲线 R 的端点 p'_1 和 p'_n 在理论曲线 r 上的对应特征点或组，记为 (p'_1, p_{sk}) 和 (p'_n, p_{ek})，$k(=1,\cdots,O)$ 为匹配的点数。选择其中一组匹配点，不妨假设为 (p'_1, p_{sk})，由于一条理论曲线上可能存在若干条相似的局部曲线，即使在容差和总弧长的约束条件下，也有可能会导致离散曲线 R 的端点 p'_1 在理论曲线上搜索到 O 个相同的参考特征点，在没有其他特殊标定的约束条件下，只能任意选择其中的一组 (p'_1, p_{s1})，分别在 p'_1 和 p_{s1} 处建立标架 $p'_1\{T'_1, N'_1, B'_1\}$ 和 $p_{s1}\{T_1, N_1, B_1\}$。则具体的定位步骤如下：

（1）将 R 端点的标架旋转到与 r 标架姿态一致，令 $M_2 = [T'_1, N'_1, B'_1]^T$，$M_1 = [T_1, N_1, B_1]^T$，$R_{s1} = M_1 M_2^T$，得到初始旋转变换矩阵 R_{s1}；

（2）将点 p'_1 平移到点 p_{s1} 处，由 $T_{s1} = p_{s1} - p'_1 R_{s1}$ 得到初始平移矩阵 T_{s1}；

（3）得到离散曲线与理论曲线之间的空间变换矩阵 $G_{s1} = [R_{s1}, T_{s1}]^T$，将该变换矩阵依次代入匹配的端点 (p'_n, p_{ek}) 中，计算 p'_n 经变换后的坐标值，判断在 p_{ek} 中是否有相等或者近似相等的点，即是否满足下列条件：$|p'_n G_{s1} - p_{ek}| \leqslant \varepsilon_d$。如果满足，则认为该矩阵 G_{s1} 是离散曲线与理论曲线之间的初始变换矩阵值 G_{s0}；否则回到第一步重新再选一组，重复上述步骤，直到找到满足条件的矩阵为止。

2.3.3 曲线测量精定位

1. 测量点到理论曲线最近点搜索

现有关于点到曲线最近点求解方法有基于曲线几何特征的快速迭代法、基于最优化方法的黄金分割法与二次迭代的组合法以及格点法[67]。基于几何特征的方法计算精度高，但依赖于初始值，且可能存在无法找不到投影点；

基于优化方法的组合法将该问题转化为优化问题，该方法应用面广、求解精度高、可靠性好，但对于多峰值优化目标函数求解仍然有局限性；格点法，也称之为全面搜索法，是一种较为简单的一维优化方法，适用于任何类型的曲线的最近点求解，但计算量大，耗时。

离散曲线上的离散点可通过寻找曲线弧长参数增大方向，有顺序地排列，因此采用局部搜索法从离散曲线上的第一个端点开始，在给定的搜索区间范围查找满足距离约束条件的最近点。在离散化理论曲线时，以离散曲线上的离散点间距的 1/5 采样，因此，理论曲线的离散化采样点 p_j 间距设为 $\vec{s}'/5$，具体方法如下：

假设离散曲线上的离散点依次为 $\{p'_i \mid i=1,2,\cdots,n\}$，经过初始变换矩阵变换后，排列顺序不会发生变化，不妨记为 $\{p'_{i1} \mid i=1,2,\cdots,n\}$。由于在匹配参考特征点时，已经找到了第一个点 p'_1 在理论曲线上的匹配点，其变换后的点 p'_{1t} 在理论曲线上的最近点实际就是点 p'_1 的匹配点 p_{s1}。因此，在该点基础上，查找第下一个离散点 p'_{jt} 的最近点，以点 p_{s1} 为起点，沿着 $\vec{s}$ 方向在理论曲线上滑动 10 个 $\vec{s}'/5$ 范围，如图 2-10（a）所示。分别计算该点到理论曲线上各采样点的距离，选取距离最小值 d_{m1} 和次小值 d_{m2}，如果 $|d_{m1}-d_{m2}| \leqslant \varepsilon_{cd}$（$\varepsilon_{cd}$ 为用户设定的距离阈值），则停止搜索，选取 d_{m1} 对应的点作为点 p'_{jt} 的最近点；否则，在理论曲线上由距离最小值 d_{m1} 对应的点和次小值 d_{m2} 对应的点组成新的搜索区间 $[p_{s1},p_{e1}]$，如图 2-10（b）所示，再次对该区间 5 等分离散化，重复上述步骤，直至获得最近点为止。如图 2-10 所示。

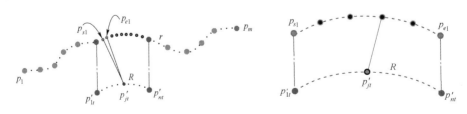

(a) 点 p'_{jt} 沿着点 p_{s1} 向 $\vec{s}$ 方向搜索　　　　　　(b) 新的搜索区间

图 2-10　离散点的最近点搜索过程

2. 曲线测量精定位模型与求解

（1）精定位模型

通过局部点标架的平移和旋转，已将离散曲线与理论曲线的位姿大致对齐，但还需要进一步微调离散曲线的位姿，使其与理论曲线最佳拟合。在制造领域中，线轮廓度误差指实际被测轮廓线对理论轮廓线的变动量，理论轮廓线的位置应满足最小条件[68]。平面曲线轮廓度误差评定方法有最小二乘法、两端点法和最小区域法[69]，其中最小区域法的精度最高。最小区域是指由两条曲线包容实际轮廓线时，理想轮廓线穿过实际被测轮廓线，这两条曲线分别至理想轮廓线的法向距离相等且它们之间的宽度为最小包容区域。最小区域评定法是形状误差评定的基本原则。如图 2-11（a）所示，平面曲线轮廓度误差值用最小包容区域的宽度 W 确定，W 值就是曲线轮廓度误差值。在平面曲线轮廓度误差定义中，被测轮廓线被两条"平行"的边界线包围，W 的几

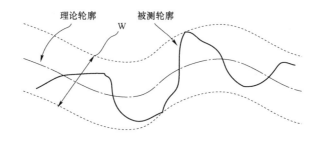

(a) 平面曲线轮廓度误差定义示意图

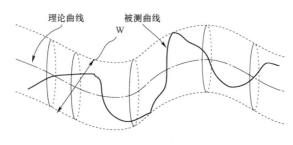

(b) 空间曲线定位误差定义示意图

图 2-11　平面曲线轮廓度误差与空间曲线定位误差定义示意图

何意义是被测轮廓线上点与理论轮廓线上最近点最大距离的 2 倍。空间曲线由于存在挠率，被测轮廓线被边界线所形成的回转体包围。参照平面线轮廓度误差定义，定义空间曲线定位误差，如图 2-11（b）所示。

在曲线测量定位中，要获得离散曲线与理论曲线最佳匹配，就需调整离散曲线的位姿，使得测量点到理论曲线对应最近点的最大距离最小化，因此曲线测量精定位数学模型为：

$$\min \boldsymbol{F}(\tilde{t}) = \min\{\max\{d_i \mid i = 1, 2, \cdots, n\}\} \qquad (2\text{-}20)$$

式（2-20）中，$d_i = \left\| p'_{it} - p_i \right\|$ 表示 p'_i 与理论曲线对应最近点 $p_i(p_{ix}, p_{iy}, p_{iz})$ 之间的距离，$p'_{it} = p'_i \boldsymbol{G}_{si}$ 表示 $p'_i(p'_{ix}, p'_{iy}, p'_{iz})$ 经 $\boldsymbol{G}_{si}$ 变换后的点，$\tilde{t} = [\alpha, \gamma, \beta, \Delta x,$ $\Delta y, \Delta z]^T$，$\alpha, \beta, \gamma, \Delta x, \Delta y, \Delta z$ 分别为绕 x, y, z 轴旋转角度和沿 x, y, z 轴平移的距离，在计算中将 $d_i = \left\| p'_{it} - p_i \right\|$ 转化为 $d_i = \dfrac{1}{2} \left\| p'_{it} - p_i \right\|^2$。

由于 $\boldsymbol{G}_{si}$ 与 $\alpha, \beta, \gamma, \Delta x, \Delta y, \Delta z$ 相关，因此 $p'_i \boldsymbol{G}_{si}$ 可表示为 $p'_i \boldsymbol{G}_{si}(\tilde{t}) =$ $\begin{bmatrix} p'_{ix} - \Delta x & p'_{iy} - \Delta y & p'_{iz} - \Delta z \end{bmatrix} \begin{bmatrix} c\alpha c\beta & s\alpha c\beta & -s\beta \\ c\alpha s\beta s\gamma - s\alpha c\gamma & s\alpha s\beta s\gamma + c\alpha c\gamma & c\beta s\gamma \\ c\alpha s\beta c\gamma + s\alpha s\gamma & s\alpha s\beta c\gamma - c\alpha s\gamma & c\beta c\gamma \end{bmatrix}$，其中，

$c\alpha$，$c\beta$，$c\gamma$，$s\alpha$，$s\beta$，$s\gamma$ 分别表示 $\cos\alpha$，$\cos\beta$，$\cos\gamma$，$\sin\alpha$，$\sin\beta$，$\sin\gamma$。从粗定位中得到变换矩阵的初始值，该问题转化为求解非线性优化方程组，采用 Levenberg-Marquardt（LM）算法求解。

令 $f_i(\tilde{t}) = p'_i \boldsymbol{G}_{si}(\tilde{t}) - p_i$，得到：

$$f_i(\tilde{t}) = \begin{bmatrix} p'_{ix} - \Delta x \\ p'_{iy} - \Delta y \\ p'_{iz} - \Delta z \end{bmatrix}^T \begin{bmatrix} c\alpha c\beta & s\alpha c\beta & -s\beta \\ c\alpha s\beta s\gamma - s\alpha c\gamma & s\alpha s\beta s\gamma + c\alpha c\gamma & c\beta s\gamma \\ c\alpha s\beta c\gamma + s\alpha s\gamma & s\alpha s\beta c\gamma - c\alpha s\gamma & c\beta c\gamma \end{bmatrix} - \begin{bmatrix} p_{ix} \\ p_{iy} \\ p_{iz} \end{bmatrix}^T \qquad (2\text{-}21)$$

则目标函数 $\boldsymbol{F}(\tilde{t})$ 转化为：

$$\min \boldsymbol{F}(\tilde{t}) = \min\left\{ \max\left\{ \frac{1}{2} f_i(\tilde{t}) f_i(\tilde{t})^T \mid i = 1, 2, \cdots, n \right\} \right\} \qquad (2\text{-}22)$$

得到目标函数 $\boldsymbol{F}(\tilde{t})$ 的 Jacobian 矩阵 $\boldsymbol{J}(\tilde{t})$，Hessian 矩阵 $\boldsymbol{H}(\tilde{t})$ 和误差矩阵 $\boldsymbol{g}(\tilde{t})$ 分别为：

$$J(\tilde{t}) = \begin{bmatrix} \dfrac{\partial f_1}{\partial \alpha} f_1 & \dfrac{\partial f_1}{\partial \beta} f_1 & \dfrac{\partial f_1}{\partial \gamma} f_1 & \dfrac{\partial f_1}{\partial \Delta x} f_1 & \dfrac{\partial f_1}{\partial \Delta y} f_1 & \dfrac{\partial f_1}{\partial \Delta z} f_1 \\ \cdots & \cdots & \cdots & \cdots & \cdots & \cdots \\ \dfrac{\partial f_n}{\partial \alpha} f_n & \dfrac{\partial f_n}{\partial \beta} f_n & \dfrac{\partial f_n}{\partial \gamma} f_n & \dfrac{\partial f_n}{\partial \Delta x} f_n & \dfrac{\partial f_n}{\partial \Delta y} f_n & \dfrac{\partial f_n}{\partial \Delta z} f_n \end{bmatrix}$$ （2-23）

$$H(\tilde{t}) = \begin{bmatrix} \sum\limits_{i=1}^{n} \dfrac{\partial^2 f_i}{\partial \alpha} & \cdots & \cdots & \cdots & \cdots & \sum\limits_{i=1}^{n}\left(\dfrac{\partial f_i}{\partial \alpha}\dfrac{\partial f_i}{\partial \Delta z}\right) \\ \cdots & \sum\limits_{i=1}^{n}\dfrac{\partial^2 f_i}{\partial \beta} & \cdots & \cdots & \cdots & \cdots \\ \cdots & \cdots & \sum\limits_{i=1}^{n}\dfrac{\partial^2 f_i}{\partial \gamma} & \cdots & \cdots & \cdots \\ \cdots & \cdots & \cdots & \sum\limits_{i=1}^{n}\dfrac{\partial^2 f_i}{\partial \Delta x} & \cdots & \cdots \\ \cdots & \cdots & \cdots & \cdots & \sum\limits_{i=1}^{n}\dfrac{\partial^2 f_i}{\partial \Delta y} & \cdots \\ \sum\limits_{i=1}^{n}\left(\dfrac{\partial f_i}{\partial \alpha}\dfrac{\partial f_i}{\partial \Delta z}\right) & \cdots & \cdots & \cdots & \cdots & \sum\limits_{i=1}^{n}\dfrac{\partial^2 f_i}{\partial \Delta z} \end{bmatrix}$$

（2-24）

$$g(\tilde{t}) = \left[\sum_{i=1}^{n}\dfrac{\partial f_i}{\partial \alpha}f_i \quad \sum_{i=1}^{n}\dfrac{\partial f_i}{\partial \beta}f_i \quad \sum_{i=1}^{n}\dfrac{\partial f_i}{\partial \gamma}f_i \quad \sum_{i=1}^{n}\dfrac{\partial f_i}{\partial \Delta x}f_i \quad \sum_{i=1}^{n}\dfrac{\partial f_i}{\partial \Delta y}f_i \quad \sum_{i=1}^{n}\dfrac{\partial f_i}{\partial \Delta z}f_i\right]^T$$

（2-25）

根据 LM 迭代公式 $(H+\lambda I_n)\Delta\tilde{t}=g$，可得 LM 算法步骤：

step1：变量 $\tilde{t}$ 赋初值 $\tilde{t}_0=[\alpha_0,\gamma_0,\beta_0,x_0,y_0,z_0]^T$，参数 λ 赋初值 $\lambda=\lambda_0$，精度条件 ε_d，Jacobian 矩阵更新标记 Jflag＝1，迭代次数 niters，迭代计数器 iter＝1，变量 $\tilde{t}_{est}=\tilde{t}_0$，$\tilde{t}_{iter}$；

step2：根据变换矩阵 $G_{si}(\tilde{t}_0)$，计算离散点 $\{p_i'|i=1,2,\cdots,n\}$ 的变换点 $\{p_{it0}'|i=1,2,\cdots,n\}$，搜索 $\{p_{it0}'|i=1,2,\cdots,n\}$ 在理论曲线上对应的最近点 $\{p_{i0}|i=1,2,\cdots,n\}$；

step3：计算 p_{it0}' 与 p_{i0}（$i=1,2,\cdots,n$）之间的距离 $\{d_{i0}|i=1,2,\cdots,n\}$，记录最大值 d_0；

step4：如果 iter＜niters，循环迭代；否则，转 step13；

50

step5：如果 Jflag＝1，计算 $f_i(\tilde{t}_{est})$、$\boldsymbol{J}(\tilde{t}_{est})$ 与 $\boldsymbol{H}(\tilde{t}_{est})$；

step6：由 $\boldsymbol{H}_{lm}(\tilde{t}_{est})=\boldsymbol{H}(\tilde{t}_{est})+\lambda\boldsymbol{I}_n$ 计算 $\boldsymbol{H}_{lm}(\tilde{t}_{est})$ 和 $\boldsymbol{g}(\tilde{t}_{est})$，并计算出 $\Delta\tilde{t}$；

step7：$\tilde{t}_{iter}=\tilde{t}_{est}+\Delta\tilde{t}$，构造 $\boldsymbol{G}_{si}(\tilde{t}_{iter})$，计算离散点 $\{p_i'\,|\,i=1,2,\cdots,n\}$ 新坐标 $\{p_{itest}'\,|\,i=1,2,\cdots,n\}$，搜索 p_{itest}' 在理论曲线上对应的新最近点 $\{p_{iest}\,|\,i=1,2,\cdots,n\}$；

step8：计算 p_{itest}' 与 p_{iest}（$i=1,2,\cdots,n$）之间的距离 $\{d_{itest}\,|\,i=1,2,\cdots,n\}$，记录最大值 d_{est}；

step9：如果 $d_{est}<d_0$ 且 $d_{est}<\varepsilon_d$，转 step13；

step10：如果 $d_{est}<d_0$ 且 $d_{est}\geqslant\varepsilon_d$，$\lambda=\lambda/5$，$\tilde{t}_{est}=\tilde{t}_{iter}$，$d_0=d_{est}$，Jflag＝1；

step11：如果 $d_{est}\geqslant d_0$，Jflag＝0，$\lambda=5\lambda$；

step12：iter＝iter＋1，转 step4。

step13：结束循环，得到精定位刚体变换参数 $\tilde{t}_{est}$、最小距离值 d_0。

2.4　实验与分析

2.4.1　曲线特征计算实验

如图 2-12（a）所示为某类叶片 CAD 模型，在该模型红色实线处截取叶片截面轮廓线（图 2-12（b））。选取图 2-13 所示蓝色圈内 9 个点，采用 2.2.3 节方法估算特征点值，获得各点曲率、挠率值如表 2-1 所示。

(a) 叶片CAD模型

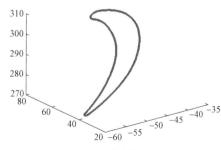

(b) 叶片轮廓线

图 2-12　叶片 CAD 模型及轮廓线

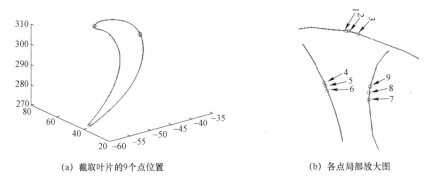

(a) 截取叶片的9个点位置　　　　　　(b) 各点局部放大图

图 2-13　叶片估算特征值点位置

表 2-1　叶片理论曲线、离散曲线的曲率和挠率值

序号	离散曲线		理论曲线	
	曲率	挠率	曲率	挠率
1	8.452 8	0.001 2	8.412 4	0.000 1
2	11.625 9	0.000 8	11.773 0	0
3	9.284 9	0.002 3	9.139 1	0
4	0.041 6	0.007 5	0.027 9	0
5	0.042 1	0.009 8	0.040 4	0.000 2
6	0.049 8	0.005 6	0.040 8	0
7	9.896 5	0.003 4	10.006 1	0.000 2
8	10.352 3	0.008 9	10.156 5	0
9	10.902 7	0.005 6	10.686 6	0.000 4

通过随机抽取叶片测量曲线和离散点拟合成理论曲线上对应的 9 个点，对比表 2-1 中计算获得的曲率和挠率，曲率最大误差为 0.216 1，挠率最大误差 0.009 6，在误差范围内，可认为对应点的曲率和挠率相等，从而也验证了第 2.2.3 节所提算法的有效性。

2.4.2　曲线测量定位实验

以"S"形试件为对象，通过采集一条完整离散曲线和局部离散曲线进行实验。

"S"形试件由上、下两条参数相同的"S"形三次均匀 B 样条曲线形成高 50 mm、厚度 6 mm 的等厚缘条，其 CAD 模型如图 2-14（a）所示。选用铝合金材料，毛坯尺寸 75 mm×63 mm×100 mm，采用 VX500 立式加工中心，分别进行粗铣和精铣加工。粗铣采用 ϕ7 机夹刀，进给速度为 2 500 mm/min，主轴转速为 3 000 r/min，切削量为 0.7 mm；精铣采用 ϕ16 的合金棒铣刀，进给速度为 600 mm/min，主轴转速为 1 600 r/min，切削量为 5 mm，加工过程如图 2-14（b）所示。

(a)　"S"试件 CAD 模型　　　　　　　(b) "S"试件加工过程

图 2-14　"S"试件 CAD 模型与加工过程

分别从"S"形试件 CAD 模型和实物（见图 2-15（a））顶部向下外侧 20 mm 处采集一条完整的"S"形轮廓线，采样数据为 1 273 点，如图 2-15（b）所示。设置容差条件：$\varepsilon_\kappa = 0.5$，$\varepsilon_\tau = 0.01$，$\varepsilon_s = 0.01$，$\varepsilon_d = 0.01$，$\varepsilon_{ed} = 0.01$。

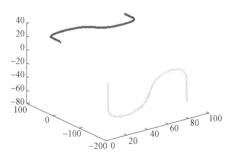

(a)　"S"试件　　　　　　　(b) 理论曲线与测量曲线

图 2-15　"S"试件与测量曲线

1. "S"试件全局定位实验

将理论曲线离散化为 6 363 个点，最近邻点数量 $k=10$，分别对点云特征分析，估算出两曲线端点切向及参数 s 增大方向，如图 2-16（a）和（b）所示，图 2-17（a）和（b）为估算的曲线 Frenet 标架。

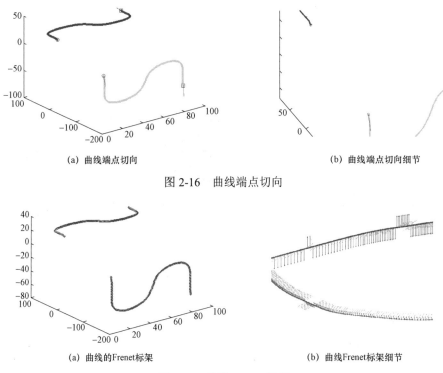

（a）曲线端点切向   （b）曲线端点切向细节

图 2-16　曲线端点切向

（a）曲线的Frenet标架   （b）曲线Frenet标架细节

图 2-17　曲线 Frenet 标架

估算测量曲线端点曲率和挠率，与理论曲线的曲率和挠率进行比较。则测量曲线起点的满足曲率容差条件、挠率容差条件见图 2-18（a）和（b）所

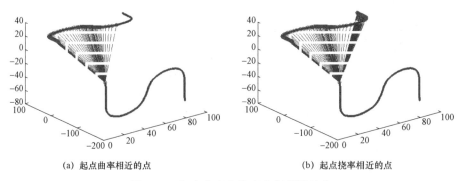

（a）起点曲率相近的点   （b）起点挠率相近的点

图 2-18　起点曲率和挠率分别相近的点

示，同理，与测量曲线终点满足容差条件对应的点见图 2-19（a）和（b）所示。满足曲率和挠率容差条件的点见图 2-20 所示，测量曲线和理论曲线起点、终点同时满足曲率、挠率及弧长和容差条件的点见图 2-21 所示。

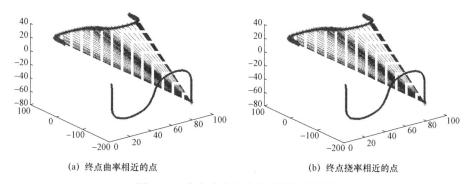

(a) 终点曲率相近的点　　　　　　　　(b) 终点挠率相近的点

图 2-19　终点曲率和挠率分别相近的点

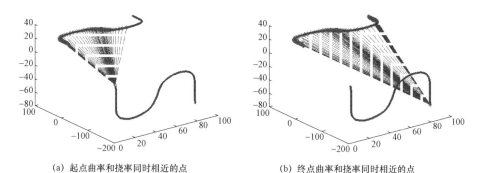

（a）起点曲率和挠率同时相近的点　　　　（b）终点曲率和挠率同时相近的点

图 2-20　端点满足容差条件的点

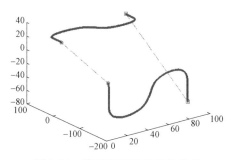

图 2-21　满足所有容差条件的点

　　搜索到特征点后，采用第 2.3.2 节方法对齐特征点的 Frenet 标架，实现测量曲线进行粗定位，如图 2-22 和图 2-23（a）和（b）。

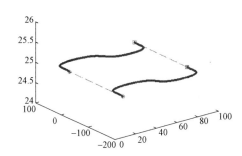

图 2-22　Frenet 标架对齐后的测量曲线

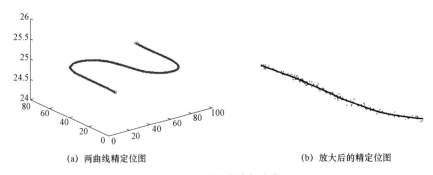

(a) 两曲线精定位图　　　　　　　　　　(b) 放大后的精定位图

图 2-23　测量曲线粗定位

通过查找最近点实现精定位见图 2-24（a）和（b）所示，粗定位最大误差为 0.207 6，平均误差为 0.060 9，精定位最大误差为 0.017 9，平均误差为 0.006 2。

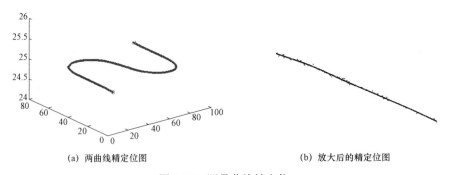

(a) 两曲线精定位图　　　　　　　　　　(b) 放大后的精定位图

图 2-24　测量曲线精定位

2. "S" 试件局部定位实验

为便于比较，仍然采样上述模型中的轮廓线作为理论曲线，只是从上述已加工 "S" 试件中采集的轮廓线选取 241 个连续数据点作为局部测量曲线，让其与理论曲线进行匹配，"S"试件的轮廓线图 2-25（a）所示，理论曲线与测量曲线见图 2-25（b）。

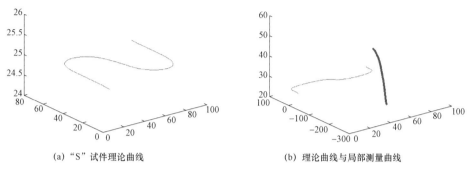

(a)　"S"试件理论曲线　　　　　　　　　(b)　理论曲线与局部测量曲线

图 2-25　"S"试件轮廓线与测量曲线

将理论曲线同样离散化为 6 363 个点，最近邻点数量 $k=10$，对点云特征分析，估算出两曲线起点切向及参数 s 增大方向，如图 2-26（a）和（b）所示，图 2-27（a）和（b）为估算的曲线 Frenet 标架。

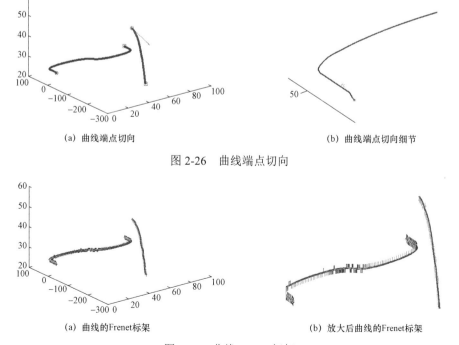

(a)　曲线端点切向　　　　　　　　　(b)　曲线端点切向细节

图 2-26　曲线端点切向

(a)　曲线的Frenet标架　　　　　　　　　(b)　放大后曲线的Frenet标架

图 2-27　曲线 Frenet 标架

估算测量曲线端点曲率和挠率，与理论曲线的曲率和挠率进行比较。则测量曲线起点的满足曲率容差条件、挠率容差条件见图 2-28（a）和（b）所示，同理，与测量曲线终点满足容差条件对应的点见图 2-29（a）和（b）所示。满足曲率和挠率容差条件的点见图 2-30 所示，测量曲线和理论曲线起点、终点同时满足曲率、挠率及弧长和容差条件的点见图 2-31 所示。

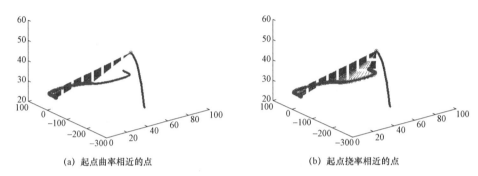

(a) 起点曲率相近的点   (b) 起点挠率相近的点

图 2-28　起点曲率和挠率分别相近的点

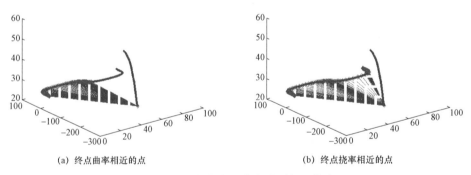

(a) 终点曲率相近的点   (b) 终点挠率相近的点

图 2-29　终点曲率和挠率分别相近的点

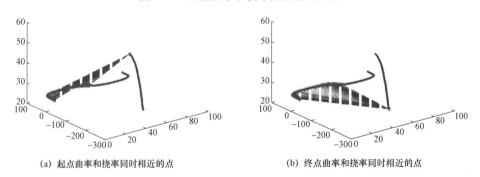

(a) 起点曲率和挠率同时相近的点   (b) 终点曲率和挠率同时相近的点

图 2-30　端点满足容差条件的点

搜索到特征点后，采用第 2.3.2 节方法对齐特征点的 Frenet 标架，实现测量曲线进行粗定位，如图 2-32、图 2-33（a）和（b）。

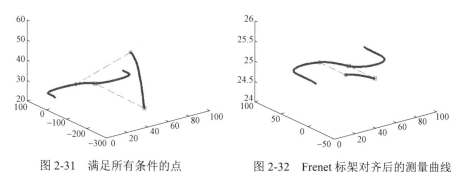

图 2-31　满足所有条件的点　　　　图 2-32　Frenet 标架对齐后的测量曲线

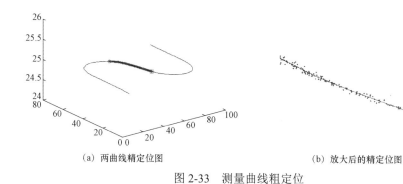

（a）两曲线精定位图　　　　　　　（b）放大后的精定位图

图 2-33　测量曲线粗定位

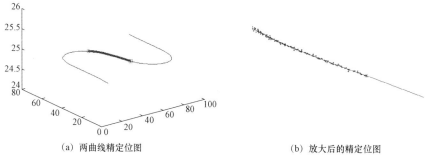

（a）两曲线精定位图　　　　　　　（b）放大后的精定位图

图 2-34　测量曲线精定位

通过查找最近点实现精定位见图 2-34（a）和（b）所示，粗定位最大误差为 0.180 4，平均误差为 0.061 5，精定位最大误差为 0.017 1，平均误差为 0.006 3。

2.5　本章小结

本章介绍了曲线微分几何理论、刚体变换下几何特征不变量，曲率和挠率。根据曲线微分几何计算特征量定义，探讨离散曲线曲率、挠率的估算方法，通过提取叶片截面轮廓线与理论曲线对比，验证离散点估算曲率、挠率的正确性，为离散曲线的定位奠定了基础。为了避免参考特征点选取盲目性的缺点，根据切向指向曲线参数增长方向但切向变化参数变化的指向不变，完成了离散曲线两端点的确定和参考点顺序的对齐，为最近点查找节省了大量的时间。完成了参考特征点匹配，研究了不同类型的曲线（全局曲线、局部曲线、多相似段曲线、常曲率挠率曲线、直线等）定位过程。在参考点排序成功的情况下，利用局部区域分割法寻找最近点，建立了曲线测量精定位的数学模型。以"S"形试件为对象，截取其上的空间曲线进行定位实验，定位误差结果表明了该方法的有效性。

第3章 基于曲面特征的曲面测量定位

3.1 曲面测量定位研究现状

曲面测量定位技术是加工定位、零件表面误差评定的重要环节，零件加工完成后，需要借助响应检测手段，检测工件是否满足设计要求，对于形状规则的零件，可利用卡尺、量规、轮廓仪、工具显微镜、X 射线等量具进行检测。但对于没有明显定位基准的零件，上述检测方法不再适用，须在专业测量设备采集数据基础上，使用某类方法自动匹配离散曲面和理论曲面，这已成为复杂曲面加工与误差评定的发展趋势，因此对曲面测量定位的研究应运而生。Menp[70]在研究曲面质量评价方法时，首次将自由曲面定位技术概念引入到制造领域，建立了离散曲面与 CAD 模型的轮廓度误差评定模型，给出了实测点对测量定位精度的影响。现有关于曲面测量定位的方法主要分为四类：

（1）几何无关法，当离散曲面与理论曲面的位姿微小变化时，通常采用最近点迭代法及其改进算法实现定位，为了保证定位精度就需要全体测量点参与计算。对于离散曲面与理论曲面的位姿变化很大的应用场景，最近点迭代法由于初值依赖，容易陷于局部收敛，不再适用，因此提出了不依赖于曲面几何的方法。Fishler[71]采用随机采样一致（RANSAC，Random Sample

Consensus）算法，随机选择 m 个点作为测量点，计算测量点的变换矩阵，再将其余数据点代入已建立的方程进行验证，如果大多数点在误差允许范围内，则认为获得的矩阵是最优矩阵，反之，则重新采样，重复上述过程，直到获得最优矩阵。NJMitra[72]基于 RANSAC 的思想，基于 RANSAC 算法，提出 4PCS 定位方法，与 RANSAC 算法相比，鲁棒性高、速度快等优点。该类方法缺乏曲面几何特性分析，定位过程无几何导向性，具有一定通用性，对简单形状曲面取得不多效果，对于复杂曲面需要多次采样跌迭代，效率不高，精度低。

（2）几何结构法，从离散曲面直接寻找可定位的参考点实现定位。如杜建军[73]采用五点粗定位,利用最小二乘迭代法实现光学曲面轮廓度误差评定。刘晶[74]以叶片类零件为对象，提出基于约束区的定位方法。席平[75]通过提取前后圆的圆心及其形心特征，采用坐标定位法实现叶片型面误差评定。徐毅[76]提出多级定位思想，利用曲面中心点与四个角点实现粗定位，采用对旋转、平移矩阵和实测点云分别优化的方法实现定位。蔺小军[77]为消除系统误差的影响，采用 L-BFGS-B（Limited-memory Broyden-Fletcher-Goldfarb-Shanno bound）算法实现对叶片曲面测量定位。胡述龙[78]针对某类发动机叶片面形检测，基于公差约束，提出自动定位的叶片误差评定方法。该类方法在离散曲面的结构上选择参考点，针对特定对象取得不错效果，由于参考点不具有刚体变换不变性，该类方法不具有普适性，定位精度依赖参考点的选择。

（3）几何构造法，采用数学方法从离散曲面上构造出标识曲面点特征的参数，用以表征三维离散曲面。如 Barequet[79]提出了有向角标（directed footprints）的局部曲面匹配方法，可获得较快的收敛速度，但匹配精度不能保证。Johnson[80]提出将点和点位置关系转换成二维图像，用以表示物体表面三维特征的旋量图方法，同时点标[81]（point signature）与面标[82]（surfaces signatures）方法，提供了一种简便的点对点匹配方法。马骊溟[83]从旋量理论出发，提出了基于旋量理论的复杂曲面定位算法，提高了基于欧拉角定位的算法精度，但存在效率不高和易产生奇异性等缺点。从图论研究角度出发，石磊[84]基于最大独立集算法，将曲面定位问题转化成离散点定位问题，通过建立离散点之间的距离矩阵，利用误差半径构造 0-1 矩阵，求解出对应点的最大独立集，此方法能够实现曲面的局部匹配和全局匹配。该类方法需要构造数学量描述曲面特征，构造的数学量非曲面本征几何量，会随离散点和数学方法的选择发生变化，通用性不强。

（4）几何量法，通过计算曲面的微分几何量实现定位。Li[85]针对自由曲面提出特征匹配的定位方法。徐金亭[86]通过提取曲率特征，建立距离约束下的粗定位以及在最小二乘迭代下的精定位算法。Vahid[87]利用曲率相等、距离相等为约束条件实现曲面测量点的粗定位方法。由于曲面正则性、弧长绝对值、曲率和挠率是曲面的微分几何量，具有参数变换和刚体变换不变性，成为曲面测量定位的首选方法。

3.1.1　基于特征的曲面测量粗定位研究现状

现有曲面测量粗定位研究大都基于具有一定的先验信息进行定位，当两目标曲面的类型、表达式、控制参数或初始变换值未知时，曲面测量定位变得异常复杂。如何建立两曲面之间的联系成为曲面测量定位研究的关键，因此在离散曲面和理论曲面上寻找对应点或相关特征点，对齐特征点的粗定位方法就显得尤为重要。用于粗定位的特征点，需用几何量或不变特征量标识，由此产生了大量基于曲面特征量计算及相似性评定方法。

曲率是几何体不平坦程度的一种衡量，表示曲面的弯曲程度，直观标明了曲面的形状，因此，现有研究大多通过计算曲面上点的曲率，或在曲率基础上衍生新的特征量，将具有相同或相近曲率值、特征值的数据点作为潜在特征点，进行曲面匹配和粗定位。Chua[88]针对未知关系曲面，利用主曲率和 Darboux 标架建立两曲面的对应关系，实现了曲面的粗定位。受到该工作的启发，Ko[89]从保护数字产品知识产权角度出发，针对 B 样条的离散曲面，提出脐点匹配以定位曲面的算法。随后又提出基于平均曲率和高斯曲率的匹配方法[90]，通过寻找两曲面上曲率相等、不共线三对应点实现曲面粗定位，该算法适用于 NURBS 曲面匹配。徐金亭[86]、Vahid[87]在 Ko 研究基础上，通过增加角度、距离的约束条件，筛选出三组特征点，实现曲面粗定位。Mitra[91]选取匹配特征点主曲率、负曲率、法向作为理论曲面的三向量方向的基础上，构建曲率目标函数，粗定位曲面。潘小林[92]基于曲率分析，结合曲面片形状划分方法和几何哈希，提出一种通用的空间曲面匹配算法，该方法核心是建立基于几何哈希的投票机制，适用于具有部分重叠的曲面模型匹配。王坚[93]采用高曲率特征点作为候选点，用自旋图计算对应关系，构造初始对应点集合，将曲面定位问题转化为图论中的最大权团搜索问题，实现曲面粗匹配。

除了用曲率作特征量标识曲面特征，还可用曲面矩[94]作不变特征量匹配模型，用于模型检索。其他不利用特征量的粗定位方法，如约束条件法[95]、五点定位法[76]、图空间分布法[96]、RANSAC 法[97]等方法，主要是针对特定曲面或曲面片的定位方法。

基于特征点的粗定位方法，如果能够从两目标曲面中分别确定三组不共线对应特征点，通过对齐三组特征点建立的坐标系，利用闭式最小二乘法[98]、奇异值、正交矩阵或双四元数法获得空间变换关系，即可得到曲面测量定位初始值。

3.1.2 曲面测量精定位研究现状

离散曲面与理论曲面粗定位后，需进一步调整两曲面的位姿，实现精定位。现有曲面测量精定位方法主要分两类：

（1）迭代最近点法（Iterative Closest Point，ICP），给定初值条件下，使用最为广泛的是 ICP 及改进法。Besl[32]率先提出 ICP 算法，主要根据某种几何特性，将两目标曲面上的点进行配对，利用四元数法估算配对点的刚体变换矩阵，用变换矩阵对其中一个曲面作变换，使其向另一个曲面对齐，直至收敛。Chen[99]基于 ICP 思想，选用点集与点集的投影点构成点对，作为迭代点对的定位算法，但当曲面的曲率变化较大时，降低了算法的收敛效果。Zhang[100]通过增加动态阈值和法向一致性约束条件，以剔除距离大于阈值和法向夹角较大的对点，并用 k-d 树算法搜索最近点，缩短最近点搜索时间，提高了运行效率。Rusinkiewicz[101]对迭代最近点算法及各种改进算法进行总结，提出了在迭代算法中要注意的六要点，并对比分析了 ICP 改进方法的收敛性。郑航[97]采用双法向投影匹配法确立匹配点对，同时施加距离和曲率约束条件剔除错误配点对，使得两组点云之间的定位误差达到最小，通过改进迭代最近点算法，实现离散曲面的精定位。

（2）非线性优化法，取得定位初值后，利用非线性优化算法，进一步调整两目标曲面的位姿。如 LM（Levenberg-Marquardt Algorithm）算法[102]、梯度下降法、牛顿法和高斯牛顿法[103]等，均能有效解决精定位问题，求解效率高。罗通[104]提出一种基于分支限界（branch-and bound）算法的局部配准方法，使点到曲面近似距离平方和误差最小化，并变换参数，在刚体变换参数空间，确定误差函数的上下界限加快搜索，结合等效距离公式，利用 L-M 算法优化配准曲面，加速收敛并保证配准精度。

3.1.3　曲面测量精定位中最近点求解研究现状

曲面测量精定位还涉及一个重要问题，实测点到理论曲面的最近点或最短距离的求解问题。现有曲面测量定位或者曲面匹配的研究中，大都是利用已有方法，如利用几何特征的数值求解法、迭代求值法。李淑萍[105]针对高阶曲面计算点到曲面的距离误差大，提出利用单纯形法获得点到曲面的最短距离。叶晓平[106]提出切平面法快速求解点到自由曲面距离。廖平[107]提出了基于粒子群优化算法计算测点到复杂曲面的最小距离的方法。也有将曲线、曲面进行网格离散化，采用网格逼近的方法。董明晓[108]和徐汝锋[109]提出一种计算点到曲面最短距离的网格法，将曲面划分网格，求空间点到网格节点的距离，将距离最短者作为迭代初始曲面点，迭代后获得满足一定精度的最近点。廖平[110]提出分割逼近法计算测点到曲面的最小距离，并应用于曲面轮廓度的误差评定。朱建宇[111]利用细分曲面片的网格拓扑结构特性，以空间点与细分曲面极限网格顶点的最近距离作为指标，实现在细分曲面片中搜索距离空间点最近的顶点，再运用局部细分技术来提高点的定位精度。

综观曲面测量定位技术的发展历程，已有研究大都针对光学器件、航空发动机叶片等特定类零件进行，曲面测量定位采用先粗定位后精定位方式。

曲面测量粗定位的研究，主要针对曲面信息已知或无先验信息的离散点云数据，研究了特征点提取方法、特征量的估算方法、基于距离或角度等约束条件建立方法及用于匹配的三对不共线特征点搜索方法。由于曲面存在多个相似特征点，进而出现相似特征点匹配歧义问题，尽管提出了相关约束条件，但仍难以筛选出一对一的特征点对，导致特征点匹配过程耗时，效率低。在曲面测量粗定位过程中，尽可能地消除特征点配对的歧异性必将提高整个曲面定位算法的性能，因此寻找代表曲面不变特征量的少量特征点和匹配等方法将成为曲面测量定位的发展趋势。

曲面测量精定位的研究，主要利用最小二乘法建立目标函数，通过非线性优化方法，求解离散点在理论曲面或 CAD 模型上的最近点，在取得较好初值和最近点基础上，采用最小二乘迭代算法，计算较优的齐次变换矩阵。最近点求解方法，要根据曲面或 CAD 模型自身情况而定，对于简单曲面，使用数值法或迭代法。对于复杂曲面，使用网格法及与其他智能算法相结合的方法，在离散曲面位姿变化不大的情况下，可采用全体测量点参与迭代，实现曲面测量定位，但会导致计算量增大。

曲面的微分几何属性及不变特征量估算是离散曲面特征点提取基础，法向与主方向等向量是曲面重要几何属性，平均曲率、高斯曲率、主曲率、法曲率等几何量是反映曲面局部几何形状的重要参数，由主方向和主曲率诱导的脐点是标识曲面形状的典型特征，其估算精度直接影响曲面定位精度和性能，因此从曲面中高效、准确地计算微分几何属性和几何量是曲面特征点提取的重要步骤。

3.2　曲面理论基础

3.2.1　曲面基本形式

假设参数曲面 S 定义为从平面区域 $D = \{(u^1, u^2)\}$ 到 $\boldsymbol{R}^3$ 空间的同胚映射的象集，则曲面的参数方程为：

$$S(u^1, u^2) = [x(u^1, u^2), y(u^1, u^2), z(u^1, u^2)]^T \tag{3-1}$$

曲面 S 的第一基本形式 I 和第二基本形式 II[48]：

$$\mathrm{I} = \mathrm{d}S \cdot \mathrm{d}S = E\mathrm{d}(u^1)^2 + 2F\mathrm{d}u^1\mathrm{d}u^2 + G\mathrm{d}(u^2)^2 \tag{3-2}$$

$$\mathrm{II} = -\mathrm{d}S \cdot \mathrm{d}N = L\mathrm{d}(u^1)^2 + 2M\mathrm{d}u^1\mathrm{d}u^2 + N\mathrm{d}(u^2)^2 \tag{3-3}$$

其中，N 为曲面单位法向量，$N = S_{u^1} \times S_{u^2} / \|S_{u^1} \times S_{u^2}\|$。$E = S_{u^1} \cdot S_{u^1}$、$F = S_{u^1} \cdot S_{u^2}$ 与 $G = S_{u^2} \cdot S_{u^2}$ 称为曲面 S 的第一基本量。$L = N \cdot S_{u^1u^1}$、$M = N \cdot S_{u^1u^2}$ 与 $N = N \cdot S_{u^2u^2}$ 称为曲面 S 的第二基本量。第一基本形式 I 是曲面的一个基本几何量，与曲面参数选取无关，在有刚体变换下保持不变。第二基本形式 II 刻画了曲面局部几何形状，在同向参数变换时保持不变，在反向参数变换时改变符号，在刚体运动时保持不变，在反向刚体变换时改变符号。因此曲面第一量和第二基本量是曲面的重要特征量。

3.2.2　曲面脐点

1. 法曲率与 Weingarten 变换

如图 3-1 所示，假设曲面 S 上有一条过 p 点的曲线 C，$\boldsymbol{\kappa}$ 为曲线 C 在点 p 处的曲率向量，$\boldsymbol{\kappa}_n$ 称为曲线 C 的法曲率，是曲线 C 的曲率向量 $\boldsymbol{\kappa}$ 在曲面 S 的法向量 N 上的投影，$\boldsymbol{\kappa}_g$ 称为曲线 C 的测地曲率，是曲线 C 的曲率向量 $\boldsymbol{\kappa}$ 在曲

面 S 的切平面的投影。

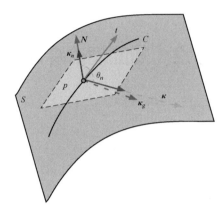

图 3-1 法曲率示意图

由此，法曲率 κ_n 可表示为：

$$\kappa_n = \kappa N = \frac{\mathrm{II}}{\mathrm{I}} = \frac{L\mathrm{d}(u^1)^2 + 2M\mathrm{d}u^1\mathrm{d}u^2 + N\mathrm{d}(u^2)^2}{E\mathrm{d}(u^1)^2 + 2F\mathrm{d}u^1\mathrm{d}u^2 + G\mathrm{d}(u^2)^2} \tag{3-4}$$

若用 θ 来表示曲线 C 的主法向量 n 与曲面 S 法向量 N 之间的夹角，则有：

$$\kappa_n = \kappa \cos\theta \tag{3-5}$$

由于曲面第二基本形式在同向参数和刚体运动下不变，所以法曲率 κ_n 在同向参数变换和曲面的刚体运动下也保持不变。

平行移动曲面 S 的法向量 N 使之起点落在原点，则 N 的终点就落在 $\mathbb{R}^3$ 的单位球面 S^2 上，得到曲面 S 的 Gauss（高斯）映射 g：

$$g(S(u^1, u^2)) = N(u^1, u^2) \tag{3-6}$$

式（3-6）表明正则曲面上任一点 p 的邻域上的法向量场和一块单位球面同胚。

设 $(u^1(t), u^2(t))$ 是参数区域 D 上的一条曲线，$r(u^1(t), u^2(t))$ 是曲面 S 上对应的曲线。Gauss 映射 g 沿这条曲线求微分，就有

$$\frac{\mathrm{d}N(t)}{\mathrm{d}t} = N_{u^1}\frac{\mathrm{d}u^1}{\mathrm{d}t} + N_{u^2}\frac{\mathrm{d}u^2}{\mathrm{d}t} \tag{3-7}$$

由于 N 是单位向量，$\dfrac{\mathrm{d}N}{\mathrm{d}t}$ 是曲面 S 的切向量，只与切向 $\left(\dfrac{\mathrm{d}u^1}{\mathrm{d}t},\dfrac{\mathrm{d}u^2}{\mathrm{d}t}\right)$ 有关，

与曲线 $(u^1(t),u^2(t))$ 选取无关，因此 $\dfrac{\mathrm{d}N}{\mathrm{d}t}=N_{u^1}\dfrac{\mathrm{d}u^1}{\mathrm{d}t}+N_{u^2}\dfrac{\mathrm{d}u^2}{\mathrm{d}t}$ 是切向量 $\left(\dfrac{\mathrm{d}u^1}{\mathrm{d}t},\dfrac{\mathrm{d}u^2}{\mathrm{d}t}\right)$

的一个对应。设 v 为曲面 S 上一点的一个切向量，λ 和 μ 是 v 在不同坐标切向量下的分量，$v=\lambda S_{u^1}+\mu S_{u^2}$，定义一个切平面到切平面的线性变换，即 Weingarten 变换 W 为：

$$W(v)=-(\lambda N_{u^1}+\mu N_{u^2}) \tag{3-8}$$

由 $\dfrac{\mathrm{d}N}{\mathrm{d}t}=N_{u^1}\dfrac{\mathrm{d}u^1}{\mathrm{d}t}+N_{u^2}\dfrac{\mathrm{d}u^2}{\mathrm{d}t}$，将 Weingarten 变换转化为矩阵形式：

$$\mathrm{d}N=\begin{bmatrix}\mathrm{d}u^1 & \mathrm{d}u^2\end{bmatrix}\begin{bmatrix}N_{u^1}\\N_{u^2}\end{bmatrix}=\begin{bmatrix}\mathrm{d}u^1 & \mathrm{d}u^2\end{bmatrix}w\begin{bmatrix}S_{u^1}\\S_{u^2}\end{bmatrix}=\begin{bmatrix}\mathrm{d}u^1 & \mathrm{d}u^2\end{bmatrix}g^{-1}\Omega\begin{bmatrix}S_{u^1}\\S_{u^2}\end{bmatrix} \tag{3-9}$$

Weingarten 变换刻画了曲面法向量的运动情况，反应了曲面在空间的弯曲状况，Weingarten 变换对应的 Weingarten 矩阵为 $W=g^{-1}\Omega$。

2. 主曲率与脐点

曲面的第二基本量描述了曲面沿切平面的变化率，矩阵 $W=g^{-1}\Omega$ 为曲面在参数 (u^1,u^2) 下的 Weingarten 矩阵，用第一和第二基本量表示为：

$$W=g^{-1}\Omega=\begin{bmatrix}E & F\\F & G\end{bmatrix}^{-1}\begin{bmatrix}L & M\\M & N\end{bmatrix}=\frac{1}{EG-F^2}\begin{bmatrix}LG-MF & MG-NF\\ME-LF & NE-MF\end{bmatrix} \tag{3-10}$$

矩阵 W 两个特征值 κ_1、κ_2 及对应特征向量 e_1、e_2，称为曲面在 p 点主曲率及主方向，若曲面上的曲线 C 上每一点 p 的切向量都是主方向，曲线 C 称之为曲率线。Weingarten 矩阵也称为 Weingarten 曲率矩阵，p 点处的 Weingarten 矩阵反映了曲面在 p 点附近的形状。

定义平均曲率 $H=\dfrac{1}{2}(\kappa_1+\kappa_2)=\dfrac{1}{2}\dfrac{LG-2MF+NE}{EG-F^2}$，高斯曲率 $K=\kappa_1\kappa_2=\dfrac{LN-M^2}{EG-F^2}$。

若 $\kappa_1\neq\kappa_2$，主方向 e_1 与 e_2 正交，设 v 是过 p 点的切平面内任一单位向量，

v 与 e_1 的夹角为 θ，则曲面在 p S 沿 v 方向的法曲率为 $\kappa_n = \kappa_1 \cos^2 \theta + \kappa_2 \sin^2 \theta$，见图 3-2 所示。

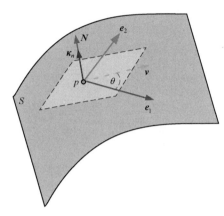

图 3-2 v 方向的法曲率示意图

若 $\kappa_1 = \kappa_2 = \kappa$，表明在 p 点处的两个主曲率相等，则点 p 是曲面的一个脐点。此时 $\dfrac{L}{E} = \dfrac{M}{F} = \dfrac{N}{G} = \kappa$，当 $\kappa = 0$ 时，$L = M = N = 0$，脐点 p 称为平点，当 $\kappa \neq 0$ 时，脐点 p 称为圆点。

平面上的点都是平点，球面上的点都是圆点，曲面上每个点都是脐点的曲面称为全脐点曲面，因此平面和球面均是全脐点曲面。曲面在脐点处任何方向的法曲率 κ_n 都相等，曲面在脐点处弯曲程度相同。

3.2.3 参数曲面脐点及特征量

在机械设计制造领域，表面是平面或球面的零件比较常见，其测量定位相对容易，表面是平面的工件可直接利用角点和棱定位，球面定位无需参考点。参数曲面或隐式曲面在机械设计制造领域广泛使用，脐点的数量相对较少，在质量评价或误差测评中以脐点作为定位特征点，可大大降低特征点匹配的复杂性，因此重点讨论参数曲面和隐式曲面脐点及特征量的提取方法。

1. 脐点的判定

脐点 p 是曲面 S 上过 p 点曲率线的主曲率均相等的点，即有：$\kappa_1 = \kappa_2$。

主曲率用平均曲率 H、高斯曲率 G 可表示为：

$$\kappa_{1,2} = H(u^1,u^2) \pm \sqrt{H^2(u^1,u^2) - K(u^1,u^2)} \qquad （3-11）$$

令 $D(u^1,u^2) = H^2(u^1,u^2) - K(u^1,u^2)$，由于 $\kappa_{1,2}$ 是实数值，必有 $D(u^1,u^2) \geqslant 0$。欲使 $\kappa_1 = \kappa_2$，需使 $D(u^1,u^2) = 0$。那么关于参数 u^1、u^2 的函数 D 有全局最小值，即 $\nabla D = 0$，由此得出参数曲面上存在脐点的充要条件：

$$\begin{cases} D(u^1,u^2) = 0 \\[2mm] \dfrac{\partial D(u^1,u^2)}{\partial u^1} = 0 \\[2mm] \dfrac{\partial D(u^1,u^2)}{\partial u^2} = 0 \end{cases} \qquad （3-12）$$

当参数曲面方程已知，可直接利用上式方程组，通过数值计算或者多面体投影算法[90]求解脐点坐标值。

2. 脐点的特征量

设点 p 是曲面 S' 的任一脐点，建立以点 p 为坐标原点的局部坐标系，称为 Monge 坐标系，使 z 轴与曲面在 p 点的单位法向 N 对齐，因脐点处主方向的不确定，Monge 坐标系的 x、y 轴可选择曲面 S' 过点 p 切平面内的任意垂直的两个单位方向，如图 3-3 所示。

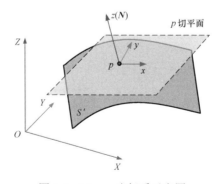

图 3-3　Monge 坐标系示意图

因此，在 Monge 坐标系下，脐点 p 附近曲面方程可写成如下形式：

$$S = [x,y,h(x,y)]^T \qquad （3-13）$$

其中：$h(x,y)$ 为 C^3 高度函数，运用泰勒级数展开：

$$
\begin{aligned}
h(x,y) = &\, h(0,0) \\
&+ [xh_x(0,0) + yh_y(0,0)] \\
&+ \frac{1}{2!}[x^2 h_{xx}(0,0) + 2xy h_{xy}(0,0) + y^2 h_{yy}(0,0)] \\
&+ \frac{1}{3!}[x^3 h_{xxx}(0,0) + 3x^2 y h_{xxy}(0,0) + 3xy^2 h_{xyy}(0,0) \\
&+ y^3 h_{yyy}(0,0)] + R(x,y)(|x,y|^3)
\end{aligned}
\tag{3-14}
$$

由于过脐点 p 的切平面与曲面坐标系的 $X-Y$ 平面平行，p 是 Monge 坐标系的坐标原点，所以有 $h = h_x = h_y = 0$。根据曲面第一和第二基本量公式可得：$E = 1 + h_x^2$，$F = h_x h_y$，$G = 1 + h_y^2$，$L = h_{xx}/\sqrt{1 + h_x^2 + h_y^2}$，$M = h_{xy}/\sqrt{1 + h_x^2 + h_y^2}$，$N = h_{yy}/\sqrt{1 + h_x^2 + h_y^2}$。在脐点 p 处各基本量分别为 $E = 1$，$F = 0$，$G = 1$，$L = h_{xx}$，$M = h_{xy}$，$N = h_{yy}$。由 $L = \kappa E$，$M = \kappa F$，$N = \kappa G$，可得 $h_{xx}(0,0) = h_{yy}(0,0) = \kappa(0,0)$，$h_{xy}(0,0) = 0$。化简整理（3-14）式，得到：

$$
\begin{aligned}
h(x,y) = &\, -\frac{\kappa(0,0)}{2}(x^2 + y^2) \\
&+ \frac{1}{6}[x^3 h_{xxx}(0,0) + 3x^2 y h_{xxy}(0,0) + 3xy^2 h_{xyy}(0,0) \\
&+ y^3 h_{yyy}(0,0)] + R(x,y)(|x,y|^3)
\end{aligned}
\tag{3-15}
$$

由式（3-15）可得，曲面 S' 在脐点 p 附近的形状主要取决于如下形式的三次三阶方程：

$$
h_c(x,y) = \frac{1}{6}(\alpha x^3 + 3\beta x^2 y + 3\gamma xy^2 + \delta y^3)
\tag{3-16}
$$

其中，$\alpha = h_{xxx}$，$\beta = h_{xxy}$，$\gamma = h_{xyy}$，$\delta = h_{yyy}$。令 $\zeta = x + iy$，式（3-16）转化为：

$$
h_c(\zeta) = \frac{1}{6}(a\zeta^3 + 3\bar{b}\zeta^2\bar{\zeta} + 3b\zeta\bar{\zeta}^2 + \bar{a}\bar{\zeta}^3)
\tag{3-17}
$$

其中，复变量 $a = \frac{1}{8}[(\alpha - 3\gamma) + i(\delta - 3\beta)]$，$a \neq 0$；复变量 $b = \frac{1}{8}[(\alpha + \gamma) + i(\delta + \beta)]$。

令 $\xi = a^{\frac{1}{3}}\zeta$，代入式（3-17），可得：

$$\widetilde{h}_c(\xi) = \frac{1}{6}(\xi^3 + 3\overline{\omega}\xi^2\overline{\xi} + 3\omega\xi\overline{\xi}^2 + \overline{\xi}^3)\qquad（3-18）$$

其中，

$$\omega = ba^{-\frac{1}{3}}\overline{a}^{-\frac{2}{3}}\qquad（3-19）$$

从式（3-18）可看出，复参量 ω 值能够反映曲面在脐点 p 附近的几何形状，因此可作为脐点的特征量。

在 Monge 坐标系下，对曲面进行适当的刚体和尺度变换，以验证复参量 ω 具有刚体变换和尺度伸缩变换的不变性。令 $\zeta = \hat{\zeta} \cdot re^{i\varphi}$，代入式（3-18）得：

$$h_c(\zeta) = \frac{1}{6}(\hat{a}\hat{\zeta}^3 + 3\hat{b}\hat{\zeta}^2\overline{\hat{\zeta}} + 3\hat{b}\hat{\zeta}\overline{\hat{\zeta}}^2 + \overline{\hat{a}}\overline{\hat{\zeta}}^3)\qquad（3-20）$$

其中，$\hat{a} = a \cdot r^3 e^{3i\varphi}$，$\hat{b} = b \cdot r^3 e^{-i\varphi}$。

所以得到 $\hat{\omega} = \hat{b}\hat{a}^{-\frac{1}{3}}\overline{\hat{a}}^{-\frac{2}{3}} = b \cdot r^3 e^{-i\varphi} \cdot (a \cdot r^3 e^{3i\varphi})^{-\frac{1}{3}}(a \cdot r^3 e^{-3i\varphi})^{-\frac{2}{3}} = ba^{-\frac{1}{3}}\overline{a}^{-\frac{2}{3}} = \omega$。由此可知，曲面在空间位姿和尺度变化情况下，脐点的复参量 $\hat{\omega} = \omega$。即脐点处复参量 ω 值具有刚体变换不变性，可通过提取曲面脐点，计算出脐点的 ω 值作为曲面的不变特征量，使用 ω 值作为匹配条件，判断脐点的相似性实现曲面定位。

3. 脐点的曲率线切向量

曲面 S' 上过脐点 p 的第 j 条曲率线 C_j，见图 3-4 所示，v_j 是 C_j 在点 p 处的切向量，ϕ_j 是 v_j 与切平面坐标系 $p - xyz$ 的 x 轴夹角。为方便起见，将式（3-16）转为极坐标系下表示形式[89]：

$$\begin{aligned}h_c(\phi_j) = \frac{r^3}{6}(&\alpha\cos^3\phi_j + 3\beta\cos^2\phi_j\sin\phi_j \\ &+ 3\gamma\cos\phi_j\sin^2\phi_j + \delta\sin^3\phi_j)\end{aligned}\qquad（3-21）$$

其中，$x = r\sin\phi_j$，$y = r\cos\phi_j$，$r = \sqrt{x^2 + y^2}$。令 $\dfrac{\mathrm{d}h_c(\phi_j)}{\mathrm{d}\phi_j} = 0$，则有：

$$\frac{\mathrm{d}h_c(\phi_j)}{\mathrm{d}\phi_j} = \frac{r^3}{2}[\beta\cos^3\phi_j - (\alpha - 2\gamma)\sin\phi_j\cos^2\phi_j$$

$$+ (\delta - 2\beta)\sin^2\phi_j\cos\phi_j - \gamma\sin^3\phi_j] \qquad (3\text{-}22)$$

$$= 0$$

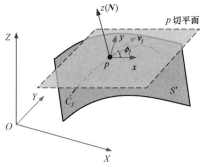

图 3-4 脐点曲率线切向示意图

若系数 $\beta = 0$，则 $\phi_j = 0$ 或 $\phi_j = \pi$；若系数 $\gamma = 0$，$\phi_j = \pi/2$ 或 $\phi_j = 3\pi/2$。反之，若系数满足 $\beta\gamma \neq 0$，则在上式两边同时除以 $\beta\sin^3\phi_j$ 或 $\gamma\cos^3\phi_j$，可得：

$$\begin{cases} t^3 - \dfrac{\alpha - 2\gamma}{\beta}t^2 + \dfrac{\delta - 2\beta}{\beta}t - \dfrac{\gamma}{\beta} = 0 \\[2mm] \overline{t}^3 - \dfrac{\delta - 2\beta}{\gamma}\overline{t}^2 + \dfrac{\alpha - 2\gamma}{\gamma}\overline{t} - \dfrac{\beta}{\gamma} = 0 \end{cases} \qquad (3\text{-}23)$$

其中，$t = \cot\phi_j$，$\overline{t} = \tan\phi_j$。令 $t = s + \dfrac{\alpha - 2\gamma}{3\beta}$ 或 $\overline{t} = s + \dfrac{\delta - 2\beta}{3\gamma}$，式（3-23）又可转化为：

$$\begin{cases} s^3 + 3p_\beta s + 2q_\beta = 0 \\ s^3 + 3p_\gamma s + 2q_\gamma = 0 \end{cases} \qquad (3\text{-}24)$$

其中，系数 p_β、q_β、p_γ、q_γ 为：

$$\begin{cases} p_\beta = \dfrac{3\beta(\delta - 2\beta) - (\alpha - 2\gamma)^2}{9\beta^2} \\[3mm] q_\beta = \dfrac{(2\gamma - \alpha)[2(\alpha - 2\gamma)^2 - 9\beta(\delta - 2\beta)] - 27\beta^2\gamma}{54\beta^3} \\[3mm] p_\gamma = \dfrac{3\gamma(\alpha - 2\gamma) - (\delta - 2\beta)^2}{9\gamma^2} \\[3mm] q_\gamma = \dfrac{(2\beta - \delta)[2(\delta - 2\beta)^2 - 9\gamma(\alpha - 2\gamma)] - 27\gamma^2\beta}{54\gamma^3} \end{cases}$$

要获得方程的根 s 必须要先得到 t 或 $\bar{t}$ 的值，最后再求得 ϕ_j。因此用 c 表示 β 或 γ，根据 $q_c^2 + p_c^3$ 值不同，分如下三种情况来讨论：

① $q_c^2 + p_c^3 > 0$，方程组（3-24）有三个不同的根，一个实根，两个虚根。实根为 $s = \sqrt[3]{-q_c + \sqrt{q_c^2 + p_c^3}} + \sqrt[3]{-q_c - \sqrt{q_c^2 + p_c^3}}$。

② $q_c^2 + p_c^3 = 0$，方程组（3-24）至少存在两个相同的根，分别是 $s = \pm 2\sqrt{-p_c}$、$\pm\sqrt{-p_c}$ 和 $\pm\sqrt{-p_c}$。如果 $q_c > 0$，则 $s = -2\sqrt{-p_c}$、$\sqrt{-p_c}$ 和 $\sqrt{-p_c}$；反之，$s = 2\sqrt{-p_c}$、$-\sqrt{-p_c}$ 和 $-\sqrt{-p_c}$。

③ $q_c^2 + p_c^3 < 0$ 时，方程组（3-24）有三个不相等的实根：$s = 2\sqrt{-p_c}\cos\left(\dfrac{\tau}{3}\right)$、$2\sqrt{-p_c}\cos\left(\dfrac{\tau}{3} + \dfrac{2\pi}{3}\right)$ 和 $2\sqrt{-p_c}\cos\left(\dfrac{\tau}{3} + \dfrac{4\pi}{3}\right)$，其中 $\tau = \arccos(\mp\sqrt{-q_c^2 / p_c^3})$。如果 $q_c > 0$，则 $\tau = \arccos(-\sqrt{-q_c^2 / p_c^3})$；反之 $\tau = \arccos(\sqrt{-q_c^2 / p_c^3})$。

获得方程的根 s 之后，判断 β 或 γ 值是否为零，确定 t 或 $\bar{t}$，求得 ϕ_j 值，则在脐点处曲率线 C_j 的切向量为：

$$V_j = r\cos\phi_j \frac{S_{u^1}}{\left\|S_{u^1}\right\|} + r\sin\phi_j \frac{S_{u^1} \times S_{u^2}}{\left\|S_{u^1} \times S_{u^2}\right\|} \times \frac{S_{u^1}}{\left\|S_{u^1}\right\|} \qquad （3\text{-}25）$$

3.2.4 隐式曲面脐点及特征量

相对于参数曲面，隐式曲面简单灵活，独立于参数，更易于描述曲面的特征，在判断点与曲面的位置关系、曲面间的几何操作等方面具有较大优势，在产品零件的几何造型方面应用较为广泛，对其微分几何特性研究，在曲面测量定位方面有着重要的意义。

1. 脐点的判定

设笛卡尔坐标系下，空间隐式曲面方程为：

$$Y(x, y, z) = 0 \qquad （3\text{-}26）$$

设 $C(s) = (x(s), y(s), z(s))^T$ 是隐式曲面 Y 上的任意曲线，N 为曲面 Y 的单位法向量。由 3.2.3 中第 3 节知，欲使曲线 $C(s)$ 是曲面的曲率线并且切向量

$dC = [dx, dy, dz]^T$ 为点 p 处的主方向，则需满足方程组：

$$\begin{cases} (\dot{C} \times N) \cdot \dot{N} = 0 \\ dC \cdot N = 0 \end{cases} \tag{3-27}$$

其中，$N = \dfrac{\nabla Y}{\|\nabla Y\|} = [N_x, N_y, N_z]^T$，$\nabla Y = \left[\dfrac{\partial Y}{\partial x} \quad \dfrac{\partial Y}{yx} \quad \dfrac{\partial Y}{\partial z} \right]^T = [Y_x \quad Y_y \quad Y_z]^T$，

$\dot{N} = \dfrac{1}{\nabla Y}(d\nabla Y - d\|\nabla Y\| N)$。

由于 $\|\nabla Y\| \neq 0$，方程组（3-27）可转化为：

$$\begin{cases} I(dx, dy, dz) = (dC)^T \begin{bmatrix} A_1 & A_2 & A_3 \\ A_2 & A_4 & A_5 \\ A_3 & A_5 & A_6 \end{bmatrix} dC = 0 \\ II(dx, dy, dz) = Y_x dx + Y_y dy + Y_z dz = 0 \end{cases} \tag{3-28}$$

其中，$A_1 = Y_y Y_{zx} - Y_z Y_{yz}$，$A_2 = \dfrac{1}{2}(Y_z Y_{xx} - Y_x Y_{zx} + Y_y Y_{zy} - Y_z Y_{yy})$，$A_4 = Y_z Y_{xy} -$

$Y_x Y_{zy}$，$A_3 = \dfrac{1}{2}(Y_y Y_{zz} - Y_z Y_{yz} + Y_x Y_{yx} - Y_y Y_{xx})$，$A_5 = \dfrac{1}{2}(Y_x Y_{yy} - Y_y Y_{xy} + Y_z Y_{xz} - Y_x Y_{zz})$，

$A_6 = Y_x Y_{yz} - Y_y Y_{xz}$。将方程 $II(dx, dy, dz)$ 转换成 $dz = (-Y_x dx - Y_y dy) / Y_z$，代入方程 $I(dx, dy, dz)$ 中，可得：

$$\begin{aligned} III(dx, dy) = &(A_1 Y_z^2 - 2A_3 Y_x Y_z + A_6 Y_x^2)dx^2 \\ &+ 2(A_2 Y_z^2 - A_3 Y_y Y_z - A_5 Y_x Y_z + A_6 Y_x Y_y)dxdy \\ &+ (A_4 Y_z^2 - 2A_5 Y_y Y_z + A_6 Y_y^2)dy^2 = 0 \end{aligned} \tag{3-29}$$

为简便起见，用 B_1、B_2、B_3 分别代替上式方程系数，令 $B_1 = A_1 Y_z^2 - 2A_3 Y_x Y_z + A_6 Y_x^2$，$B_2 = 2(A_2 Y_z^2 - A_3 Y_y Y_z - A_5 Y_x Y_z + A_6 Y_x Y_y)$，$B_3 = A_4 Y_z^2 - 2A_5 Y_y Y_z + A_6 Y_y^2$。于是有：

$$B_1 dx^2 + B_2 dxdy + B_3 dy^2 = 0 \tag{3-30}$$

显然，要使式（3-30）上述方程有根，则须 $\Delta = B_2^2 - 4B_1 B_3 \geqslant 0$。当 $\Delta = 0$ 时，该方程存在相等实根，根据脐点定义可知，在此处的点为脐点，进一步推导可得出，当 $\Delta = 0$ 时，B_1、B_2 和 B_3 应同时为零[112]，即：

$$\begin{cases} B_1 = 0 \\ B_2 = 0 \\ B_3 = 0 \end{cases} \tag{3-31}$$

因此满足方程组（3-31）的点可认定为曲面的脐点。

2. 脐点的特征量

根据 3.2.3 节可知，参数曲面脐点复参量为 $\omega = ba^{-\frac{1}{3}}\bar{a}^{-\frac{2}{3}}$，复数 a、b 的值与 Monge 坐标系下，高度方程 $h(x,y)$ 中的 α、β、γ 和 δ 有关。因此，欲计算复参量 ω，须在隐式曲面脐点处建立局部坐标系并获得高度函数方程。

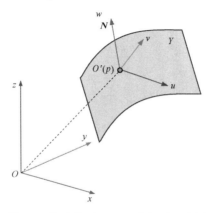

图 3-5　隐式曲面 Monge 坐标系示意图

如图 3-5 所示，隐式曲面 Y 上有一脐点 p，以该点为坐标原点、w 轴为法向 N 的切平面内构造任意单位方向向量 $\boldsymbol{u} = [-\sin\vartheta_1, \cos\vartheta_1, 0]$（$\vartheta_1 = \arctan(N_y / N_z)$）为 u 轴、$\boldsymbol{N} \times \boldsymbol{u} = [\cos\vartheta_2\cos\vartheta_1, \cos\vartheta_2\sin\vartheta_1, -\sin\vartheta_2]$（$\vartheta_2 = \arccos(N_z)$）为 v 轴建立 Monge 坐标系 $o' - uvw$，令坐标系 $o' - uvw$ 相对于 $o - xyz$ 的旋转变换矩阵为 $\boldsymbol{\Gamma}$，则坐标系 $o' - uvw$ 下的曲面上的点 (u,v,w) 可表示为：

$$(u,v,w) = \boldsymbol{\Gamma}^{-1}((x,y,z)^T - (x_0,y_0,z_0)^T) \tag{3-32}$$

式中：$\boldsymbol{\Gamma} = \begin{bmatrix} -\sin\vartheta_1 & \cos\vartheta_2\cos\vartheta_1 & N_x \\ \cos\vartheta_1 & \cos\vartheta_2\sin\vartheta_1 & N_y \\ 0 & -\sin\vartheta_2 & N_z \end{bmatrix}$，$\boldsymbol{\Gamma}^{-1} = \boldsymbol{\Gamma}^T$。

设曲面上脐点附近 $Y_z \neq 0$，由隐函数定理可知 z 表示为 x、y 函数，

$z = h(x, y)$。参考 Monge 形式，要获得 h_{uuu}，h_{uvv}，h_{uuv}，h_{vvv} 值，需先计算如下参数：

$$\begin{cases} h_u = h_x x_u + h_y y_u \\ h_v = h_x x_v + h_y y_v \end{cases} \tag{3-33}$$

分别对上式进行二阶、三阶和混合偏导，可得：

$$h_{uu} = h_{xx} x_u^2 + 2h_{xy} x_u y_u + h_{yy} y_u^2 + h_x x_{uu} + h_y y_{uu} \tag{3-34}$$

$$h_{uv} = h_{xx} x_u x_v + h_{xy}(x_u y_v + x_v y_u) + h_{yy} y_u y_v + h_x x_{uv} + h_y y_{uv} \tag{3-35}$$

$$h_{vv} = h_{xx} x_v^2 + 2h_{xy} x_v y_v + h_x x_{vv} + h_y y_{vv} + h_{yy} y_v^2 \tag{3-36}$$

$$\begin{aligned} h_{uuu} &= h_{xxx} x_u^3 + 3h_{xxy} x_u^2 y_u + 3h_{xyy} x_u y_u^2 + h_{yyy} y_u^3 \\ &+ 3(h_{xx} x_u x_{uu} + h_{xy} x_u y_{uu} + h_{xy} x_{uu} y_u + h_{yy} y_u y_{uu}) \\ &+ h_x x_{uuu} + h_y y_{uuu} \end{aligned} \tag{3-37}$$

$$\begin{aligned} h_{uvv} &= h_{xxx} x_u x_v^2 + h_{xxy} x_v(2x_u y_v + x_v y_u) \\ &+ h_{xyy} y_v(2x_v y_u + x_u y_v) + h_{yyy} y_u y_v^2 \\ &+ h_{xx}(2x_v x_{uv} + x_u x_{vv}) + h_{xy}(2x_{uv} y_v + x_u y_{vv} + x_{vv} y_u + 2x_v y_{uv}) \\ &+ h_{yy}(2y_{uv} y_v + y_u y_{vv}) + h_x x_{uvv} + h_y y_{xvv} \end{aligned} \tag{3-38}$$

$$\begin{aligned} h_{uuv} &= h_{xxx} x_u^2 x_v + h_{xxy} x_u(2x_v y_u + x_u y_v) \\ &+ h_{xyy} y_v(2x_u y_u + x_v y_u) + h_{yyy} y_u^2 y_v \\ &+ h_{xx}(2x_u x_{uv} + x_{uu} x_v) \\ &+ h_{xy}(2x_u y_{uv} + x_{uu} y_v + x_v y_{uu} + 2x_{uv} y_u) \\ &+ h_{yy}(2y_u y_{uv} + y_{uu} y_v) + h_x x_{uuv} + h_y y_{uuv} \end{aligned} \tag{3-39}$$

$$\begin{aligned} h_{vvv} &= h_{xxx} x_v^3 + 3h_{xxy} x_v^2 y_v + 3h_{xyy} x_v y_v^2 + h_{yyy} y_v^3 \\ &+ 3(h_{xx} x_v x_{vv} + h_{xy} x_v y_{vv} + h_{xy} x_{vv} y_v + h_{yy} y_v y_{vv}) \\ &+ h_x x_{vvv} + h_y y_{vvv} \end{aligned} \tag{3-40}$$

式（3-33）～式（3-40）中，h 关于 x, y 的偏导可由 $h_x = -Y_x / Y_z$，$h_y = -Y_y / Y_z$ 得到。由逆函数法 $\begin{bmatrix} x_u & x_v \\ y_u & y_v \end{bmatrix} = \begin{bmatrix} u_x & u_y \\ v_x & v_y \end{bmatrix}^{-1}$，可得 $x_u = \dfrac{v_y}{u_x v_y - v_x u_y}$，$y_u = \dfrac{-v_x}{u_x v_y - v_x u_y}$，$x_v = \dfrac{-u_y}{u_x v_y - v_x u_y}$，$y_v = \dfrac{u_x}{u_x v_y - v_x u_y}$，通过链式法则，计算得到 x，

y 关于 u, v 的二阶、三阶混合偏导 ，x_{uv}，x_{vv}，y_{uu}，y_{uv}，y_{vv}，x_{uuu}，x_{uuv}，x_{uvv}，x_{vvv}，y_{uuu}，y_{uuv}，y_{uvv}，y_{vvv}。代入式（3-37）、式（3-38）、式（3-39）和式（3-40）中，可得到 h_{uuu}，h_{uvv}，h_{uuv}，h_{vvv}。最后，参照参数曲面计算 α、β、γ、δ 方法，计算出脐点的复参量 ω。

3. 脐点的曲率线切向量

在 3.2.4 的第 2 节基础上，可进一步计算获得 Monge 坐标系下曲率线的夹角 ϕ_j 以及曲率线条数，参照 3.2.3 第 3 节方法，隐式曲面上脐点处曲率线切向量可表示成：

$$V_j = r\cos\phi_j \boldsymbol{u} + r\sin\phi_j \frac{(Y_x, Y_y, Y_z)^T}{\sqrt{Y_x^2 + Y_y^2 + Y_z^2}} \times \boldsymbol{u} \qquad （3-41）$$

式中，$r = \sqrt{u^2 + v^2}$，$\boldsymbol{u} = [-\sin\vartheta_1, \cos\vartheta_1, 0]$ 是过脐点的切平面内任意方向向量。

3.3　离散曲面特征计算

3.3.1　主法向与主方向

离散曲面几何属性或几何量估算方法，特别是对曲率估算，已得到了极大的关注[113-115]。曲率估算方法大致可以分为两类：基于最小二乘原则的估算方法和连续函数离散化方法。前者通过选用不同曲面去拟合测点使得其到曲面的距离平方和最小，如用二次、三次多项式曲面拟合算法[116]及法向拟合算法[114]等，再在拟合曲面上估算各测量点的几何属性或微分几何量，其优点是不需要离散曲面的拓扑关系；后者根据当前测量点的坐标，结合邻域测量点坐标，近似估算当前测量点各阶微分几何量，如利用三维曲率张量估计均匀规则网格的主曲率[117]，利用邻域法向信息先估计离散网格的曲率张量，再根据曲率张量计算一阶和二阶微分几何量[118]等。

对含噪点云，与基于曲面拟合方法相比，基于法向拟合方法计算二阶微分几何量的误差更小、更具有鲁棒性。泰勒级数展开法是一种通用的近似方法，一阶泰勒级数可用于估算离散点的单位法向量[119]，通过修正估算的法向量，可进一步用二阶泰勒级数估算离散点的法方向和主方向。

1. 邻域点参数化

计算测量点的主方向、主曲率等二阶微分量，需要离散点的法向量。点云任一点 p 及 k 最近邻域点，如图3-6所示，当离散点的法向量未知时，通过基于最小二乘准则的拟合法[120-122]，将点 p 及 k 最近邻域点 $p_i(1 \leq i \leq k)$ 拟合成二阶曲面，计算点 p 的初始单位法向 $N[N_x, N_y, N_z]^T$ 及 k 最近邻域点 p_i 的法向 $N_i[N_{x_i}, N_{y_i}, N_{z_i}]^T$，由此可得到过点 p 的微切平面 T_p。

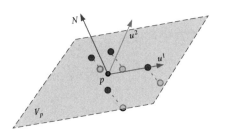

图3-6　邻域点坐标参数化

将点 p 及 k 最近邻域点 p_i 向切平面 T_p 投影，投影点分别为 p' 和 p_i'，在切平面 T_p 上找出距离 p' 点最远的投影点，不妨假设为 p_j'，将连接 p_j'、p' 两点的直线方向作为参数 u^1 的方向，将 T_p 内过 p' 且垂直于 u^1 方向的直线方向作为参数 u^2 的方向。将投影点集合中的每一个点 p_i' 与 p' 连接形成有向线段，分别与 u^1、u^2 向量作点积运算，结果记为 $D_{u_i^1}$ 和 $D_{u_i^2}$，将 $D_{u_i^1}$ 和 $D_{u_i^2}$ 分别在 u^1 与 u^2 方向上按照从小到大进行排序，最大值与最小值分别记为 $D_{u_{max}^1}$、$D_{u_{max}^2}$、$D_{u_{min}^1}$ 和 $D_{u_{min}^2}$。点 p 及 k 最近邻域点 p_i 的参数值可由方程获得：

$$\begin{cases} u_i^1 = \dfrac{D_{u_i^1} - D_{u_{max}^1}}{D_{u_{max}^1} - D_{u_{min}^1}}, 1 < i \leq k \\[3mm] u_i^2 = \dfrac{D_{u_i^2} - D_{u_{max}^2}}{D_{u_{max}^2} - D_{u_{min}^2}}, 1 < i \leq k \end{cases} \qquad (3\text{-}42)$$

其中，$u_0^1 = 0$，$u_0^2 = 0$，u_i^1 和 u_i^2 是点 p 最近邻域点 $p_i(1 \leq i \leq k)$ 在局部坐标系下的参数值。

2. 法向偏导与 Weingarten 矩阵

由曲面微分几何内容可知，Monge 坐标系下，曲面 S' 上点 p 及 k 最近邻域点构成的曲面方程可表示为：

$$S(u^1, u^2) = [u^1, u^2, h(u^1, u^2)]^T \tag{3-43}$$

其中，$h(u^1, u^2)$ 是该坐标系下的高度函数。该坐标下的一阶偏导为 $S_{u^1} = [1, 0, h_{u^1}]^T$，$S_{u^2} = [0, 1, h_{u^2}]^T$。由曲面法向量公式得到点 p 的单位法向量：

$$\boldsymbol{N} = [\boldsymbol{N}_x, \boldsymbol{N}_y, \boldsymbol{N}_z]^T = \frac{1}{\sqrt{1 + h_{u^1}^2 + h_{u^2}^2}} [-h_{u^1}, -h_{u^2}, 1]^T \tag{3-44}$$

对单位法向量 $\boldsymbol{N}$ 前两个分量求偏导，可得：

$$\begin{cases} \boldsymbol{N}_{x_{u^1}} = -(1 + h_{u^1}^2 + h_{u^2}^2)^{-\frac{3}{2}} [(1 + h_{u^2}^2) h_{u^1 u^1} - h_{u^1} h_{u^2} h_{u^1 u^2}] \\[2mm] \boldsymbol{N}_{x_{u^2}} = -(1 + h_{u^1}^2 + h_{u^2}^2)^{-\frac{3}{2}} [(1 + h_{u^2}^2) h_{u^1 u^2} - h_{u^1} h_{u^2} h_{u^2 u^2}] \\[2mm] \boldsymbol{N}_{y_{u^1}} = -(1 + h_{u^1}^2 + h_{u^2}^2)^{-\frac{3}{2}} [(1 + h_{u^1}^2) h_{u^1 u^2} - h_{u^1} h_{u^2} h_{u^1 u^1}] \\[2mm] \boldsymbol{N}_{y_{u^2}} = -(1 + h_{u^1}^2 + h_{u^2}^2)^{-\frac{3}{2}} [(1 + h_{u^1}^2) h_{u^2 u^2} - h_{u^1} h_{u^2} h_{u^1 u^2}] \end{cases} \tag{3-45}$$

由曲面第一基本量和第二基本量定义，Weingarten 矩阵表示为：

$$\boldsymbol{W} = \begin{bmatrix} 1 + h_{u^1}^2 & h_{u^1} h_{u^2} \\ h_{u^1} h_{u^2} & 1 + h_{u^2}^2 \end{bmatrix}^{-1} \begin{bmatrix} (1 + h_{u^1}^2 + h_{u^2}^2)^{-\frac{1}{2}} h_{u^1 u^1} & (1 + h_{u^1}^2 + h_{u^2}^2)^{-\frac{1}{2}} h_{u^1 u^2} \\ (1 + h_{u^1}^2 + h_{u^2}^2)^{-\frac{1}{2}} h_{u^2 u^1} & (1 + h_{u^1}^2 + h_{u^2}^2)^{-\frac{1}{2}} h_{u^2 u^2} \end{bmatrix} \tag{3-46}$$

将式（3-46）化简得：

$$\boldsymbol{W} = -\begin{bmatrix} \boldsymbol{N}_{x_{u^1}} & \boldsymbol{N}_{x_{u^2}} \\ \boldsymbol{N}_{y_{u^1}} & \boldsymbol{N}_{y_{u^2}} \end{bmatrix} \tag{3-47}$$

由式（3-47）可知，Weingarten 矩阵可用单位法向 $\boldsymbol{N}$ 前两个分量的偏微分表示。因此可通过计算法向量得到，获得曲面的各阶微分量。因而该问题求解转化为估算法向及其一阶偏导。同时，与单位法向量相关的 6 个量相互不独立，存在约束关系：

81

$$(1-N_x^2)N_{y_{u_1}} - (1-N_y^2)N_{x_{u_2}} + (N_x)(N_y)(N_{x_{u_1}} - N_{y_{u_2}}) = 0 \quad (3\text{-}48)$$

3. 主法向与主方向

由式（3-44）可知，Monge 坐标系下点 p 处的曲面单位法向量 N 的分量 N_x，N_y，N_z 可表示成关于参数 u^1, u^2 的连续函数形式，即：

$$N(u^1, u^2) = [N_x(u^1, u^2), N_y(u^1, u^2), N_z(u^1, u^2)]^T \quad (3\text{-}49)$$

运用二阶 Taylor 级数对前两个分量展开如下：

$$
\begin{cases}
N_x(u^1, u^2) = N_x(0,0) + N_{x_{u_1}}u^1 + N_{x_{u_2}}u^2 + N_{x_{u_1 u_1}}(u^1)^2 \\
\qquad\qquad + 2u^1 u^2 N_{x_{u_1 u_2}} + N_{x_{u_2 u_2}}(u^2)^2 \\
N_y(u^1, u^2) = N_y(0,0) + N_{y_{u_1}}u^1 + N_{y_{u_2}}u^2 + N_{y_{u_1 u_1}}(u^1)^2 \\
\qquad\qquad + 2u^1 u^2 N_{y_{u_1 u_2}} + N_{y_{u_2 u_2}}(u^2)^2
\end{cases}
\quad (3\text{-}50)
$$

在以点 p 为坐标原点的局部坐标下，式（3-50）中，$N_x(0,0)$ 和 $N_y(0,0)$ 表示曲面 S' 在点 p 处单位法向量的前两个分量，$N_{x_{u_1}}$、$N_{x_{u_2}}$、$N_{x_{u_1 u_1}}$、$N_{x_{u_2 u_2}}$、$N_{x_{u_1 u_2}}$ 分别表示分量 N_x 的一阶导数、二阶导数及混合偏导，$N_{y_{u_1}}$、$N_{y_{u_1}}$、$N_{y_{u_1 u_1}}$、$N_{y_{u_2 u_2}}$、$N_{y_{u_1 u_2}}$ 分别表示分量 N_y 的一阶导数、二阶导数及混合偏导。

根据 3.3.1 第 1 节的邻域点参数化方法，以点 p 为原点建立局部坐标系，可得到点 p 的最近邻点 $p_i(1 \leqslant i \leqslant k)$ 的坐标 $(u_i^1, u_i^2, h(u_i^1, u_i^2))$、单位法向量 $N_i(N_{x_i}, N_{x_i}, N_{z_i})$，建立目标函数：

$$
\begin{cases}
\min \sum_{i=1}^{k} \left[\begin{matrix} N_x(0,0) + N_{x_{u_1}}u_i^1 + N_{x_{u_2}}u_i^2 + N_{x_{u_1 u_1}}(u_i^1)^2 \\ + 2u_i^1 u_i^2 N_{x_{u_1 u_2}} + N_{x_{u_2 u_2}}(u_i^2)^2 - N_{x_i} \end{matrix} \right]^2 \\
\quad + \left[\begin{matrix} N_y(0,0) + N_{y_{u_1}}u_i^1 + N_{y_{u_2}}u_i^2 + N_{y_{u_1 u_1}}(u_i^1)^2 \\ + 2u_i^1 u_i^2 N_{y_{u_1 u_2}} + N_{y_{u_2 u_2}}(u_i^2)^2 - N_{y_i} \end{matrix} \right]^2 \\
\text{s.t.} \quad (1-N_x^2(0,0))N_{y_{u_1}} - (1-N_y^2(0,0))N_{x_{u_2}} \\
\qquad + N_x(0,0)N_y(0,0)(N_{x_{u_1}} - N_{y_{u_2}}) = 0
\end{cases}
\quad (3\text{-}51)
$$

采用文献[119]的方法求解式（3-51），可得到 N_x、N_y、$N_{x_{u_1}}$、$N_{x_{u_2}}$、$N_{y_{u_1}}$、$N_{y_{u_2}}$ 的估计值 $\tilde{N}_x$、$\tilde{N}_y$、$\tilde{N}_{x_{u_1}}$、$\tilde{N}_{x_{u_2}}$、$\tilde{N}_{y_{u_1}}$、$\tilde{N}_{y_{u_2}}$，进而得到点 p 法向量的前

两个分量，根据式（3-44）计算第三个分量，由此得到曲面 S' 在点 p 处的单位法向量 $N=[N_x, N_y, N_z]^T$ 及一阶偏导 S_{u^1}、S_{u^2}。

通过法向量 N 的前两个分量，由式（3-47）可得到 Weingarten 矩阵，计算特征值 λ_1、λ_2 及相应的特征向量 $v_1=(v_{11},v_{12})$、$v_2=(v_{21},v_{22})$。则 p 点处的二阶微分量，主方向 e_1 与 e_2，主曲率 κ_1 与 κ_2 可表示如下：

$$\begin{cases} \kappa_1=\lambda_1, e_1=v_{11}S_{u^1}+v_{12}S_{u^2} \\ \kappa_2=\lambda_2, e_2=v_{21}S_{u^1}+v_{22}S_{u^2} \end{cases} \quad (3\text{-}52)$$

通过上述方法，获得了零件表面上所有离散点的单位法向量 N 和主方向 e_1、e_2，为离散曲面脐点计算奠定了基础。

3.3.2 离散曲面脐点计算

Weingarten 矩阵表示曲面在点附近的形状特征，因此 Weingarten 矩阵也被称为形状特征算子。基于 Monge 坐标系下，各离散点附近曲面形状方程的前提下，计算三角形坐标系下各顶点的 Weingarten 矩阵，得到三个新矩阵，构造三组脐点向量，利用三角形面积坐标插值脐点向量组成方程组并求解，若有解，则认为三角形内存在脐点，获得面积坐标，进一步转换成空间位置坐标。离散曲面脐点检测与提取。

1. 脐点判定向量

Weingarten 矩阵 W 能够描述曲面的局部几何形状特征，其一般表示形式为：

$$W=g^{-1}\Omega=\frac{1}{EG-F^2}\begin{bmatrix} LG-MF & MG-NF \\ ME-LF & NE-MF \end{bmatrix}=\begin{bmatrix} W_{11} & W_{12} \\ W_{21} & W_{22} \end{bmatrix} \quad (3\text{-}53)$$

不妨假设 κ 为矩阵 W 的特征值，因而有：

$$|W-\kappa E|=\begin{vmatrix} W_{11}-\kappa & W_{12} \\ W_{21} & W_{22}-\kappa \end{vmatrix}=0 \quad (3\text{-}54)$$

即：

$$\kappa^2-(W_{11}+W_{22})\kappa+W_{11}W_{22}-W_{12}W_{21}=0 \quad (3\text{-}55)$$

要使方程（3-55）有根，必须保证：

$$\Delta = (W_{11} + W_{22})^2 - 4(W_{11}W_{22} - W_{12}W_{21}) \geqslant 0 \qquad (3\text{-}56)$$

由脐点性质可知，若在某点的主曲率相等，则该点必为脐点。因此，对应于方程（3-55）有两个相等的根，所以 $\Delta = 0$。将式（3-56）化简得：

$$\Delta = (W_{11} - W_{22})^2 + 4W_{12}W_{21} = 0 \qquad (3\text{-}57)$$

从式（3-57）可知，要使 $\Delta = 0$，则必须同时满足：

$$\begin{cases} W_{11} - W_{22} = 0 \\ W_{12}W_{21} = 0 \end{cases} \qquad (3\text{-}58)$$

通过上述条件构造脐点判定的两向量：$W_1 = W_{11} - W_{22}$ 和 $W_2 = W_{12}W_{21}$，如果同时满足下列条件：

$$\begin{cases} W_1 = 0 \\ W_2 = 0 \end{cases} \qquad (3\text{-}59)$$

则可判断该点为脐点。条件式（3-59）将为三角面内脐点判定提供理论依据。

2. 三角面片 Weigarten 矩阵

利用第 3.3.1 节的方法可计算得到各离散点的法方向 N 和主方向 e_1、e_2，使用 Delaunay 方法将离散曲面三角化，建立点与点之间的三角拓扑关系，如图 3-7（a）所示。

（1）局部坐标系建立

任选其中一个三角形 $\triangle ABC$（图 3-7（b）），在测量点 A、B、C 处分别建立 Monge 坐标系，以单位法向量 $\tilde{N}$ 为 u^3 轴、两个单位主方向 e_1、e_2 为 u^1、u^2 轴，构成 $A - u_A^1 u_A^2 u_A^3$、$B - u_B^1 u_B^2 u_B^3$ 和 $C - u_C^1 u_C^2 u_C^3$ 局部坐标系。

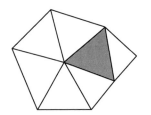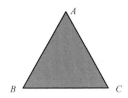

图 3-7　三角网格拓扑与三角形单元

以三角形△ABC 的质心 p^Δ（$p^\Delta = (A+B+C)/3$）为原点，以 $\hat{\boldsymbol{e}}_1 = \dfrac{p^\Delta - A}{\left\| p^\Delta - A \right\|}$

为 x^Δ 轴，$\hat{\boldsymbol{e}}_3 = \dfrac{(p^\Delta - A) \times (p^\Delta - B)}{\left\| (p^\Delta - A) \times (p^\Delta - B) \right\|}$ 为 z^Δ 轴，

$\hat{\boldsymbol{e}}_2 = \hat{\boldsymbol{e}}_1 \times \hat{\boldsymbol{e}}_3$ 为 y^Δ 轴，建立三角形△ABC 的坐标系 $p^\Delta - x^\Delta y^\Delta z^\Delta$，如图 3-8 所示。

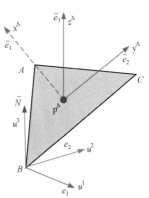

（2）曲率矩阵计算

不妨以△ABC 的顶点 B 为例，计算坐标系 $p^\Delta - x^\Delta y^\Delta z^\Delta$ 下 Weingarten 矩阵 $\boldsymbol{W}$。Monge 坐标系下点 B 附近的曲面用方程表示为

图 3-8　三角面片局部坐标系示意图

$S_B = (u_B^1, u_B^2, u_B^3(u_B^1, u_B^2))$，（$u_B^3$ 是关于 u_B^1、u_B^2 的高度函数）。设 $\boldsymbol{X}^\Delta = [x, y, z]^T$ 是坐标系 $p^\Delta - x^\Delta y^\Delta z^\Delta$ 下任意点的坐标向量，$\boldsymbol{U}_B = [u_B^1, u_B^2, u_B^3]^T$ 是点 B 在 $B - u_B^1 u_B^2 u_B^3$ 坐标系下的坐标向量。过 B 点向 $x^\Delta - y^\Delta$ 平面作该点的投影点 $\bar{B}$，则从坐标系 $B - u_B^1 u_B^2 u_B^3$ 到三角面坐标系 $p^\Delta - x^\Delta y^\Delta z^\Delta$ 的变换关系为：

$$
\boldsymbol{X}^\Delta = \begin{bmatrix} x \\ y \\ z \end{bmatrix} = \begin{bmatrix} \hat{\boldsymbol{e}}_1 \boldsymbol{e}_1 & \hat{\boldsymbol{e}}_1 \boldsymbol{e}_2 & \hat{\boldsymbol{e}}_1 \boldsymbol{e}_3 \\ \hat{\boldsymbol{e}}_2 \boldsymbol{e}_1 & \hat{\boldsymbol{e}}_2 \boldsymbol{e}_2 & \hat{\boldsymbol{e}}_2 \boldsymbol{e}_3 \\ \hat{\boldsymbol{e}}_3 \boldsymbol{e}_1 & \hat{\boldsymbol{e}}_3 \boldsymbol{e}_2 & \hat{\boldsymbol{e}}_3 \boldsymbol{e}_3 \end{bmatrix} \begin{bmatrix} u_B^1 \\ u_B^2 \\ u_B^3 \end{bmatrix} + (\bar{B} - p^\Delta)
$$

$$
= \begin{bmatrix} \hat{\boldsymbol{e}}_1 \boldsymbol{e}_1 & \hat{\boldsymbol{e}}_1 \boldsymbol{e}_2 & \hat{\boldsymbol{e}}_1 \boldsymbol{e}_3 \\ \hat{\boldsymbol{e}}_2 \boldsymbol{e}_1 & \hat{\boldsymbol{e}}_2 \boldsymbol{e}_2 & \hat{\boldsymbol{e}}_2 \boldsymbol{e}_3 \\ \hat{\boldsymbol{e}}_3 \boldsymbol{e}_1 & \hat{\boldsymbol{e}}_3 \boldsymbol{e}_2 & \hat{\boldsymbol{e}}_3 \boldsymbol{e}_3 \end{bmatrix} \begin{bmatrix} u_B^1 \\ u_B^2 \\ u_B^3 \end{bmatrix} + ((B - p^\Delta)\hat{\boldsymbol{e}}_k)^T
$$

（3-60）

令旋转变换矩阵 $\begin{bmatrix} \hat{\boldsymbol{e}}_1 \boldsymbol{e}_1 & \hat{\boldsymbol{e}}_1 \boldsymbol{e}_2 & \hat{\boldsymbol{e}}_1 \boldsymbol{e}_3 \\ \hat{\boldsymbol{e}}_2 \boldsymbol{e}_1 & \hat{\boldsymbol{e}}_2 \boldsymbol{e}_2 & \hat{\boldsymbol{e}}_2 \boldsymbol{e}_3 \\ \hat{\boldsymbol{e}}_3 \boldsymbol{e}_1 & \hat{\boldsymbol{e}}_3 \boldsymbol{e}_2 & \hat{\boldsymbol{e}}_3 \boldsymbol{e}_3 \end{bmatrix} = \boldsymbol{R}_{kj}$，$k=1$，2，3 和 $j=1$，2，3。

则式（3-60）可以转化为：

$$
\boldsymbol{X}^\Delta = \boldsymbol{R}_{kj} \boldsymbol{U}_B + (B - p^\Delta) \cdot \hat{\boldsymbol{e}}_k
$$

（3-61）

式（3-61）是坐标系 $B - u_B^1 u_B^2 u_B^3$ 到 $p^\Delta - x^\Delta y^\Delta z^\Delta$ 之间的变换，则在坐标系

$p^\Delta - x^\Delta y^\Delta z^\Delta$ 下，点 B 附近的曲面方程为：

$$S^\Delta = (x, y, z(x, y)) \qquad (3\text{-}62)$$

根据式（3-62），计算曲面的第一基本量和第二基本量分别为：$E = 1 + z_x^2$，

$$F = z_x z_y, \quad G = 1 + z_y^2, \quad L = \frac{z_{xx}}{\sqrt{1 + z_x^2 + z_y^2}}, \quad M = \frac{z_{xy}}{\sqrt{1 + z_x^2 + z_y^2}}, \quad N = \frac{z_{yy}}{\sqrt{1 + z_x^2 + z_y^2}}。$$

因此，在 $p^\Delta - x^\Delta y^\Delta z^\Delta$ 坐标系下点 B 附近的 Weingarten 矩阵可表示为：

$$\boldsymbol{W}_B = \mathrm{I}^{-1}\Pi = \frac{1}{1 + z_x^2 + z_y^2} \begin{bmatrix} \dfrac{z_{xx}(1 + z_y^2) - z_{xy}z_x z_y}{\sqrt{1 + z_x^2 + z_y^2}} & \dfrac{z_{xy}(1 + z_y^2) - z_{yy}z_x z_y}{\sqrt{1 + z_x^2 + z_y^2}} \\ \dfrac{z_{xy}(1 + z_x^2) - z_{xx}z_x z_y}{\sqrt{1 + z_x^2 + z_y^2}} & \dfrac{z_{yy}(1 + z_x^2) - z_{yy}z_x z_y}{\sqrt{1 + z_x^2 + z_y^2}} \end{bmatrix} \qquad (3\text{-}63)$$

$$= \frac{1}{1 + z_x^2 + z_y^2} \begin{bmatrix} W_{11} & W_{12} \\ W_{21} & W_{22} \end{bmatrix}$$

由式（3-63）可知，计算 $\boldsymbol{W}_B$ 的关键是求 z 关于 x，y 的一阶导数、二阶导数及混合偏导数。由式（3-60）可得到 z 关于 x，y 的表达式：

$$z^\Delta = \boldsymbol{R}_{31}u_B^1 + \boldsymbol{R}_{31}u_B^2 + \boldsymbol{R}_{33}u_B^3 + (B - p^\Delta) \bullet \boldsymbol{e}_3 \qquad (3\text{-}64)$$

为简化表达，下文计算均以 $\triangle ABC$ 上的 B 点及坐标系 $p^\Delta - x^\Delta y^\Delta z^\Delta$ 下的曲面形状为对象，在计算过程中省略记号 B 和 $\triangle$。

根据式（3-62）分别求 z 关于 x，y 的偏导：

$$z_x = z_{u^1}u^1{}_x + z_{u^2}u^2{}_x + z_{u^3}u^3{}_x, \quad z_y = z_{u^1}u^1{}_y + z_{u^2}u^2{}_y + z_{u^3}u^3{}_y,$$

$$z_{xx} = z_{u^1u^1}(u^1{}_x)^2 + z_{u^2u^2}(u^2{}_x)^2 + z_{u^3u^3}(u^3{}_x)^2 + z_{u^1}u^1{}_{xx} + z_{u^2}u^2{}_{xx}$$
$$+ z_{u^3}u^3{}_{xx} + 2z_{u^1u^2}u^1{}_x u^2{}_x + 2(z_{u^2u^3}u^2{}_x u^3{}_x + z_{u^1u^3}u^1{}_x u^3{}_x),$$

$$z_{yy} = z_{u^1u^1}(u^1{}_y)^2 + z_{u^2u^2}(u^2{}_y)^2 + z_{u^3u^3}(u^3{}_y)^2 + z_{u^1}u^1{}_{yy} + z_{u^2}u^2{}_{yy}$$
$$+ z_{u^3}u^3{}_{yy} + 2z_{u^1u^2}u^1{}_y u^2{}_y + 2(z_{u^2u^3}u^2{}_y u^3{}_y + z_{u^1u^3}u^1{}_y u^3{}_y),$$

$$z_{xy} = z_{u^1u^1}u^1{}_x u^1{}_y + z_{u^1}u^1{}_{xy} + z_{u^1u^2}u^1{}_x u^2{}_y + z_{u^1u^3}u^1{}_x u^3{}_y + z_{u^2u^2}u^2{}_x u^2{}_y + z_{u^2}u^2{}_{xy}$$
$$+ z_{u^1u^2}u^1{}_y u^2{}_x + z_{u^2u^3}u^3{}_y u^2{}_x + z_{u^3u^3}u^3{}_x u^3{}_y + z_{u^3}u^3{}_{xy} + z_{u^1u^3}u^1{}_y u^3{}_x + z_{u^2u^3}u^3{}_x u^2{}_y,$$

由式（3-64）可得：

$$z_{u^1} = \boldsymbol{R}_{31} + \boldsymbol{R}_{33}u^3_{u^1}, \quad z_{u^3} = \boldsymbol{R}_{33}, \quad z_{u^1u^1} = \boldsymbol{R}_{33}u^3_{u^1u^1}, \quad z_{u^2u^2} = W_{33}u^3_{u^2u^2}, \quad z_{u^3u^3} = 0,$$

$$z_{u^2} = \boldsymbol{R}_{32} + \boldsymbol{R}_{33}u^3_{u^2}, \quad z_{u^1u^2} = \boldsymbol{R}_{33}u^3_{u^1u^2}, \quad z_{u^1u^3} = 0, \quad z_{u^2u^3} = 0.$$

由式（3-61）得：
$$\begin{cases} x = X(u^1,u^2,u^3) = \boldsymbol{R}_{11}u^1 + \boldsymbol{R}_{12}u^2 + \boldsymbol{R}_{13}u^3 + \boldsymbol{R}_{14} \\ y = Y(u^1,u^2,u^3) = \boldsymbol{R}_{21}u^1 + \boldsymbol{R}_{22}u^2 + \boldsymbol{R}_{23}u^3 + \boldsymbol{R}_{24} \\ z = Z(u^1,u^2,u^3) = \boldsymbol{R}_{31}u^1 + \boldsymbol{R}_{32}u^2 + \boldsymbol{R}_{33}u^3 + \boldsymbol{R}_{34} \end{cases}$$ 分别对 x、

y 求一阶偏导，得到方程组：

$$\begin{cases} 1 - X_{u^1}u^1_x - X_{u^2}u^2_x - X_{u^3}u^3_x = 0 \\ 0 - Y_{u^1}u^1_x - Y_{u^2}u^2_x - Y_{u^3}u^3_x = 0 \\ 0 - Z_{u^1}u^1_x - Z_{u^2}u^2_x - Z_{u^3}u^3_x = 0 \end{cases} \quad (3\text{-}65)$$

$$\begin{cases} 0 - X_{u^1}u^1_y - X_{u^2}u^2_y - X_{u^3}u^3_y = 0 \\ 1 - Y_{u^1}u^1_y - Y_{u^2}u^2_y - Y_{u^3}u^3_y = 0 \\ 0 - Z_{u^1}u^1_y - Z_{u^2}u^2_y - Z_{u^3}u^3_y = 0 \end{cases} \quad (3\text{-}66)$$

求解方程组（3-65）和方程组（3-66），可得到参数 u^1、u^2、u^3 对 x、y 的一阶偏导：

$$u^1_x = \frac{Y_{u^3}(Z_{u^2}Y_{u^3} - Z_{u^3}Y_{u^1})}{(Y_{u^3}X_{u^1} - X_{u^3}Y_{u^1})(Y_{u^3}Z_{u^2} - Z_{u^3}Y_{u^2}) + (Z_{u^3}Y_{u^1} - Y_{u^3}Z_{u^1})(Y_{u^3}X_{u^2} - X_{u^3}Y_{u^2})},$$

$$u^2_x = \frac{Y_{u^3}(Z_{u^3}Y_{u^1} - Y_{u^3}Z_{u^1})}{(Y_{u^3}X_{u^1} - X_{u^3}Y_{u^1})(Y_{u^3}Z_{u^2} - Z_{u^3}Y_{u^2}) + (Z_{u^3}Y_{u^1} - Y_{u^3}Z_{u^1})(Y_{u^3}X_{u^2} - X_{u^3}Y_{u^2})},$$

$$u^3_x = \frac{Z_{u^1}Y_{u^3}(Z_{u^2}Y_{u^3} - Z_{u^3}Y_{u^1}) + Z_{u^2}Y_{u^3}(Z_{u^3}Y_{u^1} - Y_{u^3}Z_{u^1})}{Z_{u^3}[(Y_{u^3}X_{u^1} - X_{u^3}Y_{u^1})(Y_{u^3}Z_{u^2} - Z_{u^3}Y_{u^2}) + (Z_{u^3}Y_{u^1} - Y_{u^3}Z_{u^1})(Y_{u^3}X_{u^2} - X_{u^3}Y_{u^2})]},$$

$$u^1_y = \frac{Y_{u^3}(Z_{u^2}Y_{u^3} - Z_{u^3}Y_{u^1})}{(Y_{u^3}X_{u^1} - X_{u^3}Y_{u^1})(Y_{u^3}Z_{u^2} - Z_{u^3}Y_{u^2}) + (Z_{u^3}Y_{u^1} - Y_{u^3}Z_{u^1})(Y_{u^3}X_{u^2} - X_{u^3}Y_{u^2})},$$

$$u^2_y = \frac{Y_{u^3}(Z_{u^3}Y_{u^1} - Y_{u^3}Z_{u^1})}{(Y_{u^3}X_{u^1} - X_{u^3}Y_{u^1})(Y_{u^3}Z_{u^2} - Z_{u^3}Y_{u^2}) + (Z_{u^3}Y_{u^1} - Y_{u^3}Z_{u^1})(Y_{u^3}X_{u^2} - X_{u^3}Y_{u^2})},$$

$$u^3_y = \frac{Z_{u^1}Y_{u^3}(Z_{u^2}Y_{u^3} - Z_{u^3}Y_{u^1}) + Z_{u^2}Y_{u^3}(Z_{u^3}Y_{u^1} - Y_{u^3}Z_{u^1})}{Z_{u^3}[(Y_{u^3}X_{u^1} - X_{u^3}Y_{u^1})(Y_{u^3}Z_{u^2} - Z_{u^3}Y_{u^2}) + (Z_{u^3}Y_{u^1} - Y_{u^3}Z_{u^1})(Y_{u^3}X_{u^2} - X_{u^3}Y_{u^2})]}.$$

同理，通过上述方法可求取二阶偏导 u^1_{xx}、u^1_{xy}、u^1_{yy}、u^2_{xx}、u^2_{xy}、u^2_{yy}、u^3_{xx}、u^3_{xy}、u^3_{yy}。

对方程组（3-65）和方程组（3-66）求二阶及混合偏导，写成矩阵形式如下：

$$
-\begin{bmatrix} X_{u^1} & X_{u^2} & X_{u^3} \\ Y_{u^1} & Y_{u^2} & Y_{u^3} \\ Z_{u^1} & Z_{u^2} & Z_{u^3} \end{bmatrix}\begin{bmatrix} u_{xx}^1 \\ u_{xx}^2 \\ u_{xx}^2 \end{bmatrix} = \begin{bmatrix} X_{u^1u^1}(u_x^1)^2 + X_{u^2u^2}(u_x^2)^2 + X_{u^3u^3}(u_x^3)^2 \\ Y_{u^1u^1}(u_x^1)^2 + Y_{u^2u^2}(u_x^2)^2 + Y_{u^3u^3}(u_x^3)^2 \\ Z_{u^1u^1}(u_x^1)^2 + Z_{u^2u^2}(u_x^2)^2 + Z_{u^3u^3}(u_x^3)^2 \end{bmatrix} \quad (3\text{-}67)
$$

$$
-\begin{bmatrix} X_{u^1} & X_{u^2} & X_{u^3} \\ Y_{u^1} & Y_{u^2} & Y_{u^3} \\ Z_{u^1} & Z_{u^2} & Z_{u^3} \end{bmatrix}\begin{bmatrix} u_{xx}^1 \\ u_{xx}^2 \\ u_{xx}^2 \end{bmatrix} = \begin{bmatrix} X_{u^1u^1}(u_x^1)^2 + X_{u^2u^2}(u_x^2)^2 + X_{u^3u^3}(u_x^3)^2 \\ Y_{u^1u^1}(u_x^1)^2 + Y_{u^2u^2}(u_x^2)^2 + Y_{u^3u^3}(u_x^3)^2 \\ Z_{u^1u^1}(u_x^1)^2 + Z_{u^2u^2}(u_x^2)^2 + Z_{u^3u^3}(u_x^3)^2 \end{bmatrix} \quad (3\text{-}68)
$$

$$
-\begin{bmatrix} X_{u^1} & X_{u^2} & X_{u^3} \\ Y_{u^1} & Y_{u^2} & Y_{u^3} \\ Z_{u^1} & Z_{u^2} & Z_{u^3} \end{bmatrix}\begin{bmatrix} u_{xx}^1 \\ u_{xx}^2 \\ u_{xx}^2 \end{bmatrix} = \begin{bmatrix} X_{u^1u^1}(u_x^1)^2 + X_{u^2u^2}(u_x^2)^2 + X_{u^3u^3}(u_x^3)^2 \\ Y_{u^1u^1}(u_x^1)^2 + Y_{u^2u^2}(u_x^2)^2 + Y_{u^3u^3}(u_x^3)^2 \\ Z_{u^1u^1}(u_x^1)^2 + Z_{u^2u^2}(u_x^2)^2 + Z_{u^3u^3}(u_x^3)^2 \end{bmatrix} \quad (3\text{-}69)
$$

求解式（3-67）、方程组（3-68）和方程组（3-69），即可获得到二阶偏导 u_{xx}^1、u_{xy}^1、u_{yy}^1、u_{xx}^2、u_{xy}^2、u_{yy}^2、u_{xx}^3、u_{xy}^3、u_{yy}^3。

将上述系数分别代入曲面第一基本量 E、F、G 和第二基本量 L、M、N 中，根据式（3-63）获取在局部坐标系 $p^\Delta - x^\Delta y^\Delta z^\Delta$ 下 B 点的 Weingarten 矩阵：

$$
W_B = \frac{1}{1+z_x^2+z_y^2}\begin{bmatrix} W_{B11} & W_{B12} \\ W_{B21} & W_{B22} \end{bmatrix} \quad (3\text{-}70)
$$

用同样方法可得到三角面片上点 A 和 C 的 Weingarten 矩阵：

$$
W_A = \frac{1}{1+z_x^2+z_y^2}\begin{bmatrix} W_{A11} & W_{A12} \\ W_{A21} & W_{A22} \end{bmatrix} \quad (3\text{-}71)
$$

$$
W_C = \frac{1}{1+z_x^2+z_y^2}\begin{bmatrix} W_{C11} & W_{C12} \\ W_{C21} & W_{C22} \end{bmatrix} \quad (3\text{-}72)
$$

3. 三角面片脐点提取

三角形面积坐标[123-124]是一种自然坐标表示方法，有限元分析中通常用来构造插值函数。用三角形面积坐标插值脐点向量，若三角形内部存在面积坐标，则说明三角形内部有脐点，将该点面积坐标值转换成脐点在局部坐标下的坐标值即可。

通过上节提供的方法已获得三角形各顶点在坐标系 $p^\Delta - x^\Delta y^\Delta z^\Delta$ 下的 Weingarten 矩阵 W_A、W_B 和 W_C。根据脐点存在判定条件式（3-59），构造三角形各顶点向量如下：

$$W_B = \left[W_{B1}, W_{B2}\right]^T = \left[W_{B11} - W_{B22}, W_{B12} - W_{B21}\right]^T \tag{3-73}$$

$$W_C = \left[W_{C1}, W_{C2}\right]^T = \left[W_{C11} - W_{C22}, W_{C12} - W_{C21}\right]^T \tag{3-74}$$

$$W_A = \left[W_{A1}, W_{A2}\right]^T = \left[W_{A11} - W_{A22}, W_{A12} - W_{A21}\right]^T \tag{3-75}$$

如图 3-9 所示，$\triangle ABC$ 内任意一点 p，假设该点的面积坐标 $p(L_A, L_B, L_C)$，由三角形面积坐标线性插值方法构造表达式：

$$\begin{cases} L_A \begin{bmatrix} W_{A1} \\ W_{A2} \end{bmatrix} + L_B \begin{bmatrix} W_{B1} \\ W_{B2} \end{bmatrix} + L_C \begin{bmatrix} W_{C1} \\ W_{C2} \end{bmatrix} = \begin{bmatrix} 0 \\ 0 \end{bmatrix} \\ \text{s.t. } L_A + L_B + L_C = 1, \ 0 \leqslant L_A \leqslant 1, \ 0 \leqslant L_B \leqslant 1, \ 0 \leqslant L_C \leqslant 1 \end{cases} \tag{3-76}$$

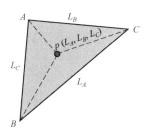

图 3-9　三角形面积坐标插值示意图

求解方程组（3-76），若在三角形内存在点 $p(L_A, L_B, L_C)$ 使得方程组成立，则认为该点是脐点，将面积坐标值并转换为空间位置坐标值。如若无解，则按照上述方法继续判断下一个三角形。提取离散曲面的脐点后，再计算各脐点的复参量 ω 和主方向。

3.4　基于脐点的曲面测量定位

机械加工中需要对工件表面粗糙度评价或机床加工误差测评，扫描的工件离散曲面常常呈现模型形状未知、与理论曲面匹配关系未知及空间位姿变化大等特点，在质量评价或误差测评前，需要将离散曲面与理论曲面定位匹配，以分析离散曲面与理论曲面的偏差。在制造领域，用于加工工件的 CAD 模型曲面的脐点数量较少，曲面测量定位中可减低参考点匹配的复杂性。在曲面、曲面片或者离散曲面存在脐点基础上，以脐点为特征点，以脐点复参量作为匹配条件，建立特征点相似评定准则，通过分析相似特征点歧义性，提出三对三和一对一两种特征点的粗定位方法。建立统一的曲面测量精定位数学模型，改进最小二乘投影法，构建离散曲面点到理论曲面投影方向的距离函数，利用拉格朗日建立方程组确定投影方向，将权值函数引入黄金分割法，加快最近点搜索，使用优化算法计算齐次变换矩阵，完成曲面测量精定位，通过实验验证算法的有效性。

3.4.1　基于特征点的曲面测量定位问题

曲面测量定位[90]通常分为局部测量定位和全局测量定位。局部测量定位是指在工件上选取部分表面进行测量，求解离散曲面片与理论曲面最佳匹配位姿的过程；全局测量定位指对工件表面全部测量，求解离散曲面与理论曲面最佳匹配位姿的过程。根据曲面相关信息情况，可分为曲面相关信息已知的曲面测量全局定位、曲面相关信息已知的曲面测量局部定位、曲面相关信息未知的曲面测量全局定位和曲面相关信息未知的曲面测量局部定位。曲面测量定位可简化为四种类型。

（1）对应关系已知，两曲面间存在明显对应关系，如两曲面的特征点或特征线间存在对应关系，则直接求取齐次变换矩阵。如图 3-10 所示，若两曲面间有不共线的三对或三对以上的匹配点，通过三点对齐重定位即可获得刚体变换矩阵。

（2）变换矩阵已知，对应关系未知。可利用 ICP 迭代算法或改进的迭代算法精定位。

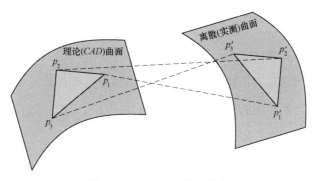

图 3-10　三对对应关系的点

（3）有潜在特征，对应关系和变换矩阵未知，该问题变得异常复杂。由于曲面具有潜在特征点或特征线，需要提供一种方法，建立两曲面或局部曲面片之间的对应关系，如寻找基于空间不变的特征点或特征线，建立初始对应关系获得初始变换矩阵，再利用迭代法或者其他优化算法精定位。

（4）无潜在特征，对应关系和变换矩阵未知。两曲面中找不到明显的特征点或特征线，只能使用迭代法通过逐步迭代获得最优的齐次变换矩阵。

上述四种情况中，第（1）、（2）和（4）种情况的定位方法相对成熟，此处主要针对第（3）种情况展开讨论，研究具有潜在特征点对应关系的曲面测量定位方法，通过确定两曲面间的对应特征量关系，匹配特征点，粗定位曲面，再构建统一的曲面精定位目标函数，实现曲面精定位。

对应关系的确定成为曲面测量定位最关键问题之一，且该对应关系需在刚体变换下保持不变。该问题转化为在曲面上求解特征量的测量定位。常见特征量有三类：① 简单几何量，距离、线段和体积等可直接计算的几何量，随缩放变换发生变化，不适用于不同坐标系下曲面定位；② 微分几何量，法向量、曲率、高斯曲率、平均曲率等需要通过复杂计算得到的微分几何量，可在旋转、平移及缩放等变换下保持不变；③ 构造特征量，如 Spin-Image、Geometric histogram、Harmonic Shape Image 以及 Surface Signature 等，通过统计学方法构造出的一种数学量，用于表征曲面片的特征。该类特征量，主要针对简单标准曲面或者参数曲面等特定曲面，且只适用于全局定位，不适用于局部曲面定位。

基于特征点的曲面测量定位需要解决两个问题：① 若有无数相似特征点，如何筛选和确定对应特征点，如图 3-11 所示。添加约束条件筛选，计算量大，未必能找到匹配的点对。② 若两曲面间少于三组特征点，如何获得刚体变换矩阵。

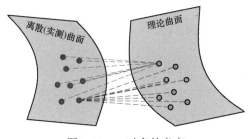

图 3-11　一对多歧义点

针对上述问题，提出利用曲面的脐点及不变特征量进行曲面特征匹配，与平均曲率或高斯曲率相比较，曲面上脐点数量较少，降低了相似特征点配对的复杂度，同时在少于三组特征点的情形下，仍然能实现曲面的测量定位。基于脐点的曲面测量粗定位步骤包括：（1）存在三组匹配特征点，计算初始变换矩阵；（2）存在若干相似特征点，根据脐点筛选法则进行剔除，至少获得一组对应特征点，再计算初始变换矩阵；（3）少于三组对应特征点，则任意选取其中一组对应特征点，计算初始变换矩阵。曲面测量定位流程如图 3-12 所示。

3.4.2　脐点匹配准则

曲面脐点处的复参量 ω 不随曲面空间位姿的变化发生变化，在第 3.2 节和第 3.3 节详细介绍了脐点提取方法及复参量 ω 的计算方法，提取离散曲面和理论曲面上的脐点坐标值，进而计算脐点的复参量 ω 值、曲率线切向量 V 和法向量 N，利用 ω 作为曲面定位约束条件，可实现两曲面上脐点的相似性评定。

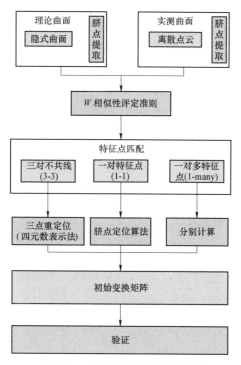

图 3-12　曲面测量粗定位流程图

1. 脐点匹配条件

假设理论曲面 S_1 上有 m 个特征脐点 p_{1i}，离散曲面 S_2 上有 n 个特征脐点 p_{2j}，且 $m \geqslant n$，各特征点上复参量分别表示为 $\omega_{1i}(i=1,\cdots,m)$ 和 $\omega_{2j}(j=1,\cdots,n)$。对于曲面 S_2 上任一脐点处的 ω_{2j} 值，理论上总能从曲面 S_1 上找到 ω_{1i}，如果能满足如下关系：

$$\left| \omega_{2j} - \omega_{1i} \right| \leqslant \varepsilon_\omega \tag{3-77}$$

则认为曲面 S_2 上的脐点 p_{2j} 与曲面 S_1 上的脐点 p_{1i} 对应，即可形成特征点对 (p_{2j}, p_{1i})，其中 ε_ω 为用户自定义匹配误差，式（3-77）也称为 ε_ω 相似性判定准则。

2. 相似脐点筛选方法

基于 ε_ω 相似性判定准则，由于曲面的复杂性，难免存在具有相同复变量值的脐点，给特征脐点的匹配关系确定增加了难度，主要分三种情况讨论：

93

（1）3:3，两曲面间容易形成 3 对不共线的匹配特征点，该种类型较为常见。

（2）3:M，离散曲面上的脐点数 $n \geqslant 3$，但不存在三对匹配特征点。如的图 3-11 所示，曲面 S_2 上任取三个不共线的特征点，运用相似性判定准则，在理论曲面 S_1 上存在 1:M 的特征点，因而无法形成三组 1:1 的特征点对。此时如果采用（1）中的方法，则会牺牲时间和执行效率，效果等同于基于平均曲率或高斯曲率方法[99]。

鉴于此，从提高测量定位效率出发，使用一对脐点代替三对匹配特征点获取空间变换矩阵。如果在离散曲面上存在一个这样的特征脐点，能从理论曲面上找到一个对应的特征点，形成一对一的匹配特征点，即可采用一对脐点算法求解初始其次变换矩阵。

若在理论曲面上总有若干个相似特征点与之对应，需要选择相似特征点数量最少的一组匹配点对。假设 $t_1 = \{t_{1i}, 1 \leqslant i \leqslant s\}$ 是曲面 S_1 上具有相同 ω_{1i} 值的相似点数量，且 $t_{1i} < t_{1i+1}$，$t_2 = \{t_{2j}, 1 \leqslant j \leqslant r\}$ 是离散曲面 S_2 上具有相同 ω_{2j} 值的相似点数量，且 $t_{2j} < t_{2j+1}$，且 $r < s$，如图 3-13 所示。首先从曲面 S_1 的特征点数量集 t_1 中选择最小值 t_{11} 对应的复参量 ω_{11}，再通过 ω_{11} 值从曲面 S_2 中寻找是否存在具有相同复参量的脐点，如果存在则找到了歧义点数量最小的匹配点，否则继续选取 t_{12}，按照上述方法直到找到为止。

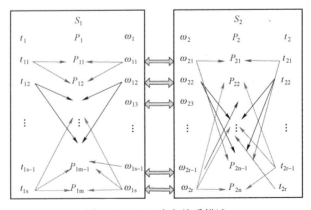

图 3-13　3:M 脐点关系描述

（3）1:1，离散曲面上特征点数小于 3，即 $n=1$ 或 $n=2$。该种情况转化为基于一特征点的测量定位问题。

3.4.3　基于脐点的曲面测量粗定位

根据相似脐点的筛选方法，将脐点匹配问题最终归纳为两种情形：不共线三组匹配脐点和一组匹配脐点。

1. 不共线三对匹配脐点定位

假设离散曲面 S_2 上三个不共线的脐点分别为 p_{21}、p_{22} 和 p_{23}，基于相似特征判断准则，理论曲面 S_1 上也存在三个不共线且与 p_{21}、p_{22} 和 p_{23} 对应的脐点 p_{11}、p_{12} 和 p_{13}。

根据三点重定位基本思想，由三对匹配点构建单位正交矩阵，将离散曲面坐标系的点位置坐标转换为理论曲面坐标系，其变换矩阵为：

$$p_{1i} = p_{2i}\boldsymbol{R} + \boldsymbol{T} \quad i=1,2,3 \tag{3-78}$$

其中，$\boldsymbol{R}$、$\boldsymbol{T}$ 分别为从离散曲面坐系到理论曲面坐标系的旋转和平移矩阵，

$$\boldsymbol{R} = \boldsymbol{M}_1 \boldsymbol{M}_2^T \tag{3-79}$$

式中，$\boldsymbol{M}_1$、$\boldsymbol{M}_2$ 分别为构建的单位正交矩阵。

（1）单位正交矩阵的构造

在离散曲面中，令 $\boldsymbol{y}_2 = p_{22} - p_{21}$，其单位向量为 $\hat{\boldsymbol{y}}_2 = \boldsymbol{y}_2 / \|\boldsymbol{y}_2\|$ 为离散曲面的坐标轴 y_2 的单位向量。

构建垂直于 $\hat{\boldsymbol{y}}_2$ 的另一方向向量 $\boldsymbol{x}_2 = (p_{23} - p_{21}) - [(p_{23} - p_{21}) \cdot \hat{\boldsymbol{y}}_2]\hat{\boldsymbol{y}}_2$，单位向量为 $\hat{\boldsymbol{x}}_2 = \boldsymbol{x}_2 / \|\boldsymbol{x}_2\|$，也即为离散曲面的坐标轴 x_2 的单位向量。

根据右手法则构建同时垂直于单位向量 $\hat{\boldsymbol{x}}_2$、$\hat{\boldsymbol{y}}_2$ 的单位向量 $\hat{\boldsymbol{z}}_2 = \hat{\boldsymbol{x}}_2 \times \hat{\boldsymbol{y}}_2$。使用同样方法得到理论曲面坐标系的单位正交向量 $\hat{\boldsymbol{x}}_1$、$\hat{\boldsymbol{y}}_1$ 和 $\hat{\boldsymbol{z}}_1$，如图 3-14 所示。

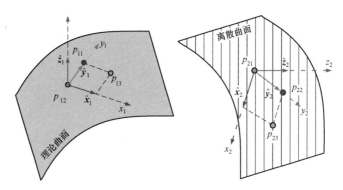

图 3-14　单位正交向量的构建示意图

因此，将上述单位正交向量分别构建单位正交矩阵 $\boldsymbol{M}_1$ 和 $\boldsymbol{M}_2$ ：

$$\boldsymbol{M}_1 = [\hat{\boldsymbol{x}}_1^T, \hat{\boldsymbol{y}}_1^T, \hat{\boldsymbol{z}}_1^T], \boldsymbol{M}_2 = [\hat{\boldsymbol{x}}_2^T, \hat{\boldsymbol{y}}_2^T, \hat{\boldsymbol{z}}_2^T] \tag{3-80}$$

（2）旋转矩阵 $\boldsymbol{R}$

将式（3-80）代入式（3-79），可以得到从离散曲面坐标系到理论曲面坐标系的变换矩阵 $\boldsymbol{R}$，则 $\boldsymbol{R}$ 为是离散曲面变换到理论曲面的旋转矩阵，反之，$\boldsymbol{R}^{-1}$ 则是从理论曲面变换到离散曲面的旋转矩阵。

（3）平移矩阵 $\boldsymbol{T}$

在脐点匹配准确和得到旋转矩阵 $\boldsymbol{R}$ 情况下，任意选取其中一对匹配脐点，可由式（3-78）直接获得平移矩阵。但对于脐点匹配不准确，如果使用一对匹配脐点求解变换矩阵，会增大齐次变换矩阵中平移量的不准确性，进而影响整个测量曲面的定位精度。因此，为了减小局部匹配点定位误差的影响，选取曲面上所有的匹配脐点，以所有匹配脐点重心位置近似相同为条件求解，从而避免了匹配误差的影响。

设理论曲面 S_1 上匹配脐点集合为 $\{p_{1i}\}$，离散曲面 S_2 上匹配脐点集合为 $\{p_{2j}\}$，匹配的脐点需保证离散曲面与理论曲面上的匹配对数相等，即 $i = j$。为了表达方便，统一设定 i 代表脐点匹配对数。

从理论上来讲，离散曲面及脐点经空间变换后应与理论曲面重合，两曲面应具有相同的重心，因此重心间也满足空间转换关系：

$$\overline{p}_2 = \overline{p}_1 \boldsymbol{R}^{-1} + \overline{\boldsymbol{T}} \tag{3-81}$$

其中：$\overline{p}_1 = \dfrac{1}{n}\sum_{i=1}^{n} p_{1i}$，$\overline{p}_2 = \dfrac{1}{n}\sum_{i=1}^{n} p_{2i}$。$\overline{T}$ 为重心平移矩阵，$\overline{p}_1$、$\overline{p}_2$ 分别为匹配脐点集的重心坐标值，形成两个新点集设为 p_{1i}' 和 p_{2i}'：

$$p_{1i}' = p_{1i} - \overline{p}_1,\; p_{2i}' = p_{2i} - \overline{p}_2 \tag{3-82}$$

因而有 $\sum_{i=1}^{n} p_{1i}' = 0$ 和 $\sum_{i=1}^{n} p_{2i}' = 0$。

将式（3-82）代入式（3-81），可得：

$$p_{2i} - p_{2i}' = (p_{1i} - p_{1i}')\boldsymbol{R}^{-1} + \overline{T} = p_{1i}\boldsymbol{R}^{-1} - p_{1i}'\boldsymbol{R}^{-1} + \overline{T} \tag{3-83}$$

由于 $p_{2i} - p_{1i}\boldsymbol{R}^{-1} = \boldsymbol{T}$，因而上式（3-83）又可转化为：

$$\overline{T} = \boldsymbol{T} - p_{2i}' + p_{1i}'\boldsymbol{R}^{-1} \tag{3-84}$$

在新点集坐标系下，重心误差：$e_i = p_{2i}' - p_{1i}'\boldsymbol{R}^{-1} - \overline{T}$，使总误差为零，即：$\sum_{i=1}^{n}\left\| p_{2i}' - p_{1i}'\boldsymbol{R}^{-1} - \overline{T} \right\|^2 = 0$，展开得：

$$\sum_{i=1}^{n}\| p_{2i}' - p_{1i}'\boldsymbol{R}^{-1} \|^2 - 2\overline{T}\sum_{i=1}^{n}(p_{2i}' - p_{1i}'\boldsymbol{R}^{-1}) + n\,\| \overline{T} \|^2 = 0 \tag{3-85}$$

要使式（3-85）为零，须 $\overline{T}=0$，$\boldsymbol{T} - p_{2i}' + p_{1i}'\boldsymbol{R}^{-1} = 0$，从而平移矩阵 $\boldsymbol{T}$ 为：

$$\boldsymbol{T} = p_{2i}' - p_{1i}'\boldsymbol{R}^{-1} \tag{3-86}$$

因此，已知旋转矩阵 $\boldsymbol{R}$，即可求得平移矩阵 $\boldsymbol{T}$。

2. 一对匹配脐点定位

离散曲面和理论曲面上仅有一组匹配脐点，利用曲面脐点处曲率线切向量非正交性，在曲面上分别建立以匹配脐点为原点、法向量与切向量为坐标主轴的局部坐标系，通过对齐两匹配脐点处的坐标系，实现两曲面定位。

根据稳定脐点类型[125]，在已匹配脐点处可能存在一条曲率线或者三条曲率线，相应地，曲率线的切向量也会有一个或者三个。

如果该脐点是 Lemon 型，则在该点处只有一条曲率线和一个切向量，可在该点建立局部坐标系，对齐两局部坐标系，得到初始空间变换矩阵。

如果该特征脐点是 Monstar 或 Star 类型，则在该脐点处存在三条曲率线、三个切向量。此时，需要从离散曲面上过匹配脐点的曲率线切向量中选择一个切向量，建立局部坐标系，使之与理论曲面上该匹配脐点处每条曲率线的每个切向量所建立的局部坐标系对齐，计算三个空间刚体变换矩阵，如此循环，共计得到九个矩阵，再分别计算变换后的离散曲面与理论曲面的误差值，选择误差值最小者所对应的变换矩阵作为两曲面的初始变换矩阵。

（1）局部坐标系的建立

假设有 j 条曲率线 C_j 经过曲面脐点 p，$j=1$ 或 $j=3$，计算曲面上点 p 的单位法向量 N 和切向量 V_j。由于曲率线的切向量 V_j 在曲面 p 点的切平面 T_p 上，因而有 $N \perp V_j$。由此建立以该 p 点为原点 O_j、单位法向量 N 为 z 轴、切向量 V_j 为 y 轴、$B_j = V_j \times N$ 为 x 轴的局部坐标系 $O_j(B_j, V_j, N)$，如图 3-15 所示，图中虚线表示过脐点的曲率线。如果曲面上过 p 点的曲率线只有一条，则在该点处只有一个局部坐标系 $O_1(B_1, V_1, N)$，如果在曲面上过 p 点的曲率线有三条，则在该点存在三个局部坐标系：$O_1(B_1, V_1, N)$，$O_2(B_2, V_2, N)$ 和 $O_3(B_3, V_3, N)$。

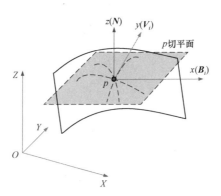

图 3-15　脐点局部坐标系的建立示意图

（2）脐点定位算法

假设在理论曲面 S_1 和离散曲面 S_2 上获得了一对匹配脐点 $p_1(p_{1x}, p_{1y}, p_{1z})$ 和 $p_2(p_{2x}, p_{2y}, p_{2z})$，简记为 (p_1, p_2)。按照局部坐标系建立方法，在脐点 p_1、p_2 处分别建立坐标系 $O_{11}(B_1, V_{j1j}, N_1)$ 和 $O_{21}(B_2, V_{2j}, N_2)$，如图 3-16 所示。因此，

将两曲面的测量定位问题转化为通过旋转和平移 O_{21} 坐标系使之与坐标系 O_{11} 对齐。

在图 3-16 中，以 $N_t = N_1 \times N_2 / \| N_1 \times N_2 \|$ 为中心轴，旋转 N_2 轴 t_1 角度（ t_1 是向量 N_1 与 N_2 的夹角， $t_1 = \arccos(N_1, N_2)$ ），使之与 N_1 轴重合。该旋转用四元数法可表示为：

$$q_t = \cos(t_1 / 2) + \sin(t_1 / 2)(N_t / \| N_t \|) \tag{3-87}$$

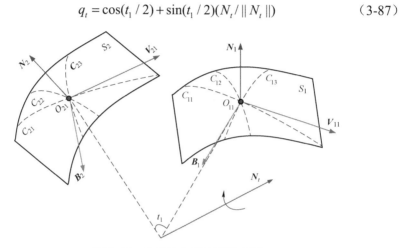

图 3-16　对齐法向量过程示意图

经过上述旋转， O_{21} 坐标系的 N_2 轴已与 O_{11} 坐标系的 N_1 轴平行，即 $N_1 \| N_2$ ，如图 3-17 所示，旋转之后的 O_{21} 坐标系中各轴的方向向量 N_2' 、 V_{2j}' 以及 B_2' 用四元数表示为：

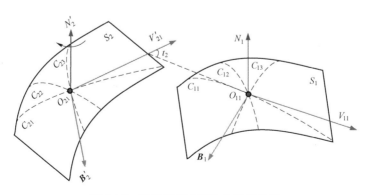

图 3-17　对齐后两曲面的位置示意图

$$\begin{cases} \boldsymbol{N}_2' = q_t \boldsymbol{N}_2 q_t^{-1} \\ \boldsymbol{V}_{2j}' = q_t \boldsymbol{V}_{2j} q_t^{-1} \\ \boldsymbol{B}_2' = q_t \boldsymbol{B}_2 q_t^{-1} \end{cases} \tag{3-88}$$

式中，q_t^{-1} 是 q_t 的逆，$q_t^{-1} = q_t^* / (q_t \cdot q_t)$ 且 $q_t^* = \cos(t_1/2) - \sin(t_1/2)(\boldsymbol{N}_t \| \boldsymbol{N}_t \|)$。

以 $\boldsymbol{N}_2'$ 为中心轴，旋转向量 $\boldsymbol{V}_{2j}'$ t_2 角（$\boldsymbol{V}_{1j}$ 与 $\boldsymbol{V}_{2j}'$ 轴的夹角 $t_2 = \arccos$ $(\boldsymbol{V}_{2j}', \boldsymbol{V}_{1j})$），旋转关系用四元数表示为：

$$q_t' = \cos(t_2/2) + \sin(t_2/2)(\boldsymbol{N}_2' / \| \boldsymbol{N}_2' \|) \tag{3-89}$$

旋转后两曲面的位置关系如图 3-18 所示。

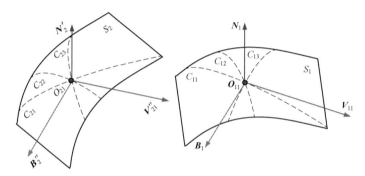

图 3-18　对齐切向后的两曲面位置关系示意图

由图 3-18 可看出，经过两次旋转后各坐标系对应轴已经基本平行，从而得出旋转后的各轴向量：

$$\begin{cases} \boldsymbol{N}_2'' = \boldsymbol{N}_2' \\ \boldsymbol{V}_{2j}'' = q_t' \boldsymbol{V}_{2j}' q_t'^{-1} \\ \boldsymbol{B}_2'' = q_t' \boldsymbol{B}_2' q_t'^{-1} \end{cases} \tag{3-90}$$

式中：$q_t'^{-1}$ 是 q_t' 的逆。因此 O_2 到 O_1 的旋转关系为：

$$q_{tj} = q_t' q_t \tag{3-91}$$

用四元数法表示为：

$$q_{tj} = q_{tj0} + i q_{tjx} + j q_{tjy} + k q_{tjz} \tag{3-92}$$

式（3-92）又可写成旋转矩阵形式：

$$\boldsymbol{R}_{tj} = \begin{bmatrix} q_{tj0}^2 + q_{tjx}^2 - q_{tjy}^2 - q_{tjz}^2 & 2(q_{tjx}q_{tjy} - q_{tj0}q_{tjz}) & 2(q_{tjx}q_{tjz} + q_{tj0}q_{tjy}) \\ 2(q_{tjx}q_{tjy} + q_{tj0}q_{tjz}) & q_{tj0}^2 - q_{tjx}^2 + q_{tjy}^2 - q_{tjz}^2 & 2(q_{tjz}q_{tjy} - q_{tj0}q_{tjx}) \\ 2(q_{tjx}q_{tjz} - q_{tj0}q_{tjy}) & 2(q_{tjz}q_{tjy} + q_{tj0}q_{tjx}) & q_{tj0}^2 - q_{tjx}^2 - q_{tjy}^2 + q_{tjz}^2 \end{bmatrix}^T \quad （3\text{-}93）$$

式（3-93）即为曲面 S_2 到 S_1 的旋转变换矩阵。从而平移矩阵为：

$$\boldsymbol{T}_{tj} = p_1 - p_2 \boldsymbol{R}_{tj} \quad （3\text{-}94）$$

根据脐点类型的不同，可以得到 9 个或者 3 个刚体变换矩阵 $\boldsymbol{G}_j = [\boldsymbol{R}_j, \boldsymbol{T}_j]^T$。离散曲面 S_2 经矩阵 $\boldsymbol{G}_j$ 变换为 $S_2^{G_j}$，若满足条件：

$$\left\| S_2^{G_j} - S_1 \right\| \leqslant \varepsilon_d \quad （3\text{-}95）$$

则认为 $\boldsymbol{G}_j$ 是从曲面 S_2 到 S_1 的变换矩阵，且记为 $\boldsymbol{G}_0 = [\boldsymbol{R}_0, \boldsymbol{T}_0]^T$，$\varepsilon_d$ 为用户自定义的粗定位精度。

3.4.4　曲面测量精定位

第 3.4.3 节完成了基于脐点的曲面测量粗定位，但对于高精密零件质量检测而言，仍需要进一步调整曲面的位姿，以减小测量定位误差对形状误差评定的影响。

1. 曲面测量精定位数学模型

假设测量点 $\{\overline{X}_i(X_{ix}, X_{iy}, X_{iz}) | i = 1, 2, \cdots, m\}$ 所在测量坐标系 C_M 与理论曲面 S 坐标系 C_D 之间存在一个刚体变换矩阵 $\boldsymbol{G}(\tilde{t})$（$\tilde{t} = [\alpha, \gamma, \beta, x, y, z]$），曲面精定位思路是调整理论曲面的位姿，最小化理论曲面与测量点间的距离平方和，可归结为非线性最小二乘问题：

$$\min \ E(\tilde{t}) = \sum_{i=1}^m \left\| \overline{X}_i - S\boldsymbol{G}(\tilde{t}) \right\|^2 \quad （3\text{-}96）$$

式（3-96）是基于测量点位姿不变，通过调整理论曲面的空间位姿获得最优解的数学模型。理论曲面形状具有多样性，其曲面方程或表达式也不尽相同，如标准曲面、非标准曲面、参数曲面、隐式曲面等有不同的表达方式，就涉及用于描述曲面位姿与尺寸的不同特征参数。例如圆的特征参数是半径和中心点位置坐标，B 样条曲面用参数 u 和 v 描述，因此求解式（3-96）的方法难以统一。

相反，将调整理论曲面的位姿使其与测量点之间的距离平方和最小化，转换为调整测量点的位姿使其最佳拟合理论曲面，式（3-96）可改写为：

$$E(\tilde{t}) = \sum_{i=1}^{m} \left\| \bar{X}_i \boldsymbol{G}^{-1}(\tilde{t}) - \bar{S}_i \right\|^2 \tag{3-97}$$

其中，$\bar{S}_i(S_{ix}, S_{iy}, S_{iz})$ 为变换后的测量点 $\bar{X}_i$ 在理论曲面 S 上的最近点。

式（3-96）与式（3-97）是等价的，不妨设几何误差 $\tilde{e}_i$ 为：

$$\tilde{e}_i = \bar{X}_i - \bar{S}_i \boldsymbol{G}(\tilde{t}) = [\bar{X}_i \quad 1] - [\bar{S}_i \quad 1] \begin{bmatrix} \boldsymbol{R} & \boldsymbol{O} \\ \boldsymbol{T} & 1 \end{bmatrix} = [\bar{X}_i' - \bar{S}_i \boldsymbol{R} \quad 0] \tag{3-98}$$

其中，$\bar{X}_i' = \bar{X}_i - \boldsymbol{T}$。

由式（3-98）可得到：

$$\begin{aligned}
\left\| \bar{X}_i - \bar{S}_i \boldsymbol{G}(\tilde{t}) \right\|^2 &= (\bar{X}_i - \bar{S}_i \boldsymbol{G}(\tilde{t}))(\bar{X}_i - \bar{S}_i \boldsymbol{G}(\tilde{t}))^T \\
&= (\bar{X}_i' - \bar{S}_i \boldsymbol{R})(\bar{X}_i' - \bar{S}_i \boldsymbol{R})^T \\
&= \left\| \bar{X}_i' \right\|^2 + \left\| \bar{S}_i \right\|^2 - \bar{S}_i \boldsymbol{R} \left(\bar{X}_i' \right)^T - \bar{X}_i' \boldsymbol{R}^T \bar{S}_i^T
\end{aligned} \tag{3-99}$$

因为 $\boldsymbol{R}$ 是正交单位矩阵，所以 $\boldsymbol{R}^T = \boldsymbol{R}^{-1}$，则 $\boldsymbol{G}$ 的逆矩阵 $\boldsymbol{G}^{-1}$ 为 $\boldsymbol{G}^{-1} = \begin{bmatrix} \boldsymbol{R}^T & \boldsymbol{O} \\ -\boldsymbol{T}\boldsymbol{R}^T & 1 \end{bmatrix}$ 所以得到：

$$\begin{aligned}
\bar{X}_i \boldsymbol{G}^{-1}(\tilde{t}) - \bar{S}_i &= [\bar{X}_i \quad 1] \begin{bmatrix} \boldsymbol{R}^T & \boldsymbol{O} \\ -\boldsymbol{T}\boldsymbol{R}^T & 1 \end{bmatrix} - [\bar{S}_i \quad 1] \\
&= [\bar{X}_i \boldsymbol{R}^T - \boldsymbol{T}\boldsymbol{R}^T - \bar{S}_i \quad 0] = [\bar{X}_i' \boldsymbol{R}^T - \bar{S}_i \quad 0]
\end{aligned} \tag{3-100}$$

因而有：

$$\begin{aligned}
\left\| \bar{X}_i \boldsymbol{G}^{-1}(\tilde{t}) - \bar{S}_i \right\|^2 &= (\bar{X}_i \boldsymbol{G}^{-1}(\tilde{t}) - \bar{S}_i)(\bar{X}_i \boldsymbol{G}^{-1}(\tilde{t}) - \bar{S}_i)^T \\
&= \left\| (\bar{X}_i')^T \right\|^2 + \left\| \bar{S}_i \right\|^2 - \bar{S}_i \boldsymbol{R} (\bar{X}_i')^T - \bar{X}_i' \boldsymbol{R}^T \bar{S}_i^T
\end{aligned} \tag{3-101}$$

比较式（3-101）和（3-99），可得：$\sum_{i=1}^{m} \left\| \bar{X}_i - \bar{S}_i \boldsymbol{G}(\tilde{t}) \right\|^2 = \sum_{i=1}^{m} \left\| \bar{X}_i \boldsymbol{G}^{-1}(\tilde{t}) - \bar{S}_i \right\|^2$，

因此选用式（3-97）为最小化目标函数。

由于 $G(\tilde{t})$ 是关于参数 $\tilde{t}$ 的非线性函数，最近点 $\overline{S}_i$ 也与 $\tilde{t}$ 有关，因此该问题转化成关于 $\tilde{t}$ 的非线性优化问题。在曲面测量精定位中，需要解决两个问题：① 搜索变换后的测量点 $\boldsymbol{G}^{-1}(\tilde{t})\overline{X}_i$ 在理论曲面上的最近点 $\overline{S}_i$；② 在获得最近点的基础上，求解非线性方程组，获得精定位的变换矩阵。

此外，对于大型复杂曲面，往往需要从不同视角进行多次测量，而每次测量的参考坐标系不相同，此时需要将多个不同测量坐标系统一到理论坐标系，把曲面当成局部曲面片分开精定位。

2. 测量点到理论曲面最近点搜索

假设理论曲面方程 $S(\tilde{p})$（$\tilde{p}$ 是描述曲面位姿、尺寸的特征参数），测量点 X_i 经过矩阵变换后的任意一点为 X_i'，在理论曲面上总是存在一点 $S_i(\tilde{p})$，使得测量点到该曲面的距离最短，即：

$$\left\| X_i' - S_i \right\| = \min_{x \in S} \left\| X_i' - x \right\| \tag{3-102}$$

其中，点 S_i 称之为测点 X_i' 在理论曲面上的最近点，$X_i' = X_i \boldsymbol{G}^{-1}$。(3-102)式也可理解为，在理论曲面上寻找一点 $S_i(\tilde{p})$，使得该点到点 X_i' 的向量与该点法向量 $\boldsymbol{N}$ 平行。令 $\overrightarrow{\boldsymbol{D}} = S_i(\tilde{p}) - X_i'$，因此两者叉积为零，则有：

$$\overrightarrow{\boldsymbol{D}} \times \boldsymbol{N} = 0 \tag{3-103}$$

式（3-103）是求解最近点的一般表达式。由于曲面的表达方式不同，导致求解方法不同，如隐式曲面将得到一个含有三个未知数的非线性方程组，而参数曲面将得到一个含有两个未知数的非线性方程组，通过分析方程组，采用不同的方法求解方程组，程序编制也不同。同时该形式求解最近点还需要曲面的函数表达式，对未知的曲面或离散曲面不适用。

针对上述问题，在不考虑曲面表达方式和曲面方程的条件下，将理论曲面离散为点云，通过改进的最小二乘点云投影算法[126]，估算实测点到理论曲面离散点云的投影方向，计算得到理论曲面上的最近点，避免了繁杂的迭代计算过程，增强了通用性。

（1）点投影方向建立

从理论曲面上随机采集 n 个型值点 $p_i(x_i,y_i,z_i)$ $(i=1,\cdots,n)$ 。设 $X'(x,y,z)$ 为实际测量点经初始变换后的点， $N'(N'_x,N'_y,N'_z)$ 为点 X' 在曲面 S 上的初始投影方向向量， $S^*(S^*_x,S^*_y,S^*_z)$ 为实测点在理论曲面上被估计的最近点。由最小二乘点云直接投影原理[127]知，被估计的最近点与理论曲面上采样点 q_i 之间的距离的权值平方和最小，则有：

$$E(S^*) = \sum_{i=1}^{n}\phi_i\left\|S^*-q_i\right\|^2 \tag{3-104}$$

式中， ϕ_i 权值函数。最近点 S^* 与实测点 X' 之间的关系：

$$S^*(d)=X'+N^*d, \ \mathrm{d}\in R \tag{3-105}$$

将式（3-105）代入式（3-104），得到：

$$E(S^*) = \sum_{i=1}^{n}\phi_i\left\|X'+N^*d-q_i\right\|^2 \tag{3-106}$$

要使式（3-106）中 $E(S^*)$ 的值最小，其最小值应为 0，即 $\sum_{i=1}^{n}\phi_i\|X'+N^*d-q_i\|^2=0$ ，则有：

$$\sum_{i=1}^{n}\phi_i(X'+N^*d-q_i)=0 \tag{3-107}$$

将式（3-107）两边同时乘以 N^* ，即 $\sum_{i=1}^{n}\phi_i(X'-q_i+N^*d)\cdot N^*=0$ ，化简得：

$$d=\frac{\dfrac{\left(\sum_{i=1}^{n}\phi_iq_i\right)\cdot N^*}{\sum_{i=1}^{n}\phi_i}-X'\cdot N^*}{\|N^*\|^2} \tag{3-108}$$

为表示方便，简化上式中系数，令 $\alpha=\dfrac{s_1N^*_x+s_2N^*_y+s_3N^*_z}{s_0}$ ， $s_0=\sum_{i=1}^{n}\phi_i$ ， $s_1=\sum_{i=1}^{n}\phi_ix_i$ ， $s_2=\sum_{i=1}^{n}\phi_iy_i$ ， $s_3=\sum_{i=1}^{n}\phi_iz_i$ 。因此，式（3-108）可写成：

$$d = \frac{\alpha - X' \cdot N^*}{\| N^* \|^2} \qquad (3\text{-}109)$$

式（3-109）为式（3-104）最小化的解。尽管通过联立式（3-109）和式（3-105），沿着一定的投影方向可获取最近点，但是在未知投影方向的情况下，如何自动搜索投影方向确定 X' 的最近点。利用式（3-109），将测量点 X' 沿着不同的方向向量投影到理论曲面的离散点集上，直到满足式（3-106）为止，则在该约束条件下获得的投影方向即为需要的方向。因此，假设 N^* 在式（3-109）中是变量，式（3-109）又可写成：

$$\mathrm{d}(N^*) = \frac{\alpha - X' \cdot N^*}{\| N^* \|^2} = \frac{\frac{1}{s_0} s \cdot N^* - p' \cdot N^*}{\| N^* \|^2} \qquad (3\text{-}110)$$

式中，$s = [s_1, s_2, s_3]$。令 $m = \frac{1}{s_0} s - X'$（$m = [m_1, m_2, m_3]$，$m_1 = \frac{s_1}{s_0} - x$，$m_2 = \frac{s_2}{s_0} - y$，$m_3 = \frac{s_3}{s_0} - z$）。式（3-110）又可简化为：

$$\mathrm{d}(N^*) = \frac{m \cdot N^*}{\| N^* \|^2} \qquad (3\text{-}111)$$

将式（3-111）代入式（3-105），再代入式（3-106）可得：

$$E(N^*) = \sum_{i=1}^{n} \phi_i \left\| X' + N^* \mathrm{d} - q_i \right\|^2 = \sum_{i=1}^{n} \phi_i \left\| X' - q_i + X^* \mathrm{d}(N^*) \right\|^2 = \sum_{i=1}^{n} \phi_i \left\| \Delta q_i + N^* \frac{m \cdot N^*}{\| N^* \|^2} \right\|^2 \qquad (3\text{-}112)$$

式（3-112）是一个关于变量 N^* 的函数，一般通过对 $N^*(N_x^*, N_y^*, N_z^*)$ 求偏导，让该方程等于零，即可求得 N^*，但要保证 $m \cdot N^* \geqslant 0$。

$$\begin{cases} \min \quad E(N^*) = \sum_{i=1}^{n} \phi_i \left\| \Delta q_i + N^*(m \cdot N^*) \right\|^2 \\ \text{s.t.} \quad \| N^* \|^2 = 1 \end{cases} \qquad (3\text{-}113)$$

式（3-113）是非线性优化问题，求解并不是容易的事情，计算耗时，容易收敛于局部。由式（3-110）可知，$\mathrm{d}(N^*)$ 是关于 $N^*(N_x^*, N_y^*, N_z^*)$ 的连续函数，对其一阶偏导并等于零，添加约束条件 $\| N^* \| = 1$，联立方程组：

$$
\begin{cases}
\dfrac{\partial d(N_x^*)}{\partial N_x^*} = 0 \\[2mm]
\dfrac{\partial d(N_y^*)}{\partial N_y^*} = 0 \\[2mm]
\dfrac{\partial d(N_z^*)}{\partial N_z^*} = 0 \\[2mm]
N^* \cdot N^* = 1
\end{cases}
\tag{3-114}
$$

运用拉格朗日乘数法，η 为拉格朗日乘数，可得：

$$
\begin{aligned}
L(N^*) &= d(N^*) + \eta(N^* \cdot N^* - 1) = m \cdot N^* + \eta(N^* \cdot N^* - 1) \\
&= (m_1 N_x^* + m_2 N_y^* + m_3 N_z^*) + \eta((N_x^*)^2 + (N_y^*)^2 + (N_z^*)^2 - 1)
\end{aligned}
\tag{3-115}
$$

在权值函数 ϕ_i 已知，且与投影方向向量 N^* 不相关情况下，对式（3-115）中变量 N_x^*，N_y^*，N_z^* 求一阶偏导为：

$$
\begin{cases}
\dfrac{\partial L}{\partial N_x^*} = m_1 + 2\eta N_x^* = 0 \\[2mm]
\dfrac{\partial L}{\partial N_y^*} = m_2 + 2\eta N_y^* = 0 \\[2mm]
\dfrac{\partial L}{\partial N_z^*} = m_3 + 2\eta N_z^* = 0
\end{cases}
\tag{3-116}
$$

求解方程组（3-116），可得：

$$
N^* = -(1/2\eta)m
\tag{3-117}
$$

代入式（3-109）可得：

$$
d(N^*) = -(1/2\eta)m^2
\tag{3-118}
$$

由式（3-117）和式（3-118）可知，当 $\eta < 0$ 时，$N^* > 0$，$d(N^*) > 0$，$S_{\eta<0}^*(d) = X' + N^* d$；当 $\eta > 0$ 时，$N^* < 0$，$d(N^*) < 0$，$S_{\eta>0}^*(d) = X' + N^* d$。所以无论 η 是正还是负，均有 $S_{\eta<0}^*(d) = S_{\eta>0}^*(d)$。只要在 $N^* = -\dfrac{1}{2\eta}m$ 的投影方向上，均能得到相同样的最近点 S^*。

如果 $m = 0$，则 $N^* = 0$，$X' = S^*$，为同一个点。

现假设通过 $E(N^*)$ 函数求得法方向投影向量 N^* 来验证该方法的正确性。

在式（3-104）中，设 S^{**} 为要寻找的最近点 S^*，即存在一点 S^{**} 使得 $E(S^{**}) =$

$\sum_{i=1}^{n} \phi_i \| S^{**} - p_i \|^2$ 最小。令 $E'(S^{**}) = 0$，化简得：

$$S^{**} = \frac{\sum_{i=1}^{n} \phi_i x_i + \sum_{i=1}^{n} \phi_i y_i + \sum_{i=1}^{n} \phi_i z_i}{\sum_{i=1}^{n} \phi_i} = \frac{s}{s_0} \qquad （3\text{-}119）$$

所以得到 $S^{**} - X' = \dfrac{s}{s_0} - X' = m$，将其代入（3-110），可得：

$$N^{**} = -\frac{1}{2\eta}(S^{**} - X') = -\frac{1}{2\eta} m \qquad （3\text{-}120）$$

由式（3-120）可看出，用优化最小误差平方和 $E(N^*)$ 求出的 N^{**} 与优化 $d(N^*)$ 函数的结果相同，因此通过直接对 $d(N^*)$ 函数求解和对 $E(N^*)$ 函数求解的法方向投影 N^* 相同。称 S^{**} 为加权均值点，该点在最佳投影方向向量 N^* 上。

（2）权值函数的选择

上述方法中，权值函数 ϕ_i 决定着投影向量 N^* 的收敛速度和精度。设点 X' 与理论曲面上离散点 p_i 的距离为 d_i，即 $d_i = |X' - p_i|$。当 d_i 增大时，对应的权值 ϕ_i 减少，表明权值与距离成反比，权值越小，曲面上离散点 p_i 对点 X' 的影响越小。因此，定义函数：

$$\phi_i = \begin{cases} 0 & d_i > d_t \\ \dfrac{1}{1 + |X' - p_i|^4} & d_i \leqslant d_t \end{cases} \qquad （3\text{-}121）$$

式中，d_t 为距离阈值，随着迭代次数的增加，该值随着搜索范围的缩小而变化。利用黄金分割系数设置阈值距离 d_t：

$$d_t = d_{\min} + \rho(d_{\max} - d_{\min}) \qquad （3\text{-}122）$$

式中，$d_{\max}$，$d_{\min}$ 表示点 X' 与 p_i 之间的最大与最小距离。ρ 为黄金分割系数，$\rho = 0.382$。

随着迭代次数 k 的增加，在阈值距离 d_t 和最小二乘直接投影算法的作用

下，搜索范围快速收敛于最近点 S^* 。如果 $\left|S_k^* - S_{k-1}^*\right|$ 小于给定的误差阈值 ε_c ，则 S_k^* 即为 X' 所求的最近点 S^* 。

3. 精定位目标函数求解

搜索出测量点在理论曲面上的最近点，就解决了曲面测量精定位的第一个重要问题，需要解决第二个问题，即求解精定位的齐次变换矩阵。该问题不仅仅体现在曲面测量定位中，在误差评定、曲面拟合以及形状误差溯源等领域均有重要意义。由目标函数可知，在最近点已知条件下，该问题已经转化为求解空间变换矩阵中的旋转变量与平移变量的非线性优化问题。

由曲面测量精定位的目标函数（3-97）可知，非线性优化方程为：

$$\min \ F(\tilde{t}) = \sum_{i=1}^{m}\left\|\bar{X}_i \boldsymbol{G}^{-1}(\tilde{t}) - \bar{S}_i\right\|^2 \tag{3-123}$$

式中，$\bar{X}_i$ 和 $\bar{S}_i$ 分别为实际测量点和实测点变换后在理论曲面上的最近点，

$$\bar{X}_i \boldsymbol{G}^{-1}(\tilde{t}) = \begin{bmatrix} X_{ix} - \Delta x, X_{iy} - \Delta y, X_{iz} - \Delta z \end{bmatrix} \begin{bmatrix} c\alpha c\beta & s\alpha c\beta & -s\beta \\ c\alpha s\beta s\gamma - s\alpha c\gamma & s\alpha s\beta s\gamma + c\alpha c\gamma & c\beta s\gamma \\ c\alpha s\beta c\gamma + s\alpha s\gamma & s\alpha s\beta c\gamma - c\alpha s\gamma & c\beta c\gamma \end{bmatrix},$$

$\tilde{t} = [\alpha, \gamma, \beta, \Delta x, \Delta y, \Delta z]^T$ ，$c\alpha$ ，$c\beta$ ，$c\gamma$ ，$s\alpha$ ，$s\beta$ ，$s\gamma$ 分别表示 $\cos\alpha$ ，$\cos\beta$ ，$\cos\gamma$ ，$\sin\alpha$ ，$\sin\beta$ ，$\sin\gamma$ 。

令 $\boldsymbol{f}_i(\tilde{t}) = \bar{X}_i \boldsymbol{G}^{-1}(\tilde{t}) - \bar{S}_i$ ，得到：

$$\boldsymbol{f}_i(\tilde{t}) = \begin{bmatrix} X_{ix} - \Delta x \\ X_{iy} - \Delta y \\ X_{iz} - \Delta z \end{bmatrix}^T \begin{bmatrix} c\alpha c\beta & s\alpha c\beta & -s\beta \\ c\alpha s\beta s\gamma - s\alpha c\gamma & s\alpha s\beta s\gamma + c\alpha c\gamma & c\beta s\gamma \\ c\alpha s\beta c\gamma + s\alpha s\gamma & s\alpha s\beta c\gamma - c\alpha s\gamma & c\beta c\gamma \end{bmatrix} - \begin{bmatrix} \bar{S}_{ix} \\ \bar{S}_{iy} \\ \bar{S}_{iz} \end{bmatrix}^T \tag{3-124}$$

当旋转角度平移量均较小时，可对变换矩阵作线性化处理，令 $\boldsymbol{G}^{-1}(\tilde{t}) = \begin{bmatrix} 1 & \Delta\alpha & -\Delta\beta \\ -\Delta\alpha & 1 & \Delta\gamma \\ \Delta\beta & -\Delta\gamma & 1 \end{bmatrix}$ ，则 $\boldsymbol{f}_i(\tilde{t}) = \begin{bmatrix} X_{ix} - \Delta x \\ X_{iy} - \Delta y \\ X_{iz} - \Delta z \end{bmatrix}^T \begin{bmatrix} 1 & \Delta\alpha & -\Delta\beta \\ -\Delta\alpha & 1 & \Delta\gamma \\ \Delta\beta & -\Delta\gamma & 1 \end{bmatrix} - \begin{bmatrix} \bar{S}_{ix} \\ \bar{S}_{iy} \\ \bar{S}_{iz} \end{bmatrix}^T$ ，该非

线性方程组可用牛顿法求解，即使是二阶导数计算，计算量也大大降低，具体计算不作讨论。

当旋转角度较大时，即使用泰勒级数将三角函数展开成高次多项式，仍

然会产生截断误差，影响坐标变换精度。因此选用 Levenberg-Marquardt（LM）算法求解。

使用向量函数 $\boldsymbol{f}(\tilde{t}) = [\boldsymbol{f}_1(\tilde{t}), \boldsymbol{f}_2(\tilde{t}), \cdots, \boldsymbol{f}_m(\tilde{t})]$ 表示，则该问题又转换为如下形式：

$$\min\ \boldsymbol{F}(\tilde{t}) = \boldsymbol{f}(\tilde{t})\boldsymbol{f}(\tilde{t})^T \tag{3-125}$$

目标函数 $\boldsymbol{F}(\tilde{t})$ 的 Jacobian 矩阵 $\boldsymbol{J}(\tilde{t})$，Hessian 矩阵 $\boldsymbol{H}(\tilde{t})$ 和误差矩阵 $\boldsymbol{g}(\tilde{t})$ 分别为：

$$\boldsymbol{J}(\tilde{t}) = 2\begin{bmatrix} \dfrac{\partial f_1}{\partial \alpha}f_1 & \dfrac{\partial f_1}{\partial \beta}f_1 & \dfrac{\partial f_1}{\partial \gamma}f_1 & \dfrac{\partial f_1}{\partial \Delta x}f_1 & \dfrac{\partial f_1}{\partial \Delta y}f_1 & \dfrac{\partial f_1}{\partial \Delta z}f_1 \\ \cdots & \cdots & \cdots & \cdots & \cdots & \cdots \\ \dfrac{\partial f_m}{\partial \alpha}f_m & \dfrac{\partial f_m}{\partial \beta}f_m & \dfrac{\partial f_m}{\partial \gamma}f_m & \dfrac{\partial f_m}{\partial \Delta x}f_m & \dfrac{\partial f_m}{\partial \Delta y}f_m & \dfrac{\partial f_m}{\partial \Delta z}f_m \end{bmatrix} \tag{3-126}$$

$$\boldsymbol{H}(\tilde{t}) = 2\begin{bmatrix} \displaystyle\sum_{i=1}^{n}\dfrac{\partial^2 f_i}{\partial \alpha} & \cdots & \cdots & \cdots & \displaystyle\sum_{i=1}^{n}\left(\dfrac{\partial f_i}{\partial \alpha}\dfrac{\partial f_i}{\partial \Delta z}\right) \\ \cdots & \displaystyle\sum_{i=1}^{n}\dfrac{\partial^2 f_i}{\partial \beta} & \cdots & & \\ \cdots & \cdots & \displaystyle\sum_{i=1}^{n}\dfrac{\partial^2 f_i}{\partial \gamma} & \cdots & \\ \cdots & \cdots & & \displaystyle\sum_{i=1}^{n}\dfrac{\partial^2 f_i}{\partial \Delta x} & \cdots \\ \cdots & \cdots & \cdots & \displaystyle\sum_{i=1}^{n}\dfrac{\partial^2 f_i}{\partial \Delta y} & \cdots \\ \displaystyle\sum_{i=1}^{n}\left(\dfrac{\partial f_i}{\partial \alpha}\dfrac{\partial f_i}{\partial \Delta z}\right) & \cdots & \cdots & \displaystyle\sum_{i=1}^{n}\dfrac{\partial^2 f_i}{\partial \Delta z} \end{bmatrix} \tag{3-127}$$

$$\boldsymbol{g}(\tilde{t}) = 2\left[\sum_{i=1}^{n}\dfrac{\partial f_i}{\partial \alpha}f_i \quad \sum_{i=1}^{n}\dfrac{\partial f_i}{\partial \beta}f_i \quad \sum_{i=1}^{n}\dfrac{\partial f_i}{\partial \gamma}f_i \quad \sum_{i=1}^{n}\dfrac{\partial f_i}{\partial \Delta x}f_i \quad \sum_{i=1}^{n}\dfrac{\partial f_i}{\partial \Delta y}f_i \quad \sum_{i=1}^{n}\dfrac{\partial f_i}{\partial \Delta z}f_i \right]^T \tag{3-128}$$

根据 LM 迭代公式 $(\mathrm{H} + \lambda \boldsymbol{I}_n)\Delta\tilde{t} = \boldsymbol{g}$，可得 LM 算法步骤：

step1：变量 $\tilde{t}$ 赋初值 $\tilde{t}_0 = [\alpha_0, \gamma_0, \beta_0, x_0, y_0, z_0]^T$，参数 λ 赋初值 $\lambda = \lambda_0$，选

代终止条件 ε_e，Jacobian 矩阵更新标记 Jflag=1，迭代次数 niters，迭代计数器 iter=1，变量 $\tilde{t}_{iter} = \tilde{t}_0$；

step2：根据变换矩阵 $\boldsymbol{G}^{-1}(\tilde{t}_0)$，计算离散点 $\{\overline{X}_i \mid i=1,2,\cdots,m\}$ 的变换点 $\{\overline{X}'_{i0} \mid i=1,2,\cdots,m\}$，搜索 $\{\overline{X}'_{i0} \mid i=1,2,\cdots,m\}$ 在理论曲线上对应的最近点 $\{\overline{S}_{i0} \mid i=1,2,\cdots,m\}$；

step3：计算 $\overline{X}'_{i0}$ 与 $\overline{S}_{i0}$（$i=1,2,\cdots,m$）之间的距离平方和 $\boldsymbol{F}_0$；

step4：如果 iter<niters，循环迭代；否则，转 step13；

step5：如果 Jflag=1，计算 $f_i(\tilde{t}_{iter})$、$\boldsymbol{f}(\tilde{t}_{iter})$、$\boldsymbol{J}(\tilde{t}_{iter})$ 与 $\boldsymbol{H}(\tilde{t}_{iter})$；

step6：由 $\boldsymbol{H}_{lm}(\tilde{t}_{iter}) = \boldsymbol{H}(\tilde{t}_{iter}) + \lambda \boldsymbol{I}_n$ 计算 $\boldsymbol{H}_{lm}(\tilde{t}_{iter})$ 和 $\boldsymbol{g}(\tilde{t}_{iter})$，并计算出 $\Delta \tilde{t}$；

step7：$\tilde{t}_{iter} = \tilde{t}_{iter} + \Delta \tilde{t}$，构造 $\boldsymbol{G}^{-1}(\tilde{t}_{iter})$，计算离散点 $\{\overline{X}_i \mid i=1,2,\cdots,m\}$ 新坐标 $\{\overline{X}'_i \mid i=1,2,\cdots,m\}$，搜索 $\overline{X}'_i$ 在理论曲线上对应的新最近点 $\{\overline{S}_i \mid i=1,2,\cdots,m\}$；

step8：计算 $\overline{X}'_{itest}$ 与 $\overline{S}_{iest}$（$i=1,2,\cdots,m$）之间的距离平方和 $\boldsymbol{F}_{iter}$；

step9：计算 $r_{iter} = \dfrac{\boldsymbol{F}_{iter} - \boldsymbol{F}_{iter-1}}{2(\Delta \tilde{t})^T \boldsymbol{J}(\tilde{t}_{iter-1})^T \boldsymbol{f}(\tilde{t}_{iter-1}) + (\Delta \tilde{t})^T \boldsymbol{J}(\tilde{t}_{ter-1})^T \boldsymbol{J}(\tilde{t}_{ter-1}) \Delta \tilde{t}}$；

step9：如果 $r_{iter} < 0.25$，则 $\lambda_{iter} = 4\lambda_{iter-1}$，Jflag=1；

step10：如果 $r_{iter} > 0.75$，则 $\lambda_{iter} = 0.5\lambda_{iter-1}$，Jflag=1；

step11：$\lambda_{iter} = \lambda_{iter-1}$，Jflag=0；

step12：iter=iter+1，转 step4；

step13：结束循环，得到精定位刚体变换参数 $\tilde{t}_{iter}$。

3.5　实验与分析

3.5.1　连续曲面脐点计算实验

1. 连续 B 样条曲面脐点计算实验

自由曲面广泛地应用于船舶、汽车以及航空领域中。双三次形式表达 B

样条曲面，节点向量分别为{0，0，0，0，0.5，1，1，1，1}和{0，0，0，0，0.5，1，1，1，1}，控制点见表 3-1 所示。由参数曲面脐点求解方法，在该曲面上得到 3 个脐点，该曲面及脐点位置坐标如图 3-19 所示，脐点坐标、复参量与过脐点的曲率线切向数值见表 3-2 所示。

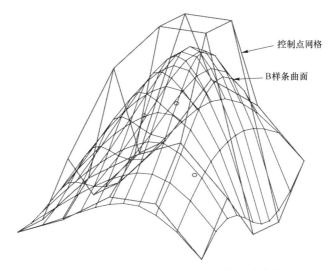

图 3-19　B 样条曲面轮廓控制点网格与脐点位置

表 3-1　B 样条曲面轮廓控制点

序号	(x, y, z)	序号	(x, y, z)	序号	(x, y, z)	序号	(x, y, z)	序号	(x, y, z)
1	(0, 0, 0)	6	(20, 0, 5)	11	(40, 0, 0)	16	(60, 0, 0)	21	(80, 0, 5)
2	(0, 20, 5)	7	(20, 20, 9)	12	(40, 20, 20)	17	(60, 20, 20)	22	(80, 20, 10)
3	(0, 40, 5)	8	(20, 40, 8)	13	(40, 40, 20)	18	(60, 40, 20)	23	(80, 40, 12)
4	(0, 60, 5)	9	(20, 20, 5)	14	(40, 60, 15)	19	(60, 60, 5)	24	(80, 60, 5)
5	(0, 80, 5)	10	(20, 80, 0)	15	(40, 80, 5)	20	(60, 80, 5)	25	(80, 80, 0)

表 3-2　B 样条曲面脐点坐标、复参量及曲率线切向量

脐点坐标	复参量 ω	曲率线切向量 V
		(0.009 2, 0.001 6, 0.002 9)
(27.582 2, 39.982 0, 11.627 4)	$-0.776\ 4 + 0.437\ 4i$	(0.008 6, $-0.003\ 2$, 0.003 4)
		(0.000 5, $-0.009\ 7$, 0.001 5)
(30.441 5, 27.360 0, 13.135 8)	$-1.244\ 1 + 0.195\ 2i$	($-0.044\ 5$, $-0.015\ 2$, $-0.016\ 0$)
(18.381 1, 13.036 9, 7.038 4)	$-0.170\ 8 + 0.193\ 7i$	($-0.055\ 5$, 0.049 7, 0.001 0)

2. 连续隐式曲面脐点计算实验

（1）隐式曲面 1 的方程：$Y(x,y,z)=\dfrac{x^2}{2^2}+\dfrac{y^2}{4^2}-\dfrac{z^2}{5^2}-1=0$。运用第 3.2.4 节中隐式曲面脐点提取方法，联立 B_1，B_2，B_3 的方程组：

$$\begin{cases} B_1=-(29xyz)/10\,000 \\ B_2=-(-4\,100x^2z+725y^2z+192z^3)/1\,000\,000 \\ B_2=(41xyz)/40\,000 \end{cases}$$

求解方程组，获得 8 个脐点坐标为：$(2,0,0)$，$(\sqrt{2\,030}/35,2\sqrt{2\,870}/35,0)$，$(\sqrt{2\,030}/35,-2\sqrt{2\,870}/35,0)$，$(-\sqrt{2\,030}/35,2\sqrt{2\,870}/35,0)$，$(-2,0,0)$，$(0,4,0)$，$(0,-4,0)$，$(-\sqrt{2\,030}/35,-2\sqrt{2\,870}/35,0)$。如图 3-20（a）所示，红色点为该曲面的脐点。

（2）隐式曲面 2 的方程：$Y(x,y,z)=x^3+y^2-z^2-1=0$。同样运用第 3.2.4 节中隐式曲面脐点提取方法，联立 B_1，B_2，B_3 的方程组：

$$\begin{cases} B_1=-24x^2yz(3x+1) \\ B_2=72x^4z-16z^3(3x-1)-8yz(2y+6xy) \\ B_3=48x^2yz \end{cases}$$

求解方程组，获得 6 个脐点坐标分别为：$(1,0,0)$，$(0,1,0)$，$(-1,0,0)$，$(0,-1,0)$，$(-1/3,\ 2\sqrt{21}/9,\ 0)$，$(-1/3,-2\sqrt{21}/9,\ 0)$。如图 3-20（b）所示，红色点即为该曲面的脐点。

(a) 隐式曲面 1 与脐点　　　　　　　(b) 隐式曲面 2 与脐点

图 3-20　隐式曲面与脐点

3.5.2　离散曲面脐点计算实验

以二次曲面半椭球和自由曲面为实验对象，将 CAD 模型采样转化为离散曲面，利用 delaunay 三角形化离散曲面，得到以三角形表示的三维网格曲面，利用脐点提取算法计算脐点，与理论曲面的脐点比较，验证离散曲面脐点提取的有效性。

1. 离散隐式曲面实验

椭球及半椭球体在非球面光学器件、机械产品中有着重要的应用。将如图 3-21（a）所示的离散点三角网格化，再进行边界和三角形排序，得到如图 3-21（b）所示的半椭球三角网格曲面。

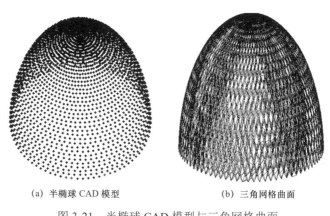

(a) 半椭球 CAD 模型　　　　　(b) 三角网格曲面

图 3-21　半椭球 CAD 模型与三角网格曲面

设 $k=10$，搜索提取最近邻域点，估算各点初始法向，并按三角形顺序依次估算主方向和主曲率，计算 Weingarten 矩阵并进行转换，在三角形内建立方程组，判断脐点是否存在。如图 3-22（a）所示红色圈内的局部三角形网格，局部放大后如图 3-22（b）所示。

图 3-22（b）所示，红色边框三角形为当前三角形，具体计算过程及数据如下。

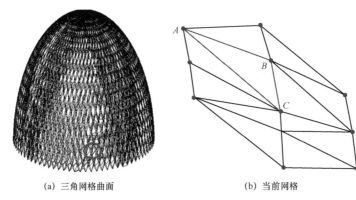

(a) 三角网格曲面   (b) 当前网格

图 3-22　局部三角曲面

通过离散曲面脐点提取算法，分别估算出△ABC中各顶点在局部坐标系下的法向、主方向、主曲率和 Weingarten 矩阵为：

① 点 A，坐标（3.434 6, 0.068 3, 0.511 4）；主曲率：$\kappa_1 = -0.302\ 7$，$\kappa_2 = 0.102\ 3$；法向：N=[0.385 3,0.032 0,0.922 3]；主方向：e_1 =[0.875 5,−0.328 5, −0.354 3]，e_2 =[−0.291 6,−0.944 0,0.154 5]。

② 点 B，坐标（3.586 1, 0.071 3, 0.441 5）；主曲率：$\kappa_1 = -0.008\ 4$，$\kappa_2 = 0.048\ 8$；法向：N=[0.469 6,0.089 7,0.882 4]；主方向：e_1 =[−0.840 8, −0.289 7, 0.457 3]，e_2 =[0.269 2,−0.956 6,−0.111 1]。

③ 点 C，坐标（3.5861, −0.0713, 0.4415）；主曲率：$\kappa_1 = -0.094\ 0$，$\kappa_2 = 0.044\ 9$；法向：N=[0.469 6,−0.029 7,0.882 4]；主方向：e_1 =[−0.503 0,−0.830 4, 0.239 7]，e_2 =[−0.725 6,0.556 4,0.404 9]。

④ 三角形质心 p，坐标（3.536 6, 0.036 1, 0.464 8），三角形坐标系下，各坐标轴方向向量：$\hat{e}_1$ =[7.495 6,−2.364 6,−3.425 6]，$\hat{e}_2$ =[2.106 6,8.240 7, −1.078 9]，$\hat{e}_3$ =[−0.418 7,−0.011 8,−0.908 0]。

在三角形各顶点和质心 p 建立的局部坐标系如图 3-23（a）所示。由式（3-61）计算得到各顶点在三角形局部坐标系下的局部曲面方程分别为：

$$X_A^\Delta = \begin{bmatrix} 8.552\,9 & -0.482\,8 & 23.831\,2 \\ -0.480\,5 & -8.560\,2 & 7.246\,3 \\ -0.041\,0 & -0.007\,0 & -1.903\,3 \end{bmatrix} \begin{bmatrix} x_A \\ y_A \\ 0.051\,1y_A^2 - 0.151\,4x_A^2 \end{bmatrix} + \begin{bmatrix} -0.716\,1 \\ 0.505\,6 \\ 0.272\,3 \end{bmatrix},$$

$$X_B^\Delta = \begin{bmatrix} -7.183\,8 & 4.660\,4 & 0.427\,0 \\ -4.651\,9 & -7.196\,1 & 0.282\,0 \\ -0.059\,8 & 0 & -0.998\,2 \end{bmatrix} \begin{bmatrix} x_B \\ y_B \\ 0.024\,4y_B^2 - 0.004\,2x_B^2 \end{bmatrix} + \begin{bmatrix} 0.455\,1 \\ 0.172\,9 \\ -0.186\,5 \end{bmatrix},$$

$$X_C^\Delta = \begin{bmatrix} -2.627\,9 & -8.141\,5 & 0.567\,4 \\ -8.161\,3 & 2.619\,8 & -0.207\,5 \\ -0.002\,8 & -0.070\,4 & -0.997\,5 \end{bmatrix} \begin{bmatrix} x_C \\ y_C \\ 0.022\,5y_C^2 - 0.047\,5x_C^2 \end{bmatrix} + \begin{bmatrix} 0.260\,9 \\ -0.678\,6 \\ -0.085\,8 \end{bmatrix}。$$

由式（3-63）获得在三角形局部坐标系下 A、B 和 C 附近 Weingarten 矩阵：

$$W_A = \begin{bmatrix} 0.037\,6 & 0.148\,4 \\ 0.148\,4 & -0.238\,0 \end{bmatrix}、\quad W_B = \begin{bmatrix} -0.045\,6 & -0.013\,1 \\ -0.013\,1 & -0.005\,2 \end{bmatrix} 和 W_C = \begin{bmatrix} -0.057\,9 & -0.060\,9 \\ -0.060\,9 & 0.008\,0 \end{bmatrix}。$$

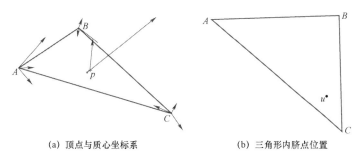

(a) 顶点与质心坐标系　　　　　(b) 三角形内脐点位置

图 3-23　三角形局部坐标系与脐点位置

使用三角形面积线性插值建立方程组，得到三角形内满足条件的脐点面积坐标，转化为全局坐标系的脐点坐标为（3.586 1，0.031 2，0.441 5），脐点在全局坐标系的空间位置如图 3-24（a）所示。按照上述方法在半椭球面上共计算出三个脐点，见图 3-24（b）所示。

离散曲面估算脐点与理论曲面脐点分别为（−3.596 1，0.032 2，0.451 5）与（−3.577 8，0，0.447 2）、（0.021 3，2.045 1，0.007 8）与（0，2，0）、（3.586 1，0.031 2，0.441 5）与（3.577 8，0，0.447 2）。位置坐标略有偏差，主要与采样密度有关，采样越密，三角形网格更接近理论曲面，脐点坐标值也越接近

理论值。

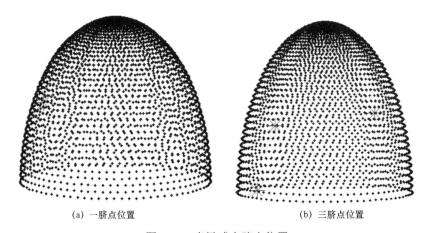

(a) 一脐点位置　　　　　　　　　　　　(b) 三脐点位置

图 3-24　半椭球内脐点位置

2. 离散三次 B 样条曲面实验

对第 3.5.1 节实验中的 B 样条曲面采样,离散 B 样条曲面如图 3-25(a)所示,三角网格曲面如图 3-25(b)所示,局部放大网格如图 3-26(a)所示。将三角形编制序号,依次存储。采用最近邻域点搜索构建局部曲面,估算初始法方向,计算主方向和主曲率,得到三角形顶点的 Weingarten 矩阵,在坐标系统一条件下,利用三角形面积坐标插值方法,在离散曲面上提取到 2 个脐点,坐标分别为(24.123 5,41.468 3,12.215 2)和(29.080 6,28.964 2,15.158 1),如图 3-26(b)所示。

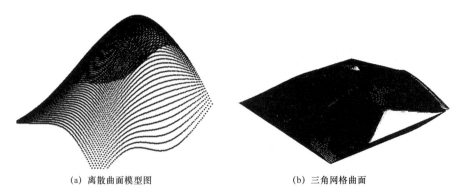

(a) 离散曲面模型图　　　　　　　　　　(b) 三角网格曲面

图 3-25　离散曲面与三角网格

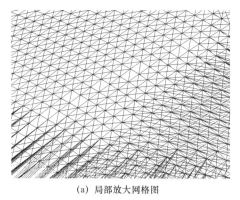

(a) 局部放大网格图   (b) 脐点在网格中的位置

图 3-26 局部放大网格与脐点位置

与第 3.5.1 节实验比较，采用参数曲面方程计算出 3 个脐点，采样并三角化后仅提取到 2 个脐点，脐点位置坐标还存现一定偏差。其根本原因是采样密度不够，导致局部三角网格不能近似表达真实形状，使得真正脐点不在局部三角形面上，因此在对附近区域三角网格面积坐标插值时，找不到该脐点。

3.5.3 隐式曲面粗定位实验

半椭圆球体是一种常见隐式曲面，通常用于光学器件制造，用方程表示为 $Y(x,y,z) = \dfrac{x^2}{a^2} + \dfrac{y^2}{b^2} + \dfrac{z^2}{c^2} - 1 = 0$，$a > b > c > 0$，试验中椭球面系数为 $a = 4$，$b = 2$，$c = 1$。

在隐式曲面脐点估算实验中，曲面上均匀采样 625 个离散点得到离散曲面，用已知刚体变换矩阵对离散点坐标变换，得到测量坐标系下的离散曲面，如图 3-27（a）所示。分别计算理论曲面和离散曲面的脐点，根据脐点相似性判断准则，得到五组匹配脐点对，见表 3-3 所示。

在刚体变换实验室中，曲面上分别均匀采样 625 和 2 500 个离散点，任选其中三组脐点，使用 3.4.3 第 3.4.31 节的方法计算初始变换矩阵，利用欧拉变换将初始变换矩阵转化为角度和初始平移量表示，以此作为初始值，运用第 3.4.4 节曲面测量精定位算法，得到最优刚体变换矩阵。实际变换矩阵与估算变换矩阵见表 3-4 所示，刚体变换后的离散模型与理论模型如图 3-27（b）所示。

表 3-3   半椭球脐点与估算脐点

理论曲面脐点坐标	离散曲面脐点坐标（625 点）
（0，2，0）	（−2.701 2，−8.270 5，−2.482）
（3.577 8，0，0.447 2）	（−2.432 0，−1.712 5，0.315 6）
（3.577 8，0，−0.447 2）	（−3.450 0，−8.289 2，−2.315 5）
（−3.577 8，0，0.447 2）	（−3.062 8，−4.198 2，−2.918 0）
（−3.577 8，0，−0.477 2）	（−3.321 0，−1.835 9，0.449 8）

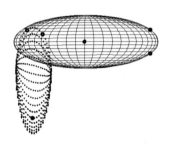 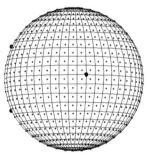

(a) CAD 网格模型与脐点   (b) 粗定位结果

图 3-27   半椭球网格模型、脐点和粗定位结果（625 个点）

从表 3-4 可看出，由 625 个采样点计算的刚体变换矩阵，比较接近实际刚体变换矩阵，但仍然有存在一定偏差，平均误差为 0.011。重新均匀采样 2 500 个离散点，按照上述方法计算脐点和刚体变换矩阵，平均误差为 0.003 2，增大采样点数，定位精度有了明显的改善。其原因是运用三角网格检测与提取离散曲面的脐点，采集点越多，密度越大，三角网格越逼近离散曲面，脐点提取精度越高，结果见表 3-4 和图 3-28 所示。

表 3-4   实际刚体变换矩阵与估算刚体变换矩阵

名称	平移矩阵	旋转矩阵		
实际刚体变换矩阵	$[-3，-5，-1]$	$\begin{bmatrix} 0.039 & 0.921 & 0.386 \\ -0.016\,9 & 0.388 & -0.906 \\ -0.985 & -0.030 & 0.171 \end{bmatrix}$		

续表

名称	平移矩阵	旋转矩阵		
估算刚体变换矩阵（625 点）	$[-2.78, -5.334, -0.953\ 2]$	0.035	0.911	0.393
		$-0.018\ 0$	0.378	-0.906
		-0.965	-0.039	0.161
估算刚体变换矩阵（2 500 点）	$[-3.01, -4.98, -1.01]$	0.038 9	0.920	0.380
		$-0.015\ 9$	0.387	-0.910
		-0.995	-0.023	0.176

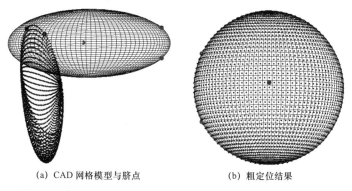

　(a) CAD 网格模型与脐点　　　　　　(b) 粗定位结果

图 3-28　半椭球网格模型、脐点和粗定位结果（2 500 个点）

3.5.4　最近点搜索实验

如图 3-29 所示，B 样条曲面外一点 p'（40，34.541 7，18.124 2），dmax = 63.205 6，dmin = 1.938 6 和 $\mathrm{d}t_0$ = 25.342 6，参数 ε_I = 0.005、ε_ω = 0.001 5、ε_c = 0.001、ε_d = 0.01、ε_e = 0.01 和 ε_f = 0.000 1。经过 6 次迭代之后得出 p' 的最近点 p^*（40.002 5，34.578 1，16.234 5），迭代过程见图 3-29（a）-（f）所示。在 Windows 7 操作系统，2.6 GHz 主频，4G 内存实验环境下，耗时 16 秒，文献[126]搜索的最近点为 p^*（40.072 5，34.413 4，16.870 8），耗时 130 秒。

3.5.5　B 样条曲面全局定位实验

B 样条曲面全局定位实验，使用与第 3.5.1 节参数曲面脐点提取同一组曲面参数，因此脐点位置及其复参量 ω 值、曲率线切向量等特征量均用第 3.5.1

节的计算结果。理论曲面 CAD 模型如图 3-30 所示。

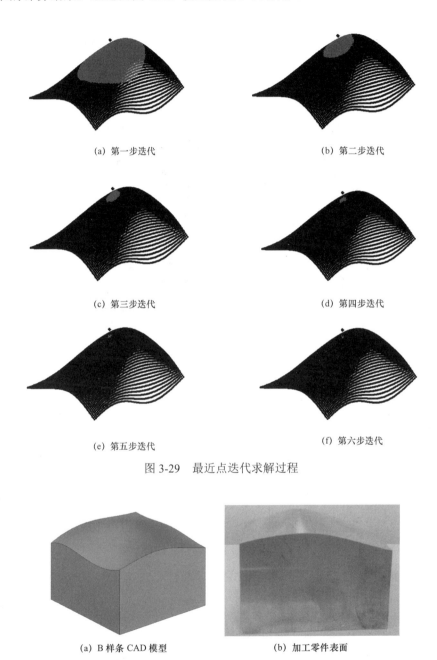

(a) 第一步迭代　　　　　　　　　　　(b) 第二步迭代

(c) 第三步迭代　　　　　　　　　　　(d) 第四步迭代

(e) 第五步迭代　　　　　　　　　　　(f) 第六步迭代

图 3-29　最近点迭代求解过程

(a) B 样条 CAD 模型　　　　　　　　　(b) 加工零件表面

图 3-30　B 样条曲面

用长、宽、高分别为 80 mm、80 mm、56 mm 铝块，B 样条曲面控制点同表 3.1，节点向量仍为{0,0,0,0,0.5,1,1,1,1}和{0,0,0,0,0.5,1,1,1,1}。利用四轴加工中心加工，加工参数为：球头铣刀直径 $\phi 8$，进给率 1 200 mm/min，主轴转速 4 000 mm/min，环切走刀方式，行距 0.1 mm。测量设备采用 Hexagon 三坐标接触式测量仪，球头测头直径为 $\phi 3$，测量采样过程如图 3-31（a）所示，在参数 u^1、u^2 方向上均匀采样，共计得到 121 个离散测量点，如图 3-31（b）所示。

 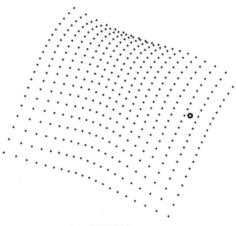

（a）采样过程　　　　　　　　（b）离散测量点

图 3-31　采样过程及测量离散点

根据理论曲面参数方程和离散点脐点提取方法，计算得到的脐点如图 3-32（a）所示。使用脐点相似性判断准则，得到三组不共线的匹配脐点对，采用第 3.4.3 节中的方法计算初始刚体变换矩阵，再采用第 3.4.4 节方法完成曲面测量精定位，得到最优变换矩阵 $\boldsymbol{G}=[\boldsymbol{R},\boldsymbol{T}]=\begin{bmatrix} 0.038\ 0 & 0.922\ 0 & 0.388\ 0 & -32.085\ 0 \\ -0.168\ 2 & 0.388\ 5 & -0.906\ 3 & -53.581\ 2 \\ -0.984\ 2 & -0.031\ 2 & 0.170\ 8 & -12.381\ 0 \end{bmatrix}$，

与理论曲面法向误差均值为 0.001 0 mm，图 3-32（b）为两曲面定位后的空间关系图。

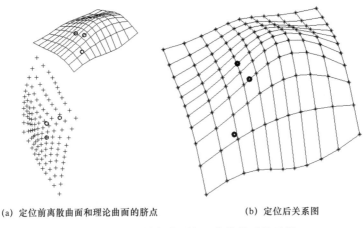

(a) 定位前离散曲面和理论曲面的脐点   (b) 定位后关系图

图 3-32 B 样条曲面全局定位前后关系图

3.5.6 B 样条曲面局部定位实验

从理论曲面上选取两组离散点，每组 513 个点，进行不同刚体变换，得到如图 3-33（a）所示的两个局部曲面片，提取两组曲片上的脐点（图 3-33（b）），分别得到一个脐点，估算两曲面片脐点的复参量、法向及切方向，如图 3-34（a）所示，具体数值见表 3-5、表 3-6 和表 3-7 所示。根据脐点相似性判断准则，与理论曲面上脐点匹配，在两曲面片中分别得到一组匹配脐点对，用第 3.4.3 节的方法在每张曲面片的匹配脐点处建立局部坐标系，分别对齐理论曲面的局部坐标系，得到初始变换矩阵，用精定位算法获得相对于理论曲面的

最佳刚体变换矩阵：$G_1 = [R_1, T_1] = \begin{bmatrix} 0.036\,7 & 0.901\,0 & 0.382\,8 & -32.074\,8 \\ -0.172\,0 & 0.389\,0 & -0.903\,2 & -53.621\,0 \\ -0.984\,0 & -0.030\,8 & 0.171\,5 & -12.412\,2 \end{bmatrix}$

和 $G_2 = [R_2, T_2] = \begin{bmatrix} 0.038\,8 & 0.901\,0 & 0.383\,8 & -12.531\,2 \\ -0.182\,0 & 0.389\,0 & -0.913\,2 & -23.528\,0 \\ -0.994\,0 & -0.040\,8 & 0.181\,5 & -10.782\,2 \end{bmatrix}$，误差均值分别为

0.007 4 和 0.007 2，精定位后两曲面片与理论曲面关系如图 3-34（b）所示。

表 3-5　曲面片 1 特征量

曲面片 1 脐点坐标	复参量 ω	曲率线切向量 V
		（0.010 0，0.019 4，－0.063 6）
（－31.025 5，29.163 0，－56.320 5）	－0.181 7＋0.567 0i	（－0.014 1，－0.044 8，0.069 6）
		（－0.010 2，－0.046 0，0.036 0）

表 3-6　曲面片 2 特征量

曲面片 2 脐点坐标	复参量 ω	曲率线切向量 V
		（－0.003 6，0.011 5，0.003 3）
（－48.224 3，－13.027 6，－35.982 7）	－0.776 4＋0.437 4i	（－0.003 1，0.008 4，－0.004 2）
		（0.000 2，－0.004 2，0.011 7）

表 3-7　理论曲面特征量

理论曲面脐点坐标	复参量 ω	曲率线切向量 V
		（0.009 2，0.001 6，0.002 9）
（27.582 2，39.982 0，11.627 4）	－0.776 4＋0.437 4i	（0.008 6，－0.003 2，0.003 4）
		（0.000 5，－0.009 7，0.001 5）
		（－0.010 5，0.056 7，－0.021 4）
		（－0.010 5，0.056 7，－0.021 4）
（－35.343 5，79.880 1，2.384 3）	－0.180 6＋0.565 6i	（－0.010 1，－0.070 2，0.024 9）
		（－0.026 2，－0.044 3，0.014 3）

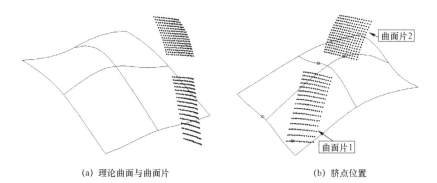

(a) 理论曲面与曲面片　　　　　　　　(b) 脐点位置

图 3-33　理论曲面、离散曲面片与脐点位置

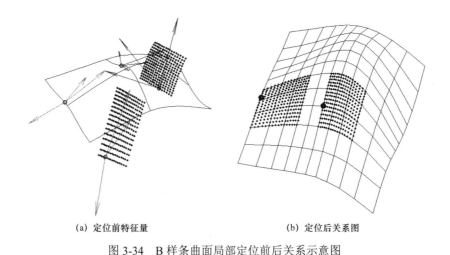

（a）定位前特征量   （b）定位后关系图

图 3-34 B 样条曲面局部定位前后关系示意图

3.5.7 复杂曲面定位实验

图 3-35（a）为一个存在 1-to-M 相似脐点的复杂曲面。假设理论曲面上的脐点为 p_{11} 和 p_{12}，离散测量点上的脐点为 p_{21} 和 p_{22}，计算获得各脐点坐标、复参量 ω 值以及切向量，通过脐点相似性判断准则发现，离散曲面脐点 p_{21} 同时与理论曲面脐点 p_{11} 和 p_{12} 匹配，离散曲面脐点 p_{22} 也同时与理论曲面脐点 p_{11} 和 p_{12} 匹配。因此在该复杂曲面中存歧义匹配现象，匹配点分别记为 (p_{21}, p_{11})、(p_{21}, p_{12})、(p_{22}, p_{11}) 和 (p_{22}, p_{12})，如图 3-35（b）所示。任选其中

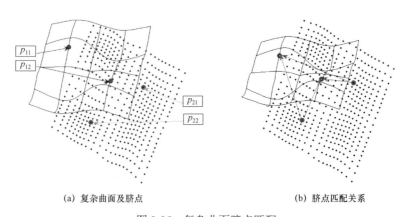

（a）复杂曲面及脐点   （b）脐点匹配关系

图 3-35 复杂曲面脐点匹配

两组 (p_{21}, p_{11}) 和 (p_{21}, p_{12}) 计算各匹配脐点对处法向量、切向量,构建局部坐标系,见图 3-36 所示。获得初始变换矩阵,误差均值分别为 10.983 2 和 0.124。从误差均值判断,(p_{21}, p_{12}) 匹配误差小,计算初始变换矩阵,再由曲面测量精定位算法,获得复杂离散曲面精

定位的齐次变换矩阵:$G = [R, T] = \begin{bmatrix} 0.039\ 2 & 0.922\ 3 & 0.384\ 8 & -32.087 \\ -0.168\ 6 & 0.385\ 7 & -0.907\ 2 & -53.61 \\ -0.985\ 0 & -0.029\ 3 & 0.170\ 6 & -12.421 \end{bmatrix}$,

各测量点与理论曲面法方向误差均值为 0.001 8,定位后测量点与理论曲面位置关系如图 3-37 所示。

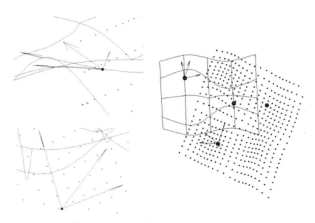

图 3-36　脐点的切向及法向量

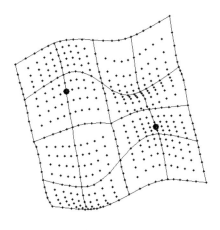

图 3-37　复杂曲面定位后的关系

3.5.8 无先验知识曲面定位实验

模具形状较为复杂，表面由多种类型曲面片组合而成，通常没有关于曲面片的先验信息，利用 EXA Scan 3D 激光扫描仪对模具表面采集离散化，得到 16 451 个测量点，使用离散曲面脐点提取方法获得 2 个特征脐点，而原 CAD 模型上有 3 个脐点，如图 3-38 所示。

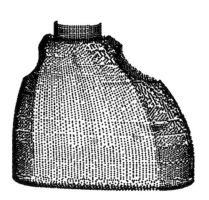

(a) 离散曲面与脐点   (b) CAD 模型与脐点

图 3-38　离散曲面与 CAD 模型

由于噪声、扫描仪等因素，离散曲面中提取到 2 个脐点，匹配脐点，任选其中一组，计算并获得初始变换矩阵：

$$\boldsymbol{G}_0 = [\boldsymbol{R}_0, \boldsymbol{T}_0] = \begin{bmatrix} 0.819\,5 & 1.436\,1 & -0.718\,0 & 10.087\,1 \\ -0.980\,9 & 0.031\,3 & 2.433\,7 & -9.897\,6 \\ 0.431\,8 & -0.709\,0 & 1.061\,5 & 10.422\,0 \end{bmatrix}$$

运用精定位方法实现模具的精定位，如图 3-39 所示。其变换矩阵：

$$\boldsymbol{G} = [\boldsymbol{R}, \boldsymbol{T}] = \begin{bmatrix} 0.810\,7 & 1.315\,4 & -0.825\,7 & 10.014 \\ -1.103\,2 & 0.020\,8 & 2.340\,8 & -10.032 \\ 0.442\,2 & -0.701\,5 & 1.073\,2 & 9.992\,1 \end{bmatrix}$$

定位误差均值从原来的 0.952 1 减小到 0.008 4。

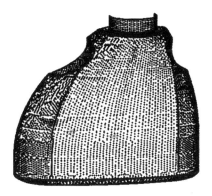

图 3-39　模具离散曲面与 CAD 模型定位后的关系图

3.6　本章小结

　　本章从微分几何角度系统介绍了曲面脐点理论，根据曲面脐点定义，针对机械设计中广泛应用的参数曲面和隐式曲面，探讨了理论曲面的脐点计算方法。基于零件表面质量评价或加工误差测评应用场景，在分析与脐点相关微分几何属性、几何量估算方法基础上，提出了离散曲面脐点提取、复参量计算、曲率线切向的估算方法，详细给出了求解过程，为曲面测量定位奠定了基础。

　　针对具有稳定脐点的离散曲面，分析了基于脐点的曲面测量定位存在的歧义问题，如一对多、多对多等，并归纳为三种类型，在脐点相似性判定准则基础上，给出了具体筛选方法，分别提出了基于三对匹配脐点和一对匹配脐点的粗定位方法，给出了具体实现过程。针测量点与理论曲面最近点求解问题，用离散点法向投影距离函数偏导代替最小二乘原则下的点云投影函数偏导，建立拉格朗日方程组，利用黄金分割法和权值函数加快搜索和求解过程。在曲面测量精定位中，通过调整测量点位姿，以最佳配准理论曲面，统一曲面测量精定位数学模型，描述了 L-M 法求解非线性目标函数的步骤，探讨了迭代过程中控制参数值自适应调整方法。

　　通过四种不同类型曲面的测量定位实验，验证了所提定位方法的定位精度，证明了所提曲面测量定位方法的有效性。

第4章 基于非均匀网格的测地路径计算

4.1 国内外研究现状

测地线是待测两点在地球面上的最短线，又称大地线或短程线，可以定义为空间两点间距离最短或最长路径。外形设计与制造过程中复杂曲面的外板展开，如飞机机身、汽车外壳、轮船船体、涡轮叶片及薄壳屋顶等、鞋足背线及衣服腰线约束设计都涉及到测地线，因此有必要研究点云测地路径生成和测地线计算方法。光滑连续曲面可通过求解测地微分方程得到一条经过给定切方向的精确测地线，但对于离散模型，无法得到模型的参数表达式，只能近似计算得到一组离散点，称为测地路径，依次连接测地路径上各点得到近似测地线。离散测地线包括网格测地线与点云测地线两种，赵俊莉[128]综述离散网格模型测地线，离散网格模型近似测地线由于不能同时满足光滑曲面测地线条件，把离散网格模型近似测地线分为"最直"测地线和"最短"测地线。由于"最短"测地线满足三角不等式，可构成度量，因此离散模型测地线研究最多是"最短"测地线。点云模型由散乱数据点构成，不仅没有模型表达式，而且也没有网格结构，无法计算"最直"测地线，对点云模型测地线的研究主要基于测地线局部"最短"性，近似计算"最短"测地线。

现有点云测地线生成方法主要有以下三种：

（1）基于数值计算的方法，利用计算边值问题的 FMM（Fast Marching Method，快速行进法）和计算初值问题的 LSM（Level Set Method，水平集方法）在点云网格上计算单元格数值，从网格中选择满足条件的单元格构成路径近似测地线。Memoli[129]通过定义球心在给定点的一组球来生成点云的窄带（offset band），利用 FMM 从窄带构成的空间网格上计算近似测地线，测地线精度决定于点云采样密度，计算速度决定于网格数，噪声鲁棒性取决于球半径，由于采用一组球面构成窄带，无法区分角点、边或边界等特征。肖春霞[130]采用 MLS（Moving Least-Square，移动最小二乘法）拟合点云去除噪声并重采样点云数据，利用窄带 LSM 生成一条虚拟路径，与虚拟路径距离最短的点云数据点作为近似测地线。

（2）基于能量约束的方法，Hofer[131]在点云上构建 MLS 曲面，将能量泛函作用于 MLS 曲面，并在曲面上施加约束使其最小化，计算能量泛函得到测地线，该方法对噪声敏感，计算的测地线精度依赖于构建的 MLS 曲面。与 Hofer 类似，Ruggeri[132]也运用能量泛函计算测地线，能量函数由相连两点间平方距离和 $L(p)$、点贴近曲面片惩罚项 $D_s(p)$ 和两点间连线贴近曲面片惩罚项 $U_s(p)$ 构成，并在 $D_s(p)$ 和 $U_s(p)$ 上施加可调因子 α 和 β 以控制收敛速度和近似精度，初始路径利用 Dijkstra 算法计算。与 Hofer 不同的是后者无需将约束施加于构建的 MLS 曲面上，而是在能量泛函中加入约束，避免对点云模型曲面的依赖。

（3）依赖点云法线的方法，杜培林[133]用 Dijkstra 算法找到两点间的初始测地路径，再用抛物面拟合点云邻域，估算抛物面法线，构造最小化平方距离度量函数，计算测地线。Keenan[134]采用热核方法计算点云测地线，在热核离散化计算过程中利用了点云 Laplace-Betrami 算子矩阵[135]，该矩阵计算需要利用点云法线。Yu[136]对点云进行空间单元格划分，利用连续 Dijkstra 算法计算一条近似测地路径，最后利用测地曲率流对测地线进行校正，该方法比较有效，但在校正过程中仍然需要利用点云法线，点云数据中通常不包含法线信息。

现有点云测地线生成方法主要基于距离"最短"性条件，计算连接两点间的曲线。基于数值计算的方法，把测地线计算看做一个数学问题求解，从网格上选择单元格构成路径。这种方法优点是不依赖点云的微分属性和几何量，但没有考虑到采样的非均匀性，尖锐特征被忽略。基于能量约束的方法在曲面上施加约束，因此先构建点云的 MLS 曲面，对曲面施加能量泛函约束，约束条件考虑了与 MLS 曲面的贴近程度，求解泛函使其达到最小值，得到点云测地线，拟合 MLS 曲面的过程，就是为点云建立拓扑结构的过程，对于尖锐特征点云模型，曲面拟合误差大。如果点云具有法向信息，依赖点云法线的方法生成的测地路径精度更高，在生成过程中使测地线的曲率向量尽可能与曲面法向方向一致，可减小路径偏差。现有方法几乎都先用 Dijkstra 算法为点云找到初始测地路径，结合 MLS 曲面或点云法向，通过能量约束或法向约束来优化测地线，使其满足测地线的"最短"条件。

点云应用领域随着扫描设备快速发展和数据处理技术的丰富迅速扩大。不同领域实物样件或扫描对象具有不同几何形状、几何结构，被赋予不同工程语义，测地线为模型测量及设计提供参考依据。受扫面环境影响，或基于不同应用的扫描需求，扫描得到的点云数据都呈现出不同程度非均匀性及各向异性。直接搜索最短 Euclidean 距离作为近似最短路径，与测地线的微分性质相距甚远。均匀网格划分使数据点偏离单元格，生成的测地线与实际测地线偏差较大。因此，需要提出一种有效的点云测地路径生成方法，在忠实于点云数据的同时尽可能顺应测地路径微分性质。

现有计算点云测地线方法，如 FMM[129]，LSM[130]、MLS[130-131,132]、基于 Dijksta 的最短距离法[133]、热核方法[134]以及基于 Dijksta 曲率流方法[136]等，都各具特色，也都取得了不错效果。但上述方法存在两方面不足：（1）依赖点云法线，直接扫描得到的点云通常不具有法线信息，这需要对目标点云进行法线估算，如果法线估算精度不高，法线方向不能全局一致，法线方向混乱，生成的测地线或测地路径精度不高；（2）均匀划分网格，在对实物模型进行采样过程中，各区域几何形状不同，采样密度不同。较平坦的区域通常用较大采样间隔（较小采样密度），高曲率部分用较小采样间隔（较大采样密度），由于采样的各向异性，现有网格均匀化方法对点云进行单元格划分，由大到小不断细分，直到单元格仅包含一个数据点，这种划分是均匀的，数据点往往位于单元格的内部，以单元格的位置索引来代替数据点的位置坐标，最后生成的测地路径不经过点云的数据点或点云数据不位于测地线或测地路径上，测地线未能忠实于点云数据。

　　本章提出的测地路径生成方法，适用于非均匀采样、各向异性和具有尖锐特征的点云数据，无需借助点云法线，同时忠实于点云数据。测地线曲率矢量的测地曲率为零，矢量全集中在曲面的法线方向上，类似于波在法方向传播，波传播到法方向上距离最近位置的时间最短，因此选用求解 Eikonal 边界值问题的 FMM 方法。根据起点和终点在空间的坐标位置，选择相应的点云区域，对区域内的数据点生成非均匀网格，利用快速行进法计算单元格的数值，基于测地线正定向条件，正向跟踪从起点到终点路径上的数据点，生成测地路径。基于测地路径的"最短"性，区域外的点云数据在测地路径生成过程中不需要，根据起点和终点的空间坐标，选择相应的区域进行非均匀网格化，确保数据点位于单元格顶点上，这样保证了单元格数值就是数据点的数值，避免全部网格化点云数据，减少网格化时间、FMM 计算时间及路径跟踪时间。FMM 计算中，需要比较单元格每一维正反两方向的数值，选择最小者构建方程，计算当前单元格数值，由于非均匀划分，在三点格式紧致差分计算方法（参见第 2.2.3 节）基础上，构造单向非均匀三点格式紧致差分，进一步提高计算精度，减少跟踪方向错误。测地路径反向跟踪是基于梯度下降法原理，从终点到起点的反向跟踪，容易跨越网格边界，导致跟踪无法继续，本章利用测地线正定向条件，对路径从起点到终点正向跟踪，确保路径跟踪的可靠性。

4.2 曲面测地线

微分几何中，光滑曲面 S 的参数形式为 $r(u,v)$，如图 4-1 所示，$p_0 = p(u_0,v_0)$ 为曲面 S 上与 (u_0,v_0) 对应的点，$C(u(t)，v(t))$ 是参数域 D 上过点 (u_0,v_0) 的一条曲线，且 $u_0 = u(0)$，$v_0 = v(0)$，设 s 是曲线 $r(s)$ 的弧长参数，则 $r(s) = r(u(s),v(s))$ 是曲面 S 上过点 p_0 的一条曲线，且 p_0 对应参数 $s=0$。设 T 为曲线在 p_0 点的单位切向量，N 为曲面在 p_0 点的单位法向量，β 为曲线 C 在 p_0 点的单位主法向量，$B = T \times \beta$ 为曲线在 p_0 点的单位副法向量[137]，设 $G = N \times T$ 为曲线 p_0 点的测地曲率矢量方向，κ_β 为曲线在 p_0 点的曲率向量。则曲线 $r(s)$ 在 p_0 点的单位切向量为[48]：

$$T = \frac{\mathrm{d}r}{\mathrm{d}s}\bigg|_{s=0} = \left(r_u \frac{\mathrm{d}u}{\mathrm{d}s} + r_v \frac{\mathrm{d}v}{\mathrm{d}s}\right)\bigg|_{s=0} \tag{4-1}$$

$r(s)$ 在 p_0 点的曲率向量为

$$\kappa_\beta = \frac{\mathrm{d}^2 r}{\mathrm{d}s^2}\bigg|_{s=0} = \left(r_u \frac{\mathrm{d}^2 u}{\mathrm{d}s^2} + r_v \frac{\mathrm{d}^2 v}{\mathrm{d}s^2} + r_{uu}\left(\frac{\mathrm{d}u}{\mathrm{d}s}\right)^2 + 2r_{uv}\frac{\mathrm{d}u}{\mathrm{d}s}\frac{\mathrm{d}v}{\mathrm{d}s} + r_{vv}\left(\frac{\mathrm{d}v}{\mathrm{d}s}\right)^2\right)\bigg|_{s=0} \tag{4-2}$$

曲线 $r(s)$ 的弯曲由两部分产生，曲线随曲面弯曲产生的法曲率 κ_n 和曲线自身弯曲产生的测地曲率 κ_g[48]，则 κ_β 可分解为向曲面主法向量 N 的投影和向测地曲率矢量方向 G 的投影，即：

$$\begin{cases} \kappa_n = \kappa_\beta \cdot N \\ \kappa_g = \kappa_\beta \cdot (N \times T) \end{cases} \tag{4-3}$$

测地线是曲面上测地曲率 $\kappa_g = 0$ 的曲线，主要性质有[48]：

（1）曲面上的正则曲线 C 是测地线的充要条件是，曲线的主法线与曲面的法线平行；

（2）过曲面上任意一点 p 的切向 v，存在唯一一条过 p 点的测地线与 v 相切；

（3）曲面上任意两点 p 和 q 间的连线 C 是测地线的充分条件是，C 的长度是最短的，又称为最短程线。

由此可得出曲面上测地线几个相互等价性质[128]：

（1）测地线是局部最短的曲线；

（2）测地线是测地曲率为零的曲线；

（3）测地线是曲线的主法向量平行于曲面法向的曲线。

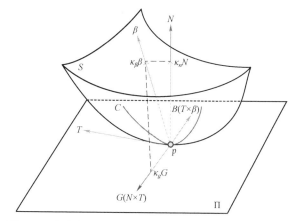

图 4-1　曲率向量、法曲率向量与测地曲率向量示意图

4.3　快速行进法

FMM[138-141]用于求解 Eikonal Equation 边值问题，计算波前在网格法向扩展到达各单元点时间的计算方法，广泛用于计算机图形学、图像处理等研究领域。Eikonal 方程如下：

$$|\nabla T(x)| F(x) = 1 \qquad (4\text{-}4)$$

其中 $F(x) \geqslant 0$ 是波前在网格位置 x 的速度函数，$T(x)$ 是波前到达网格位置 x 的时间函数。到达时间函数的梯度幅值反比于速度，即是：

$$|\nabla T| = 1 / F \qquad (4\text{-}5)$$

波在起点处 $T=0$，由于 $T(x) \geqslant 0$，波在沿法向方向演化过程中，除起点外任一点处的到达时间均应大于 0，演化界面在二维情况下为一平面曲线，在三维情况下为一曲面。离散解在三维情况下为[142]：

$$\left.\begin{cases} \max(D_{ijk}^{-x}(T),0)^2 + \min(-D_{ijk}^{+x}(T),0)^2 + \\ \max(D_{ijk}^{-y}(T),0)^2 + \min(-D_{ijk}^{+y}(T),0)^2 + \\ \max(D_{ijk}^{-z}(T),0)^2 + \min(-D_{ijk}^{+z}(T),0)^2 \end{cases}\right\} = \dfrac{1}{F_{ijk}^2} \qquad (4\text{-}6)$$

式（4-6）中 $D_{ijk}^{-x}(T)$、$D_{ijk}^{+x}(T)$、$D_{ijk}^{-y}(T)$、$D_{ijk}^{+y}(T)$、$D_{ijk}^{-z}(T)$、$D_{ijk}^{+z}(T)$ 如下：

$$\begin{cases} D_{ijk}^{-x}(T) = (T_{ijk} - T_{i-1,jk})/\mathrm{d}x, \ D_{ijk}^{+x}(T) = (T_{i+1,jk} - T_{ijk})/\mathrm{d}x \\ D_{ijk}^{-y}(T) = (T_{ijk} - T_{i,j-1,k})/\mathrm{d}y, \ D_{ijk}^{+y}(T) = (T_{i,j+1,k} - T_{ijk})/\mathrm{d}y \\ D_{ijk}^{-z}(T) = (T_{ijk} - T_{ij,k-1})/\mathrm{d}z, \ D_{ijk}^{+z}(T) = (T_{ij,k+1} - T_{ijk})/\mathrm{d}z \end{cases} \qquad (4\text{-}7)$$

离散 FMM 在网格上采用迭代方法实现，每个单元格将被标记为三种状态之一：

Open：波未到达的单元格，时间 T 未知的；

Narrow Band：波将会传播到的候选单元格，即将更新时间 T 的单元格；

Frozen：波已经过该单元格，时间 T 已计算且保持固定不变的单元格。

对于 OFMM（Ordinary Fast Marching Method，普通快速行进法），由（4-7）式选择同维网格中最小值 T_1、T_2（和 T_3），可得：

$$\begin{cases} T_1 = \min(T_{i-1,j,k}, T_{i+1,j,k}) \\ T_2 = \min(T_{i,j-1,k}, T_{i,j+1,k}) \\ T_3 = \min(T_{i,j,k-1}, T_{i,j,k+1}) \end{cases} \qquad (4\text{-}8)$$

将解（4-8）代入方程（4-6）到关于时间 T 的一元二次方程，方程系数分别为 a，b，c，方程解为 $T_c = (-b + \sqrt{b^2 - 4ac})/(2a)$。不妨假设 $T_3 > T_2 > T_1$，根据数值解的迎风条件，解为：

（1）当 $T_c > \max(T_1, T_2, T_3)$ 时，$T_c = (-b + \sqrt{b^2 - 4ac})/(2a)$。

（2）当 $T_2 < T_c < T_3$ 时，选择 T_2 和 T_1 重新生成一元二次方程，方程系数分别为 a_1，b_1，c_1，此时 $T_c = (-b_1 + \sqrt{b_1^2 - 4a_1c_1})/(2a_1)$。

（3）当 $T_1 < T_c < T_2$ 时，$T_c = T_1 + \Delta_1/F$。

由于一阶差分近似计算结果误差较大，FMM 的高精度版本 HAFMM（Higher Accuracy Fast Marching Method，高精度快速行进法），利用二阶差分近似梯度计算网格数值。Rickett[143]和 Bærentzen[144]采用二阶差分：

$$\begin{cases} D_{ijk}^{-x}(T) = \left(3T_{ijk} - 4T_{(i-1)jk} + T_{(i-2)jk}\right)/(2dx) \\ D_{ijk}^{+x}(T) = \left(3T_{ijk} - 4T_{(i+1)jk} + T_{(i+2)jk}\right)/(2dx) \end{cases} \quad (4\text{-}9)$$

在 HAFMM 中，用二阶差分代替一阶差分，单元格的后向差分和前向差分用方程（4-9）近似。网格在每个轴方向均匀划分，各轴方向上节点等距且节点系数设为固定值，分别设定为 3，−4 和 1。采用同样方式可构造 Y 轴方向和 Z 轴方向的前向差分和后向差分。与 OFMM 方法类似，由（4-10）式选择网格在各轴方向上时间最小值 T_1、T_2 和 T_3，构造一元二次方程求解，在满足迎风条件下得到时间值 T 作为当前单元格的数值。

$$\begin{cases} T_1 = \min[(4T_{i-1,j,k} - T_{i-2,j,k})/3, (4T_{i+1,j,k} - T_{i+2,j,k})/3] \\ T_2 = \min[(4T_{i,j-1,k} - T_{i,j-2,k})/3, (4T_{i,j+1,k} - T_{i,j+2,k})/3] \\ T_3 = \min[(4T_{i,j,k-1} - T_{i,j,k-2})/3, (4T_{i,j,k+1} - T_{i,j,k+2})/3] \end{cases} \quad (4\text{-}10)$$

在 HAFMM 中，计算单元格时间值在每一轴方向上涉及附近 4 个单元格，这些单元格可能处于"Open""Narrow Band"或"Frozen"状态之一，当处于前两种状态时，用二阶差分近似计算将得到一个无效值，因此 HAFMM 在计算中需要满足以下条件：

（1）与当前单元格距离为 2 个单位的单元格必须处于"Frozen"状态，如 X 轴方向上的 $T_{i-2,j,k}$ 和 $T_{i+2,j,k}$ 应处于"Frozen"状态；

（2）与当前单元格距离为 2 个单位的单元格的数值必须小于等于距离为 1 个单位的单元格数值，如 X 轴方向上，$T_{i-2,j,k} \leq T_{i-1,j,k}$ 与 $T_{i+2,j,k} \leq T_{i+1,j,k}$。

当前单元格计算中，当上述条件不满足时，用一阶差分来代替二阶差分。

4.4 测地路径生成

4.4.1 方法概述

本章采用以下步骤计算点云模型上 p_0 和 p_n 两点之间的测地路径：

（1）选择候选网格化区域：通过确定 p_0 和 p_n 之间主行进方向，选定与主行进方向相关候选数据区域，以便在网格化过程中，可以降低单元格规模，减少网格化时间、FMM 计算时间和路径跟踪时间；

（2）非均匀网格化：点云数据点用数值坐标表示，FMM 计算在单元格索引上进行，如 p 点的坐标为（0.5，−1.8，3.4），网格化后点 p 所在单元格在网格内索引可能为（3，5，12），测地路径也根据单元格索引跟踪，路径跟踪完毕后，最后还需将单元格索引转换为单元格数值坐标，因此非均匀网格化可避免单元格索引与点云数据坐标位置偏差，提高测地路径计算精度。

（3）数值计算：采用单向非均匀紧致差分快速行进法（Unilateral Nonuniform Compact Difference FMM，UNCDFMM）计算网格各单元格数值，FMM 方法在单元格数值过程中，均需用到近似差分（前向差分、后向差分），均匀化网格由于单元格在各个轴方向上的间距相等，不会出现精度问题。但非均匀网格由于单元格在各维方向上间距不等，再利用上述差分近似方法，将出现较大误差，因此需要在非均匀网格上构建紧致差分，提高快速行进法计算精度。

（4）测地路径跟踪：基于 LSM 或 FMM 方法生成测地路径过程中，均采用反向跟踪方法，反向跟踪基于梯度下降法原理，从终点向起点反向查找路径，跟踪过程中往往会跨越网格边界，导致路径跟踪失败，目前还没有很好解决这个问题，利用测地线正定向条件，采用正向跟踪方法，可避免上述问题。

4.4.2　选择网格化区域

点云数据量大，计算任意两点间的测地路径，将点云数据全部网格化没有必要：（1）因为测地径是一条短程线，该曲线一定是某个区域上点与点之间的顺序连线，无须对全部数据进行网格化；（2）利用 FMM 方法行进计算单元格数值时，需要计算全部单元格，这是一个非常耗时的过程；（3）FMM 计算完成后，需要从网格上采用某种规则选择相应单元格构成测地路径，如果数据点全部网格化，路径跟踪计算量非常大。因此合理选择网格化区域，减少单元格规模，可减少网格 FMM 计算时间和测地线跟踪时间，提升测地线生成速度。

首先找出测地线起点 $p_0(x_0, y_0, z_0)$ 和终点 $p_n(x_n, y_n, z_n)$ 的主行进方向，以主行进方向来确定主行进区域，即网格化区域。主行进方向确定方法如下：计算 $dx = |x_n - x_0|$，$dy = |y_n - y_0|$，$dz = |z_n - z_0|$，取 dx，dy 和 dy 最大者对应的坐标轴为主行进方向。

（1）dx 最大，则取 x 轴为主行进方向。

如果 $x_0 < x_n$，选择点云数据中满足 $x_0 \leq x \leq x_n$ 的数据点进行网格化，$x < x_0$ 或 $x > x_n$ 在测地线计算中无意义，如果测地线经过这类数据点，测地线将会折回，不满足测地线最短性质。

如果 $x_0 > x_n$，选择点云数据中满足 $x_0 \geq x \geq x_n$ 的数据点进行网格化。

（2）dy 最大，则取 y 轴为主行进方向。

如果 $y_0 < y_n$，选择点云数据中满足 $y_0 \leq y \leq y_n$ 的数据点进行网格化。

如果 $y_0 > y_n$，选择点云数据中满足 $y_0 \geq y \geq y_n$ 的数据点进行网格化。

（3）dz 最大，则取 z 轴为主行进方向。

如果 $z_0 < z_n$，选择点云数据中满足 $z_0 \leq y \leq z_n$ 的数据点进行网格化。

如果 $z_0 > z_n$，选择点云数据中满足 $z_0 \geq z \geq z_n$ 的数据点进行网格化。

如图 4-2 所示，dy＞dx，取 y 轴为主行进方向，蓝色矩形框内的点作为主行进区域，非均匀网格化。

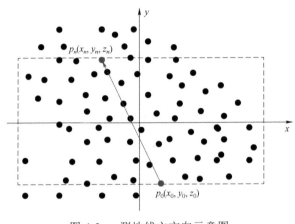

图 4-2   测地线主方向示意图

4.4.3   点云区域的非均匀网格划分

FMM 需要在网格上完成各点的到达时间计算，不能在散乱数据点上直接进行计算，因此在 FMM 计算之前需要对数据进行网格化，现有 FMM 计算过程中网格均采用均匀网格划分，每个单元格成为一个正方形（二维）或正方体（三维），将单元格顶点坐标索引 (i,j,k) 作为网格坐标，由于点云采样的非均匀性或各向异性，如果对点云进行均匀网格划分，出现以下问题：（1）使真实数据点偏离网格顶点，因而测地路径计算出来的单元格索引对应的空间坐标可能不是点云数据的真实坐标，导致测地路径计算出现偏差。如图 4-3（a）所示，在均匀网格化下数据点（0.8，1.1）将被网格点（0.5，1.0）所替代，图 4-3（b）非均匀网格下点（0.8，1.1）的坐标值不变。（2）数据点在各坐标轴上间隔不能保证有公共的长度因子，如点云数据 $p(x,y,z)$ 的坐标范围 $x∈$[1,3]，$y∈$[2,6.8]，$z∈$[−2.3,7.4]，x、y、z 轴的坐标长度分别为 2、4.8 和 9.7，计算单元格长度来确保网格化后的单元格为立方体比较困难，即使如此，将导致单元格太小使计算量大大增加，这种情况下，经过简单划分，往往都当作均匀网格来对待，导致计算偏差，本节将网格非均匀划分，统一用单元格各轴向较小坐标值对应单元格。

网格的非均匀化过程如下：

（1）确定主行进区域边界：找出所有点云数据点坐标的最大值与最小值 $x_{\min}$、$x_{\max}$、$y_{\min}$、$y_{\max}$、$z_{\min}$ 与 $y_{\max}$，确定网格化区域边界；

（2）数据点坐标排序：设区域内原数据点的坐标为 $(x_m, y_m, z_m)(1 \leq m \leq n)$，取数据点的三个坐标分量（刻度）组成数组，升序排序并剔除相同的坐标分量值，得到坐标分量数组，$x_i(1 \leq i \leq I)$，$y_j(1 \leq j \leq J)$ 和 $z_k(1 \leq k \leq K)$，在排序过程中坐标值相同的坐标分量只保留一个，因此坐标分量排序后，坐标刻度数量可能会小于 n，I，J，$K \leq n$；

（3）计算单元格间距：分别计算数据点在三个轴上的间距（步长），$hx_i = x_{i+1} - x_i (2 \leq i \leq I-1)$，$hy_j = y_{j+1} - y_j (2 \leq j \leq J-1)$，$hz_k = z_{k+1} - z_k (2 \leq k \leq K-1)$，令 $hx_1 = 0$，$hy_1 = 0$，$hz_1 = 0$；

（4）补齐边界：在坐标刻度末尾补 $\varepsilon = 1.0 \times e^{-3}$，如果 $x_n < x_{\max} + \varepsilon$，则 $hx_I = \varepsilon$ 否则 $hx_I = 0$，同理 $hy_J = \varepsilon$ 否则 $hy_J = 0$，$hz_K = \varepsilon$ 否则 $hz_K = 0$，使步长 hx_i，hy_j 和 hz_k 的数目与各轴向方向的单元格数目相同，方便 FMM 计算。非均匀网格化示意图见图 4-4 所示。

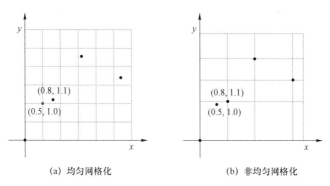

(a) 均匀网格化　　　　　　(b) 非均匀网格化

图 4-3　均匀网格划分与非均匀网格划分对比示意图

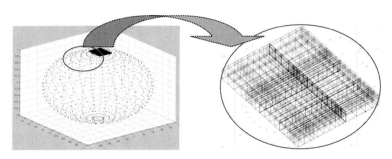

图 4-4　点云非均匀网格化效果示意图

4.4.4　基于单向非均匀紧致差分的网格计算

点云区域网格化之后，FMM 在网格上计算各单元格数值。OFMM 和 HAFMM 基于 6-邻域模式，在坐标轴三个方向上计算网格数值，三个方向相互正交，因而在正交均匀网格下计算，况且同一轴上间距相等，选择当前单元格每个轴向前后对称邻近单元格最小值，构造一元二次方程，求解方程得到单元格到达时间数值，与 OFMM 和 HAFMM 不同，MSFM（Multistencils Fast Marching Methods，多模板快速行进法）[145]选择空间单元格正交对角线上的邻近点来构造方程。

本章网格非均匀，FMM 需要在非均匀网格下完成计算，为提高计算精度，采用非均匀紧致差分计算单元格数值，构建单向三点二阶紧致差分计算网格点到达时间值，前向紧致差分和后向紧致差分表达式分别为：

$$D_2^+(T_i) = A_i^+ T_i + B_i^+ T_{i+1} + C_i^+ T_{i+2} \qquad i = 1, 2, \cdots, n-2 \qquad (4\text{-}11)$$

$$D_2^-(T_i) = A_i^- T_i + B_i^- T_{i-1} + C_i^- T_{i-2} \qquad i = 3, \cdots, n-1, n \qquad (4\text{-}12)$$

前向紧致差分当 $i = n-1$ 时，用前向一阶差分 $D_2^+(T_{n-1}) = T_{n-1}^{+'} = (T_n - T_{n-1})/h_n$ 近似，当 $i = n$ 时前向紧致差分不存在。后向紧致差分当 $i = 2$ 时，用后向一阶差分 $D_2^+(T_2) = T_{n-1}^{-'} = (T_2 - T_1)/h_2$ 近似，当 $i = 1$ 时后向紧致差分不存在。

（1）前向三点紧致差分系数计算

不妨将区间 $[a, b]$ 的非均匀划分为 $a = x_0 < x_1 \cdots < x_n = b$，令 $h_i = x_i - x_{i-1}(i = 1, 2, \cdots, n)$，对 T_{i+1} 和 T_{i+2} 进行泰勒级数展开，得到：

$$T_{i+1} = T_i + h_{i+1}T_i' + \frac{1}{2}h_{i+1}^2 T_i'' \tag{4-13}$$

$$T_{i+2} = T_i + h_{i+1}T_i' + h_{i+2}T_{i+1}' + \frac{1}{2}h_{i+1}^2 T_i'' + \frac{1}{2}h_{i+2}^2 T_{i+1}'' \tag{4-14}$$

$$T_i'' = (A_i^+ + B_i^+ + C_i^+)T_i + (h_{i+1}B_i^+ + h_{i+1}C_i^+ + h_{i+2}C_i^+)T_i'$$
$$+ \left(\frac{1}{2}h_{i+1}^2 C_i^+ + h_{i+2}h_{i+1}C_i^+ + \frac{1}{2}h_{i+2}^2 C_i^+\right)T_i'' + \frac{1}{2}h_{i+2}h_{i+1}^2 C_i^+ T_i''' + \frac{1}{4}h_{i+2}^2 h_{i+1}^2 C_i^+ T_i^{(4)}$$

$$\tag{4-15}$$

比较式（4-15）的系数，可得到如下方程组：

$$\begin{cases} 0 = A_i^+ + B_i^+ + C_i^+ \\ 0 = 0A_i^+ + h_{i+1}B_i^+ + (h_{i+1} + h_{i+2})C_i^+ \\ 2 = 0A_i^+ + h_{i+1}^2 B_i^+ + (h_{i+1}^2 + 2h_{i+2}h_{i+1} + h_{i+2}^2)C_i^+ \end{cases} \tag{4-16}$$

求解方程组（4-16），得到（4-11）式前向紧致差分系数：

$$\begin{cases} A_i^+ = \dfrac{2}{h_{i+1}(h_{i+1} + h_{i+2})} \\ B_i^+ = -\dfrac{2}{h_{i+1}h_{i+2}} \qquad (i = 1, 2, \cdots, n-2) \\ C_i^+ = \dfrac{2}{h_{i+2}(h_{i+1} + h_{i+2})} \end{cases} \tag{4-17}$$

（2）后向三点紧致差分系数计算

同前向三点紧致差分划分单元格，对 T_{i-1} 和 T_{i-2} 进行泰勒级数展开，得到：

$$T_{i-1} = T_i - h_i T_i' + \frac{1}{2}h_i^2 T_i'' \tag{4-18}$$

$$T_{i-2} = T_{i-1} - h_{i-1}T_{i-1}' + \frac{1}{2}h_{i-1}^2 T_{i-1}''$$

$$= T_i - h_i T_i' - h_{i-1}T_i' + \frac{1}{2}h_i^2 T_i'' + h_{i-1}h_i T_i'' + \frac{1}{2}h_{i-1}^2 T_i'' \tag{4-19}$$

$$- \frac{1}{2}h_{i-1}h_i^2 T_i''' - \frac{1}{2}h_{i-1}^2 h_i T_i''' + \frac{1}{4}h_{i-1}^2 h_i^2 T_i^{(4)}$$

$$T_i'' = A_i^- T_i + B_i^- T_{i-1} + C_i^- T_{i-2}$$

$$= (A_i^- + B_i^- + C_i^-)T_i - (h_i B_i^- + h_i C_i^- + h_{i-1}C_i^-)T_i' \tag{4-20}$$

$$+ \left(\frac{1}{2}h_i^2 B_i^- + \frac{1}{2}h_i^2 C_i^- + h_{i-1}h_i C_i^- + \frac{1}{2}h_{i-1}^2 C_i^-\right)T_i''$$

比较式（4-20）的系数，可得到如下方程组：

$$
\begin{cases}
A_i^{-1} + B_i^{-1} + C_i^{-1} = 0 \\
0A_i^{-1} - h_i B_i^{-1} - (h_{i-1} + h_i)C_i^{-1} = 0 \\
0A_i^{-1} + h_i^2 B_i^{-1} + (h_i^2 + 2h_{i-1}h_i + h_{i-1}^2)C_i^{-1} = 2
\end{cases}
\tag{4-21}
$$

求解方程组（4-21），得到后向差分式（4-12）的系数：

$$
\begin{cases}
A_i^{-1} = \dfrac{2h_{i-1}}{h_i(h_i + h_{i-1}h_i - 1)} \\[2ex]
B_i^{-1} = -\dfrac{2(h_{i-1} + h_i)}{h_i(h_i + h_{i-1}h_i - 1)} \quad (i = 3, 4, \cdots, n) \\[2ex]
C_i^{-1} = \dfrac{2}{(h_i + h_{i-1}h_i - 1)}
\end{cases}
\tag{4-22}
$$

式（4-11）和式（4-12）的系数分别见式（4-17）和式（4-22）所示。因此 $T_i^{+''}$ 与 $T_i^{-''}$ 分别为：

$$
D_2^+(T_i) = \frac{2}{h_{i+1}(h_{i+1} + h_{i+2})}T_i - \frac{2}{h_{i+1}h_{i+2}}T_{i+1} + \frac{2}{h_{i+2}(h_{i+1} + h_{i+2})}T_{i+2}
\tag{4-23}
$$

$$
D_2^-(T_i) = \frac{2h_{i-1}}{h_i(h_i + h_{i-1}h_i - 1)}T_i - \frac{2(h_{i-1} + h_i)}{h_i(h_i + h_{i-1}h_i - 1)}T_{i-1} + \frac{2}{(h_i + h_{i-1}h_i - 1)}T_{i-2}
\tag{4-24}
$$

将式（4-23）和式（4-24）带入式（4-6），实际上用式（4-23）和式（4-24）的二阶紧致差分代替（4-7）式的一阶差分，得到在单元格 $[i, j, k]$ 处方程：

$$
\begin{cases}
\max(D_2^{-x}(T_{ijk}), 0)^2 + \min(-D_2^{+x}(T_{ijk}), 0)^2 + \\
\max(D_2^{-y}(T_{ijk}), 0)^2 + \min(-D_2^{+y}(T_{ijk}), 0)^2 + \\
\max(D_2^{-z}(T_{ijk}), 0)^2 + \min(-D_2^{+z}(T_{ijk}), 0)^2
\end{cases} = \frac{1}{F_{ijk}^2}
\tag{4-25}
$$

式（4-25）是在 X、Y 和 Z 三个方向上，更一般地，26-邻域模式中将有 26 个方向，那么 $D_2^+(T_i)$ 和 $D_2^-(T_i)$ 分别表示以 $[i, j, k]$ 为端点的两共线射线方向。

OFMM 和 HAFMM 为波前单元格计算到达时间时，从波前单元格的 6 个或 26 个邻近单元格选择时间值最小的单元格，以这些单元格数值构成一元二次方程，求解方程，取大于所有邻近单元格时间值，且时间值最小的解作为当前单元格时间值。26-模式中，由于邻近单元格与波前单元格非正交，同时具有多个可能行进方向将使一元二次方程变得复杂，方程难度增大。

受 Covello[146] 启发，将当前的邻近单元格分为波经过的单元格 Frn（Frozen 状态）和未经过的单元格 O（Narrow Band 状态或 Open 状态）两类，邻近单元格划分示意图见图 4-5 所示。生成 Frn 的幂集 Frn^p，利用 Frn^p 所有子集计算当前单元格到达时间值，取时间最小值作为当前单元格到达时间值。计算过程如下：

定义一个暂存单元格时间值数组 U，不妨假设当前单元格为 $C_{i,j,k}$，依次从 Frn^p 中选择一个集合 V；

（1）若集合 V 的成员数为 1，即集合仅包含一个单元格 $C_{l,m,n}$，则 $T_{i,j,k}=T_{l,m,n}+|C_{i,j,k}-C_{l,m,n}|/F$，将 $T_{i,j,k}$ 加入 U。其中 $|C_x-C_y|$ 表示单元格 C_x 和 C_y 之间的距离，F 表示波传播速度。

（2）若集合 V 的成员数为 2，即集合包含两个单元格 $C_{l1,m1,n1}$ 和 $C_{l2,m2,n2}$，如果 $C_{l1,m1,n1}$、$C_{l2,m2,n2}$ 与 $C_{i,j,k}$ 在同一方向上，则将 $C_{l1,m1,n1}$ 和 $C_{l2,m2,n2}$ 带入式（4-25），构造一元二次方程求解网格时间值 $T_{i,j,k}$，加入 U 中。同一方向按照以下方式确定：

在三维网格中 $C_{i,j,k}$ 邻近单元格有 26 个，存在 26 个方向，把 $C_{i,j,k}$ 简记为 [i, j, k]，则 26 个方向分别为：[i, j, k+1]、[i, j, k−1]、[i, j+1, k]、[i, j+1, k+1]、[i, j+1, k−1]、[i, j−1, k]、[i, j−1, k+1]、[i, j−1, k−1]、[i+1, j, k]、[i+1, j, k+1]、[i+1, j, k−1]、[i+1, j+1, k]、[i+1, j+1, k+1]、[i+1, j+1, k−1]、[i+1, j−1, k]、[i+1, j−1, k+1]、[i+1, j−1, k−1]、[i−1, j, k]、[i−1, j, k+1]、[i−1, j, k−1]、[i−1, j+1, k]、[i−1, j+1, k+1]、[i−1, j+1, k−1]、[i−1, j−1, k]、[i−1, j−1, k+1]、[i−1, j−1, k−1]。

如果 $C_{i,j,k}$ 与 $C_{l1,m1,n1}$、$C_{l2,m2,n2}$ 或（$C_{l2,m2,n2}$、$C_{l1,m1,n1}$）的下标能够满足

下列顺序关系，则三个单元格位于同一方向上：

1）$[i, j, k]$、$[i, j, k+1]$、$[i, j, k+2]$；

2）$[i, j, k]$、$[i, j, k-1]$、$[i, j, k-2]$；

3）$[i, j, k]$、$[i, j+1, k]$、$[i, j+2, k]$；

4）$[i, j, k]$、$[i, j+1, k+1]$、$[i, j+2, k+2]$；

5）$[i, j, k]$、$[i, j+1, k-1]$、$[i, j+2, k-2]$；

6）$[i, j, k]$、$[i, j-1, k]$、$[i, j-2, k]$；

7）$[i, j, k]$、$[i, j-1, k+1]$、$[i, j-2, k+2]$；

8）$[i, j, k]$、$[i, j-1, k-1]$、$[i, j-2, k-2]$；

9）$[i, j, k]$、$[i+1, j, k]$、$[i+2, j, k]$；

10）$[i, j, k]$、$[i+1, j, k+1]$、$[i+2, j, k+2]$；

11）$[i, j, k]$、$[i+1, j, k-1]$、$[i+2, j, k-2]$；

12）$[i, j, k]$、$[i+1, j+1, k]$、$[i+2, j+2, k]$；

13）$[i, j, k]$、$[i+1, j+1, k+1]$、$[i+2, j+2, k+2]$；

14）$[i, j, k]$、$[i+1, j+1, k-1]$、$[i+2, j+2, k-2]$；

15）$[i, j, k]$、$[i+1, j-1, k]$、$[i+2, j-2, k]$；

16）$[i, j, k]$、$[i+1, j-1, k+1]$、$[i+2, j-2, k+2]$；

17）$[i, j, k]$、$[i+1, j-1, k-1]$、$[i+2, j-2, k-2]$；

18）$[i, j, k]$、$[i-1, j, k]$、$[i-2, j, k]$；

19）$[i, j, k]$、$[i-1, j, k+1]$、$[i-2, j, k+2]$；

20）$[i, j, k]$、$[i-1, j, k-1]$、$[i-2, j, k-2]$；

21）$[i, j, k]$、$[i-1, j+1, k]$、$[i-2, j+2, k]$；

22）$[i, j, k]$、$[i-1, j+1, k+1]$、$[i-2, j+2, k+2]$；

23）$[i, j, k]$、$[i-1, j+1, k-1]$、$[i-2, j+2, k-2]$；

24）$[i, j, k]$、$[i-1, j-1, k]$、$[i-2, j-2, k]$；

25）$[i, j, k]$、$[i-1, j-1, k+1]$、$[i-2, j-2, k+2]$；

26）[i，j，k]、[i−1，j−1，k−1]、[i−2，j−2，k−2]。

（3）若集合 V 的成员数大于 2，不妨假设 V = {C_1，C_2，…，C_Q}，分别将 C_q($1 \leq q \leq Q$)在 $C_{i,j,k}$ 处进行一阶渐进展开，可得到方程组：

$$\begin{cases} T_1 = T_{ijk} + (\text{sgn} \cdot |C_{ijk} - C_1|)T_{ijk}' \\ \vdots \\ T_Q = T_{ijk} + (\text{sgn} \cdot |C_{ijk} - C_Q|)T_{ijk}' \end{cases} \quad (4\text{-}26)$$

其中 sgn 表示符号 "+" 或 "−"，根据单元格位置三个索引之差的乘积确定符号，例如：[2,3,5] − [1,4,6] = [1, −1, −1]，那么 $\text{sgn} = (+) \times (-) \times (-) = +$。$T_{ijk}'$ 由下式计算：

$$T_{ijk}' = \boldsymbol{M}^+ \left(\begin{bmatrix} T_1 \\ \vdots \\ T_Q \end{bmatrix} - T_{ijk} \begin{bmatrix} 1 \\ \vdots \\ 1 \end{bmatrix} \right) \quad (4\text{-}27)$$

其中 $\boldsymbol{M} = \begin{bmatrix} C_{ijk}^x - C_1^x & C_{ijk}^y - C_1^y & C_{ijk}^z - C_1^z \\ \vdots & \vdots & \vdots \\ C_{ijk}^x - C_Q^x & C_{ijk}^y - C_Q^y & C_{ijk}^z - C_Q^z \end{bmatrix}$，$\boldsymbol{M}^+ = (\boldsymbol{M}^T \boldsymbol{M})^{-1} \boldsymbol{M}^T$ 是 Moore

伪逆矩阵[147]，计算出 T_{ijk}' 并加入到 U 中。

（4）Frn^p 中每个集合 V 计算完毕，从 U 中选择时间值最小且大于 Frn 中每个单元格时间值，作为单元格 $C_{i,j,k}$ 时间值。

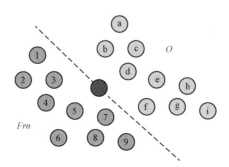

图 4-5　邻近单元格划分为 Frn 和 O 两类示意图

4.4.5 测地路径跟踪

网格数值已计算，本节将选出满足测地线性质的单元格，将这些单元格的顶点连顺序连接，就构成测地路径。选择合适单元格构成测地路径的过程称为测地路径跟踪。

反向跟踪方法思路是，采用梯度下降法，以终点作为测地路径起点，计算当前单元格与邻近单元格的梯度值，以梯度值最大单元格作为测地路径下一节点，如此进行下去。由于网格点计算误差、浮点数运算误差等因素影响，梯度值最大邻近单元格并不能保证曲率矢量最大或法曲率最大（测地曲率最小），同时，反向跟踪法在计算下一节点过程中，除梯度值外，还需步长因子计算单元格索引，单元格索引位置与单元格顶点坐标不顺应，索引位置跨越网格实际边界，导致路径跟踪混乱，目前还没很好解决这一问题。

设 S 是 E^3 曲面，$r = r(u^1, u^2)$ 是曲面 S 的参数表示形式。$C : r(s) = r(u^1(s), u^2(s))$ 是曲面上的一条弧长参数曲线。沿曲线 C 取曲面的正交标架 $\{e_1, e_2, e_3\}$，此处取自然标架，切向 $e_1 = \mathrm{d}r/\mathrm{d}s = T$，$e_3 = N$ 是曲面法向，$e_2 = N \times T$，那么 e_1，e_2，e_3 满足正定向条件，即满足 $(e_1, e_2, e_3) = <e_1, e_2 \wedge e_3> 0$，见图 4-6 所示，$e_1$ 是曲线的单位切向量，e_2 为曲线的单位测地曲率向量，e_3 为曲面的单位法向量。

曲面 S 上的弧长参数曲线 $r = r(s)$ 的测地曲率 $\kappa_g = <De_1/ds, e_2>$，当 $\kappa_g = 0$ 时，曲线 r 为测地线。将测地线起点 p_1 与终点 p_n 连线近似为曲线的切线即 $e_1 \cong \overrightarrow{p_1 p_n}$，以 p_1 为当前点，根据 e_1、e_2 和 e_3 满足正定向条件，可以计算出 p_1 的一组正交方向对 (e_2^i, e_3^i)，得到 p_1 的一个或多个可能行进方向，从而得到 p_1 出发可能经过的一组单元格 $\{q_j\}_{j=1 \cdots m}$，依次将 $\{q_j\}_{j=1 \cdots m}$ 中的单元格作为当前单元格，计算近似切线方向 e_1，重复上述步骤，直到找到终点 p_n，切线方向更新示意图见图 4-7 所示。

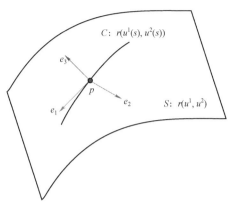

图 4-6　曲面正交标架示意图

由于每个单元格数值已确定，同时计算出当前单元格 p 满足正定向条件的方向对 (e_2^i, e_3^i)，路径跟踪过程中，分别计算每个方向对 (e_2^i, e_3^i) 在 e_2^i 和 e_3^i 方向的曲率矢量 $\kappa_{e_2^i}$ 和 $\kappa_{e_3^i}$ 及 $\kappa_{e_2^i}$ 矢量模 $|\kappa_{e_2^i}|$，在 $|\kappa_{e_2^i}|$ 等于零或最小方向对 (e_2^j, e_3^j) 中，方向 e_2^j 作为测地曲率向量方向，e_3^j 则为曲线在该点的近似主法方向，将从单元格 p 出发沿 e_2^j 所指向的邻近单元格作为下一单元格，采用二阶紧致差分计算曲率矢量。满足正定向条件的方向对 (e_2^i, e_3^i) 示意图见图 4-8 所示，图中单元格 p_1 沿 e_1 方向满足正定向条件方向对有 (e_2^1, e_3^1)、(e_2^2, e_3^2) 和 (e_2^3, e_3^3) 三对，分别计算每个方向对的曲率矢量 $\kappa_{e_2^1}$ 与 $\kappa_{e_3^1}$、$\kappa_{e_2^2}$ 与 $\kappa_{e_3^2}$、$\kappa_{e_2^3}$ 与 $\kappa_{e_3^3}$，得到方向对 (e_2^1, e_3^1) 对应的曲率矢量 $\left|\kappa_{e_2^1}\right|$ 最小，选择该方向对中 e_2^1 方向 p_2 单元格作为 p_1 的下一单元格继续跟踪。

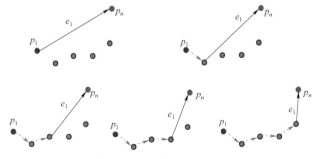

图 4-7　测地路径切线方向 e_1 更新示意图

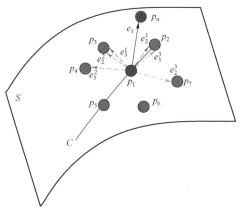

图 4-8   单元格方向对 (e_2^i, e_3^i) 示意图

正向跟踪过程中，测地路径上单元格可用树形结构描述，根节点为 p_1，叶节点均为 p_n，因此得到从 p_1 到 p_n 的多条路径，深度遍历并计算长度，选择长度最小的路径作为最终测地路径。测地路径正向跟踪及对应跟踪路径树示意图分别见图 4-9 所示和图 4-10。

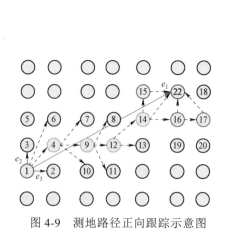

图 4-9   测地路径正向跟踪示意图

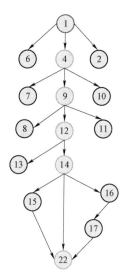

图 4-10   正向跟踪路径树

与反向跟踪法不同，正向跟踪方法中，测地曲率采用二阶紧致差分近似，选择测地曲率绝对值最小单元格所在方向作为 e_2，尽管网格是非均匀

划分，但单元格之间正交，对应 e_3 方向必与 e_2 正交，在实现中放宽 e_1，e_2，e_3 正交条件，即不需要 e_1 同时垂直于 e_2 和 e_3，但必须满足正定向条件 $(e_1,e_2,e_3)>0$。

4.5　实验与分析

本节实验运行环境如下：CPU AMD A8-6600K APU with Radeon™ HD Graphics 3.90 GHz，4 G 内存，算法实现 Matlab R2012a（7.14.0.739），操作系统 32bit Windows 7。

4.5.1　模拟数据实验

在模拟实验中，将单位球面均匀采样 872 个数据点，由于浮点数精度误差，数据点仍然非均匀分布。指定起点和终点，选定主行进方向，确定出网格化区域并进行非均匀网格划分，运用 UNCDFMM 计算单元格数值，采用正向跟踪方法生成两点之间的测地路径，见图 4-11、图 4-12、图 4-13 和图 4-14 所示。

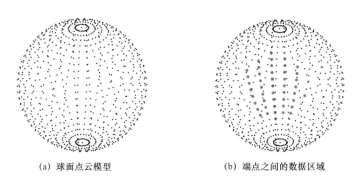

(a) 球面点云模型　　　　　　　　　(b) 端点之间的数据区域

图 4-11　点云模型与端点区域

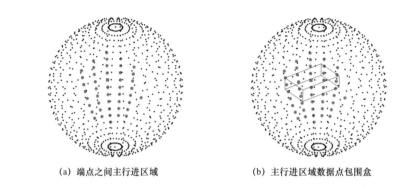

(a) 端点之间主行进区域   (b) 主行进区域数据点包围盒

图 4-12　路径端点之间的主行进区域

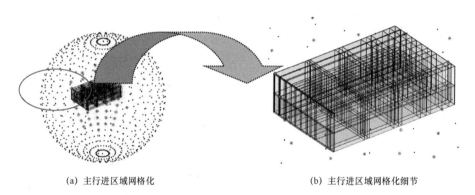

(a) 主行进区域网格化   (b) 主行进区域网格化细节

图 4-13　有效区域数据点非均匀网格化

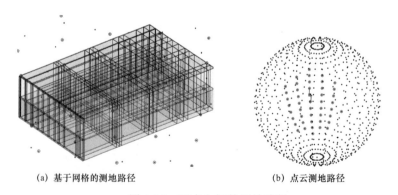

(a) 基于网格的测地路径   (b) 点云测地路径

图 4-14　两点之间的测地路径

光滑球面上两点之间的测地线应为过球心的圆弧，在点云情形下，没有曲面拓扑信息，无法利用曲面的微分几何属性，最终生成的测地路径局部范围内出现扭曲。

4.5.2　真实数据实验

在真实数据实验中，选用吹风机出风口点云（1 200 个数据点）和钣金结构件（1 196 个数据点）进行实验，采用本章的方法生成两点之间的测地路径，吹风机出风口测地路径生成过程见图 4-15、图 4-16、图 4-17 和图 4-18 所示，钣金结构件测地路径生成过程见图 4-19、图 4-20、图 4-21 和图 4-22 所示。

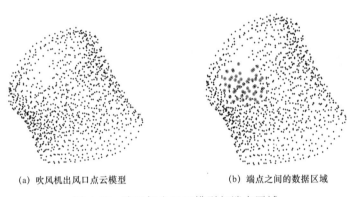

(a) 吹风机出风口点云模型　　　　　　　(b) 端点之间的数据区域

图 4-15　吹风机出风口模型与端点区域

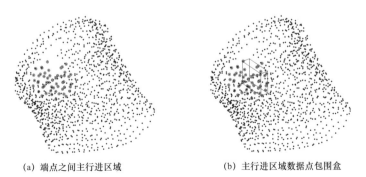

(a) 端点之间主行进区域　　　　　　　(b) 主行进区域数据点包围盒

图 4-16　路径端点之间的主行进区域

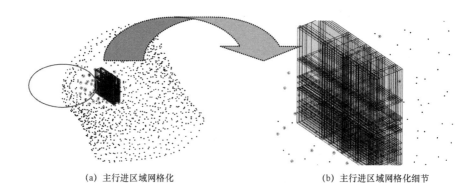

(a) 主行进区域网格化   (b) 主行进区域网格化细节

图 4-17   有效区域数据点非均匀网格化

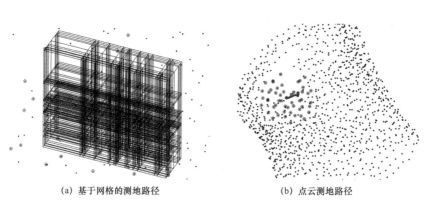

(a) 基于网格的测地路径   (b) 点云测地路径

图 4-18   吹风机出风口两点之间的测地路径

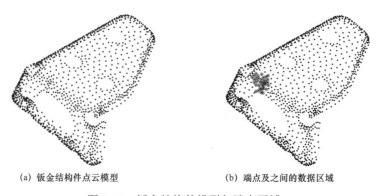

(a) 钣金结构件点云模型   (b) 端点及之间的数据区域

图 4-19   钣金结构件模型与端点区域

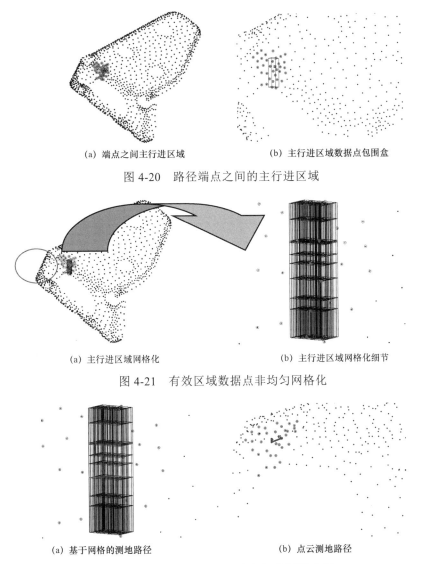

(a) 端点之间主行进区域　　　　(b) 主行进区域数据点包围盒

图 4-20　路径端点之间的主行进区域

(a) 主行进区域网格化　　　　(b) 主行进区域网格化细节

图 4-21　有效区域数据点非均匀网格化

(a) 基于网格的测地路径　　　　(b) 点云测地路径

图 4-22　钣金结构件两点之间的测地路径

　　从测地路径的生成实验中可看出，在无曲面先验知识和微分几何属性情况下，本章提出的方法完成了点云测地路径生成。但测地路径局部放大后出现直线连接或折线现象，这是由于采用单元格划分，单元格之间正交造成的。当单元格间距越小网格越密集，这种现象将减小，但单元格计算和路径跟踪时间会增加。

4.6　本章小结

实物样件表面形状多种多样，曲率变化大则采样密，在平坦处采样疏，因而点云数据通常是各向异性或非均匀的。对点云进行均匀网格化分，部分数据点，尤其点密集之处，多个点集中在一个单元格，无法位于单元格顶点。本章在生成点云测地路径过程中，根据路径端点确定出路径主行进区域，对主行进区域内的云数据非均匀网格划分，确保点云数据点全部位于单元格顶点。利用三点紧致差分格式，构造用于快速行进法的单向非均匀紧致差分计算方法，并集成于快速行进法计算单元格数值，利用测地路径正定向条件确定出路径的候选行进方向，在候选方向中计算法曲率值，以法曲率值最大且测地曲率值为零或最小为条件，选择路径单元格，从起点到终点正向跟踪生成测地路径，无需借助点云法线和其他几何属性。

本章方法在两个环节比较耗时，第一是快速行进法计算单元格数值，在6-邻域模式下，需要在三个方向各选一个二阶差分值最小的单元格来构造一元二次方程，同时方程的解还必须满足迎风条件，否则还需重新构造方程并求解；第二是在路径跟踪过程中，使用二阶紧致差分近似曲率，所有满足正定向条件的候选方向组合都要计算，然后比较法曲率和测地曲率条件以确定路径跟踪方向。另外网格上使用 FMM 计算单元格数值时，由于是非均匀划分，各单元格的数值动态更新，每个单元格都要重新计算紧致差分系数。如果在26-邻域模式下，网格数值计算和路径跟踪都将有更多方向的单元格需要计算，耗时增加。同时，基于网格化的方法，测地路径不够光顺，没有利用曲面微分属性，测地路径不能较好贴近曲面。

第 5 章　基于测地路径的法线估算

5.1　国内外研究现状

曲面法线关系到曲面重建质量，在计算机图形学、真实感图形绘制中起着重要作用。大多数情况下三维设备获取的点云没有法向，也不具有几何拓扑结构，因此需要从点云空间位置信息来估算法线，以便完成点云几何属性估算和曲面重建。点云法线估算方法主要有以下几类：

（1）基于主元分析的方法主元分析（Principal Component Analysis，PCA）计算给定点 k 最近邻域点集的重心，用最近邻点与重心的坐标偏差和构造一个三阶半正定方阵，以矩阵最小特征值对应的特征向量近似给定点法线，本质是通过最近邻域来拟合过给定点的切平面，使法线方向与切平面的偏差最小，作为一种经典方法，应用较多。Hoppe[62]率先提出 PCA 算法，称为 PlanePCA，并利用增强最小空间生成树（Enhanced Minimum Spanning Tree，EMST）构造黎曼图（Riemannian Graph，RG）来传播法线方向，由于采用低通滤波，点云模型尖锐特征处的法线估算结果与实际偏差较大，对噪声敏感，同时基于 EMST 构造的 RG 对法线方向在边、边界及角点处传播出现错误，因此不少学者改进了 PCA 方法。加权 PCA（Weighted PCA，WPCA）[148]发现不同距离邻近点对法线有不同影响，距离近者影响大，反之影响小，因此构造高斯权函数来确定邻近点对给定点法线的贡献。自适应 PCA（Adaptive PCA，APCA）[149]深入分析 PlanePCA 算法认为，法线精度依赖于曲面曲率、采样密度与分布、邻近点数量等，最近邻点数量 k 对给定点法线有较大影响，提出采用自适应方法来确定邻域点数 k 以提高法线估算精度。Dey[150]比较了几种 PCA 算法，指出这类算法适用于信噪比高和采样比较均匀点云，邻近点数量 k 和邻近点位置的选择通常也会影响 PCA 估算法线的精度。Park[151]在运用 PCA 进行法线估算前，先选择给定点的邻近点集，由于 MST、相关邻近图（Relative Neighborhood Graph，RNG）和 Gabriel 图（Gabriel Graph，GG）方法构建邻近图的邻近点数量往往较少，因此构建了椭圆 Gabriel 图（Elliptic Gabriel Graph，EGG），实质就是选择有效的邻近点，对 PCA 方法进行预处理。Zhang[152]根据给定点邻域协方差矩阵的奇异值计算邻近点的权系数，以便将点云分为光滑区域和特征区域，光滑区域采用 PCA 估算法线，以光滑区域点的法线来建立导向矩阵，将特征区域不断细分为多个子区域，再用平面拟合每个子区域，估算出法线，以保证特征区域的法线精度。这类方法对平坦的点云效果明显，但具有尖锐特征如角、边和边界等模型法线估算偏差较大，虽然可以选择好的邻近点再用 PCA 进行法线估算，"好邻近点"评价是一个模糊指标，自动计算该指标来估算法线，难免出现较大误差。

（2）基于 SVD 的方法，奇异值分解（Sigular Value Decomposition，SVD）取矩阵最小特征值对应的特征向量近似点云法线，与 PCA 方法不同，SVD 从给定点最近邻域拟合局部曲面（平面或曲面），使点与拟合曲面的距离误差最小，该矩阵是一个距离偏差矩阵，不一定是方阵。Wang[153]用给定点的邻近点集拟合一个局部平面，使点到平面的距离最小，这是一种平面 SVD 方法（PlaneSVD）。Gopi[154]以给定点与邻近点集之间连线为切向量，最大化法线与切向量之间的夹角，效果几乎等同于 PlanePCA 方法。Yang[155]和 Sun[156]用邻近点拟合一个二次曲面片，以提高法线估算精度，由于一般二次曲面方程有 10 个系数，并不是所有点都可以找到 10 个以上合适的邻近点，因此 Vanco[157]通过坐标变换后，用只有六个系数的抛物面代替一般二次曲面来计算法线。Klasing[158]和 Jordan[159]将几种 SVD 方法和 PlanePCA 方法做了比较，最后推荐使用 PlanePCA 方法。上述 SVD 方法是在点云上直接运用，Grimm[160]先采用 SVD 方法为给定点估算法线，然后将邻近点投影到过给定点的切平面，通过交叉验证（定义关于质心距离、角度分布的目标函数）选取两点间连线在平面上不相交的投影点，用投影点对应的数据点构成给定点 1-Ring 邻域，对给定点邻域点集进行优化，得到优化的邻域和法线，进一步提高法线精度，但角点的 1-Ring 会分布在不同点云区域上。

（3）基于 Delaunay/Voronoi 的方法，与基于 PCA 或基于 SVD 的方法直接从离散点估算法线不同，Delaunay/Voronoi 方法首先对点云进行 Delaunay 三角化或构建对偶 Voronoi 图，建立点云网格拓扑，在点云拓扑上估算法线。Pole 方法[161]针对无噪声点云数据，从 Delaunay 三角形网格中删除部分三角形，保留三顶点都是采样点的 Delaunay 三角形网格，在给定点 Voronoi 网格上，将给定点与距离最大顶点连线作为"极"，用"极"近似法线。大 Delaunay 球（Big Delaunay Ball，BDB）[162]通过附加 Voronoi 网格的最大对偶 Delaunay 球约束条件，重新定义"极"估算法线，以增强噪声的适应性。Daoshan[163]在给定点的 Voronoi 图基础上，利用网格生长规则标识给定点局部几何特征的邻近点，在标识的邻近点上拟合一组二次曲线，通过最小化法线与二次曲线方向切向量估算法向量。一方面 Delaunay 三角剖分没有考虑点云模型尖锐特征，另一方面三角剖分过程耗时，该类方法在尖锐特征处法线估算精度不高，性能也有待进一步提升。

（4）加权平均法，对点云进行网格化为三角形或多边形，为以给定点为顶点的邻近网格面片赋予不同权值，以邻近网格面片的法线或边向量的加权和作为给定点法线。根据权系数生成方法不同，形成不同法线加权估算方法。平均权值法（Mean Weighted Equally，MWE）[164]赋予给定点相邻面片相同权值，夹角余弦平均权值法（Mean Weighted by Angle，MWA）[165]为避免 MWE 方法在网格调整后需要重新计算法线，改用给定点邻近面片相邻边夹角余弦作为权值，加权面片估算给定点法线。Max[166]针对曲面网格模型，提出了正弦和边长倒数平均权值法（Mean Weighted by Sine and Edge Length Reciprocals，MWSELR）、邻接三角形面积平均权值法（Mean Weighted by Areas of Adjacent Triangles，MWAAT）、边长倒数平均权值法（Mean Weighted by Edge Length Reciprocals，MWELR）和边长倒数平方根平均权值法（Mean Weighted by Square Root of Edge Length Reciprocals，MWRELR）四种方法，通过加权给定点邻近法线来估算法线。与上述邻近曲面片加权法不同，对角余切平均边权法（Mean Edge Weighted by Cotangents of Subtended Angles，MEWCS）加权给定点邻近边向量估算法线。Jin[167]和 Song[168]比较权值法认为，权值法对均匀采样和无噪声模型都表现出较高精度，但对于非均采样或噪声点云而言，不同算法估算结果良莠不齐，没有一种算法对所有测试模型都表现出良好精度。Woo[169]根据扫描设备工作原理，把点云分为结构化条纹状（Stripe-Type）点云和非结构化点云，对于结构化点云，利用两行扫描数据快速三角化，对于非结构点云进行 Delaunay 三角化，加权给定点邻近三角面片法线估算法线。Demarsin[170]利用最小二乘法将给定点及邻近点拟合成平面，把邻近点投影到平面上，将投影点 Delaunay 三角化，建立给定点网格拓扑，选择给定点 1-Ring 邻域，进行法线估算，实质是将法向估算分为两个过程，粗估算和精估算，是一种法线估算的优化方法。

（5）最小二乘方法，Liu[126]用空间任一点向点云投影，在最小二乘意义下最小化空间点与点云之间距离，拟合球面估算点云法线。几何球面通常采用球心-半径方式或参数方式表示，几何法拟合球面是一非线性问题，求解需要迭代耗时，Guennebaud[171]基于代数表达式，采用 MLS 拟合代数球面，将拟合球面的梯度作为给定点法线，当拟合平坦点集合时，该方法不稳定。

（6）Hough 变换法，Borrmann[172]为将平面转化为 Hessi 形式，生成 Hough

参数空间，利用 Hough 变换并设计投票累加器，从点云中检测平面。基于 Borrmann 累加器，Boulch[173]使用随机霍夫变换（Random Hough Transform，RHT）对给定点邻域内任意三点投票，票数最大 Hough 参数对应平面作为给定点的切平面，以平面法线近似给定点法线，讨论了需要选择三点投票次数及置信区间，建议邻近点取 100-500，性能问题是该类方法主要缺点。

（7）权函数/核函数法，Li[174]假设点云噪声服从 Gaussian 分布，估算点云局部噪声尺度算子，设计核密度估计（Kernel Density Estimation，KDE）检测局部切平面。在切平面检测中，利用 50 个 LKS（Least Kth order Squares，最小 k 阶二乘）平面分类并删除"离群点"（Outlier），尽可能保留"局内点"（Inlier），为鲁棒估计光滑曲面法线，需要把噪声尺度集成到切平面检测中，以保留尖锐特征。为进一步提高尖锐特征法向估算精度，Wang[175]同时使用了分离远近的距离权函数 W_d、分离空间离群点权函数 W_r 和分离法向离群点权函数 W_n 以确保用于估算法线的邻近点位于同一平面内。Wang[176]以相互邻近的点生成权因子形成加权邻接矩阵，采用 Dirichlet 能量光滑函数和耦合正交偏差构造目标函数，最小化目标函数得到点的法向。Yang[177]优化了 Wang[176]的方法，实现了目标函数中权因子的自适应计算。Liu[178]使用加权 PCA 方法，与现有的 WPCA 方法的权函数不同，在权函数因子中引入了表征法线变化参数，以分离"离群点"。这类方法重点在于利用权因子分离邻近点集中的"局内点"和"离群点"，减小"离群点"对法线估算的影响。

（8）曲线化方法，为给定点确定一组折线或多边形边，通过相邻边估算法线。Milroy[179]建立给定点增强 Darboux 标架，计算邻近点主曲率，把最大主曲率和或最小主曲率点作为边点，连接边点形成截面（Cross-Section）网格，以给定点与邻近点形成的边作为向量并叉积，平均叉积得到网格点法线，插值网格点法线近似非网格点法线。An[114]提出离散曲线模型，以给定点为中心，扩展给定点与邻近点连线，选择连线夹角接近 180°的线段，构成若干条经过给定点的折线，在曲线模型上定义离散导数，二阶离散导数即为曲线在给定点的主法线，以主法线近似给定点法线。与平面拟合或曲面拟合方法不同，曲线化方法从给定点邻域的曲线形状估算法线，取得了不错效果，但尖锐特征处曲率估算或离散导数计算具有不稳定性。

现有点云法线估算方法，主要采用了两种方案来提高法线估算精度。第一种方案考虑到采样非均匀性、噪声等因素影响，对数据分两步处理，选择与当前点距离近、近似共平面点，同时在估算过程中增加候选共面点权值，减小非共面点权值。第二种方案是再优化方法，使用 PCA 估算初始法线，再对法线进行优化，如 1-Ring 优化[160]，Dirichlet 能量光滑的变分法线计算（Variational Normal Computation，VNC）[176]和权系数中引入表征法线变化参数的 OBNE（Orientation-Benefit Normal Estimation，方向有利法线估算）[178]等。

法线在点云数据处理和建模中起重要作用，研究人员提出了许多法线估算方法，如 PCA 及改进方法[62,148-152]、SVD 方法[153-160]、Delaunay 三角剖分法[161-163]、加权平均法[164-170]、最小二乘法[171,172]、Hough 变换法[173,174]、权函数/核函数法[175-179]以及曲线化方法[180,181]等，虽然上述方法针对不同点云模型表现出不同优势，由于点云模型无拓扑结构、各向异性及噪声等因素，现有点云法线估算方法研究表明，没有一种对所有模型都适用的方法。为提高法线估算精度，现有方法的基本思路是为当前点选择"好邻近点"来估算法线，剔除"坏邻近点"对法线的干扰，同时保留角、边、边界等尖锐特征，主要从以下三个途径来实现"好邻近点"选择，以提高法线估算精度：

（1）使给定点与邻近点距离更近，如 WPCA[148]用高斯权函数确定最近邻点集，APCA[149]自适应确定邻域点数量 k，Park[151]建立 EGG 来选择有效近邻点；（2）为给定点选择最佳包围点，Grimm[160]通过交叉验证确定给定点的 1-Ring，Demarsin[170]利用 Delaunay 三角剖分邻近点在切平面的投影点，确定出给定点的 1-Ring；（3）为给定点选择共面(边,平面或曲面片)点，如 Zhang[152]把点云分为光滑区域和特征区域分别进行法线估算，Daoshan[163]用网格生长规则确定给定点的特征点，Woo[169]把点云分为结构点和非结构点分别进行法线估算，Boulch[173]基于随机 Hough 变换和投票法则来选择尽可能属于同一平面的邻近点，Li[174]采用 KDE 来剔除不属于同一平面"离群点"估算法线，保留尽可能在同一平面的近邻点，Wang[175]同时采用三种权函数来剔除距离较远、空间和法线上的"离群点"保留在同一平面上的邻近点，Liu[178]在 WPCA 的权函数中引入法线变差因子来删除"离群点"，保留在同一平面上的邻近点。Milroy[179]通过估算点曲率确定共边点，删除不在边上的邻近点估算法线，An[114]通过点与点之间连线夹角，剔除不在曲线上的点形成给定点附近曲面形状的"骨架"估算法线。"好邻近点"选择不能完全保证邻近点足够"好"，况且算法在实现过程中涉及人工设定容差参数，不同模型需要设定不同容差参数。

本章通过预取方法确定邻近点集，对邻近点构成的空间进行非均匀网格划分，使点云数据点均位于单元格顶点，单向非均匀紧致差分快速行进法计算各单元格值，利用紧致差分计算单元格二阶差分近似曲率值，沿曲率值最大方向从起点向终点传播，对测地路径主法向量进行拟合，估算出点云法线。

5.2　点云法线估算方法概述

测地线是曲面上两点间短程线，测地线上点的主法向量平行于曲面在该点的法向量，因此计算出两点间的测地线，可计算曲线上各点法向量。由于点云曲面模型未知，无法精确计算点云测地线，本章通过点云模型上两点间测地路径近似测地线。但测地路径不能保证非常贴近曲面本身或位于曲面之上，见图 5-1 所示，测地线 C 位于曲面 S 之上，测地路径 Γ 近似测地线 C，不能完全贴近或位于曲面 S 上。

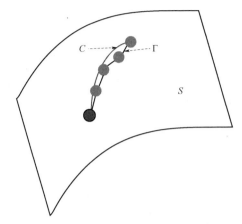

图 5-1　测地线、测地路径与曲面关系示意图

可进一步优化使测地路径 Γ 更贴近曲面 S，有以下几种方案：

（1）利用曲面 S 的表达式，但点云数据缺失曲面表达式，对点云不适用；

（2）通过拟合路径上每个点及邻域所在的局部曲面片，采用拟合局部抛物面或拟合曲面片的切平面，估算曲面片的法线，重采用 Γ 上的点，使距离之平方和最小化，最佳拟合得到新的测地路径[133]；

（3）通过给测地路径 Γ 添加能量约束，使 Γ 更贴近曲面 S，这种方式同样需要曲面法向信息[130-132,134,136]。

无论采用何种方法优化测地路径，由于曲面表达式缺失，都只能是一个近似结果，况且优化过程需要点云法线支持，法线估算正是本章需要完成的工作，如果对测地路径优化后再来估算法线，这将是一个自相矛盾的问题。

第 4 章生成测地路径过程中，已获得路径上各点的主法向量 e_3 和测地曲率向量 e_2，如果测地路径是光滑曲面的精确测地线，那么 e_3 应重合于光滑曲面在该点的法向 N，测地线曲率矢量在 e_2 方向上没有投影，见图 5-2 所示。

对于点云模型，无法精确计算最短测地路径，也不能精确计算测地路径与曲面的贴近程度，在法线估算中，重点是测地路径主法向量 e_3 尽可能平行于点云模型法向量 N，由于测地路径非光滑，是一条分段连接的线段，角、

边等尖锐特征可完全呈现在测地路径中，采用测地路径主法向量估算法线，
可不受尖锐特征影响，避免了难以选择"好邻近点"的过程。

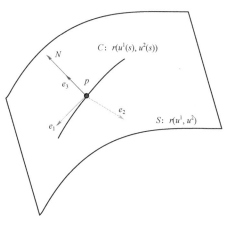

图 5-2　测地线主法向量与曲面法向

5.3　基于测地路径的法线估算

5.3.1　测地路径终点选择

测地路径需要给定起点和终点，将当前点作为测地路径起点，尚需指定
测地路径终点，本章将在起点附近选择一点作为测地路径终点。如图 5-3 所
示，不妨假设测地路径起点为 p_0，最近邻点数量为 k，p_0 点的 k 最近邻点集
合为 $k_{NN}(p_0)$，$p_i \in k_{NN}(p_0)(1 \leqslant i \leqslant k)$，与 p_0 对应的距离按升序排列为 $d_i(1 \leqslant i \leqslant k)$，
$k_{NN}(p_0)$ 形成以 p_0 为球心，d_k 为半径的球面 S。从 p_i 的 k 最近邻点集 $k_{NN}(p_i)$
中选择一点 p_i' 作为测地路径的终点，满足 $p_i' \in k_{NN}(p_i)$ 且 $p_i' \notin k_{NN}(p_0)$。如果
$p_i' \in k_{NN}(p_0)$，那么在 k 最近邻点集意义下，p_0 与 p_i' 之间将有一条直达路径，
该路径无需经过 p_i，以该路径作为测地路径将无法准确反映点云测地线主法
线平行于曲面在该点的法线，同时也不能解决角点、边或边界特征点法线被

平滑的问题。那么 $\Gamma: p_0 \to p_i \to p_i'$ 构成一条路径,该路径在 k 最近邻点集意义下为 p_0 与 p_i' 之间的最短路径(Euclidean 距离意义下),因而是两点之间的测地路径,由于未能使用弧长参数进行度量,我们只能将它作为初始测地路径。

$k_{NN}(p_0)$ 需要从点云数据中进行全域搜索,为避免为 p_i 采用全域搜索 $k_{NN}(p_i)$ 来确定 p_i',本章采用预取方法,在为当前点 p_0 搜索 $k_{NN}(p_0)$ 的同时,将可能是 $k_{NN}(p_0)$ 中第 i 个最近邻点 p_i 的最近邻点全部搜索出来,这样就为 p_i 搜索 $k_{NN}(p_i)$ 时缩小了搜索范围,无需再次进行全域搜索。

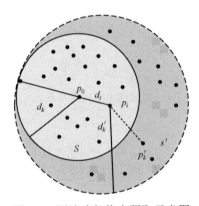

图 5-3　测地路径终点预取示意图

定理 5-1　设 p_0 的最近邻点集为 $k_{NN}(p_0)$,与 p_0 的距离为 d_i 的第 i 个最近点为 p_i,那么点云数据中任一点 $p_i' \in k_{NN}(p_i)$ 的充分条件是 $d(p_0, p_i') \leqslant 2d_i + d_k$。

证明:　如图 5-3 所示,$d_k^i = d_k + d_i$,$d(p_0, p_i) \leqslant d_i + d_k = d_i + d_i + d_k = 2d_i + d_k$。

在为 p_0 全搜索确定 $k_{NN}(p_0)$ 的过程中,不断比较 p_j 与 p_0 之间的距离 $d(p_0, p_j)$,直到某个点 p_m 与 p_0 之间 $d(p_0, p_m) \geqslant 2d_i + d_k$ 停止搜索,取前 k 个点构成 $k_{NN}(p_0)$,然后再从预取出的点集为 p_i 搜索 $k_{NN}(p_i)$。最后从 $k_{NN}(p_i)$ 中任找一点 p_i',使 $p_i' \in k_{NN}(p_i)$ 且 $p_i' \notin k_{NN}(p_0)$,那么 $p_0 \to p_i \to p_i'$ 在 k 最近邻和 Euclidean 距离意义下就构成一条初始测地路径。

上述方法生成的初始测地路径虽然满足条件 $p_i' \in k_{NN}(p_i)$ 且 $p_i' \notin k_{NN}(p_0)$,

但存在特殊情况，由于 k 最近邻点数量固定，如果同时有多个点与给定点 p_0 距离相等，只能取前 k 个构成 p_0 的 k 最近邻域 $k_{NN}(p_0)$。如图 5-4 所示，当 $k=8$ 时，由于 p_1、p_4、p_5 和 p_8 都与 p_0 的距离相等，因此 $p_8 \notin k_{NN}(p_0)$ 但 $p_8 \in k_{NN}(q)$。此时如果按照上述生成初始测地路径 $\Gamma : p_0 \to q \to p_8$，如图 5-5（a）所示。这种情况下，一方面从起点 p_0 到终点 p_8 的测地路径必须经过 q 点，因为严重偏离真实测地线会导致法线估算出现较大偏差，另一方面在测地路径生成跟踪过程中，会出现只有起点和终点路径 $p_0 \to p_8$ 同样的效果。为此在确定路径终点时，需考虑 $\overrightarrow{p_0 p_i}$ 与 $\overrightarrow{p_i p_i'}$ 之间位置关系，对终点进行调整，使 $\overrightarrow{p_0 p_i}$ 与 $\overrightarrow{p_i p_i'}$ 平行或近似平行，它们之间的夹角 $\beta = \pi$ 或接近 π。调整后的初始测地路径 Γ 为 $p_0 \to q \to p_{11}$ 或 $p_0 \to q \to p_{10}$ 或 $p_0 \to q \to p_{12}$，如图 5-5（b）所示。

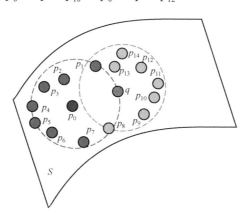

图 5-4　点云最近邻域示意图

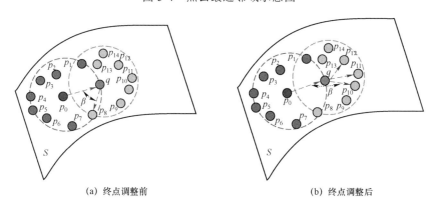

(a) 终点调整前　　　　　　　　　　　　(b) 终点调整后

图 5-5　测地路径终点调整示意图

5.3.2 测地路径计算及优化

确定出测地路径起点和终点，运用第 4 章的方法生成测地路径并得到了路径上每点的主法向量 e_3^j，见图 5-6 所示。由于测地路径非光滑曲线，路径上各点的主法向量 e_3^j 并非全部平行，主法向量之间存在一定夹角，夹角大小与测地路径生成过程中网格划分密度和单元格数值计算精度有关。在测地路径跟踪过程中，每条路径跟踪到终点 p_n 就停止，因此终点 p_n 处不再计算主法向量。

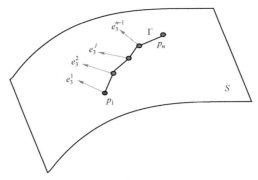

图 5-6　测地路径及路径上点的主法向量示意图

测地路径上各点通常情况下近似共面，受数值计算精度等因素影响，最坏情形下路径上部分点会出现空间扭曲，使路径在空间产生较大挠率，如图 5-7 所示。图中路径 Γ 上点 p_{n-2} 和 p_{n-1} 较其他点与所在平面距离大，这种情形下两点的主法向量 e_3^{n-2} 和 e_3^{n-1} 与其他点的主法向量 e_3^i 所在法平面夹角也可能较大，对法线估算精度造成影响，需在测地路径跟踪过程中进行优化。

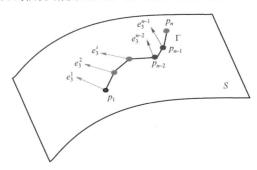

图 5-7　产生空间挠率的测地路径

在第 4 章测地路径正向跟踪过程中，从网格上确定路径上单元格时，主要考虑了单元格标架 $\{e_1, e_2, e_3\}$ 的正定向条件、法曲率矢量和测地曲率的大小，从路径树中选择最终路径时只考虑了路径长度的"最短"性，而忽略了路径的"最直"性。光滑曲面测地路径上的点共面于曲面法平面，因此在测地路径生成过程中需要考虑路径上点的共面性。由于测地路径跟踪生成了一棵多叉树，从路径树中选择最终路径时加入"最直"性约束条件，以使路径上各点尽量共面，来提高法线估算精度，见图 5-8 所示。在图中存在两条到终点 p_n 的路径 Γ_1 和 Γ_2，根据"最短"性条件应该选择 Γ_1 作为测地路径，由于 Γ_1 上的点 p_{n-2} 和 p_{n-1} 使测地路径出现较大挠率，因此选择 Γ_2 作为测地路径，虽然 Γ_2 的长度大于 Γ_1 的长度，但 Γ_2 的空间挠率更小。

"最直"性约束条件按照如下方法进行添加，测地路径所在平面须过起点 p_1 和终点 p_2，首先选择最短路径 Γ_1 上的点 p_i（$2 \leqslant i \leqslant n-1$），与 p_1 和 p_2 拟合平面 Π_1，计算 p_i（$2 \leqslant i \leqslant n-1$）到 Π_1 的距离和 d_2，然后选择次短路径 Γ_2 上的点 p_j（$2 \leqslant j \leqslant n-1$），与 p_1 和 p_n 拟合平面 Π_2，计算 p_j（$2 \leqslant j \leqslant n-1$）到 Π_2 的距离和 d_2，比较 d_1 和 d_2 的大小，如果 d_2 小于 d_1，则选择 Γ_2，否则选择 Γ_1，如此比较每一条路径，直到选择到最优的路径 Γ_g，由于满足正定向条件的单元格有限，搜索出 Γ_g 的计算量不大。

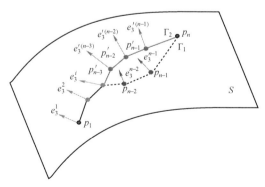

图 5-8　"最直"性约束优化后的测地路径示意图

5.3.3 法线估算

通过生成测地路径，得到一条经过 p_i（$1 \leq i \leq n$）的测地路径 Γ，起点为 p_1，终点为 p_n。在测地路径跟踪中，不但记录了测地路径上的点，同时记录了每个点的副法方向和主法方向，由于测地路径生成采用 6-邻域模式，或者 26-邻域模式，基于正交网格进行路径跟踪，单元格主方向可能只是该点所在曲面的近似法向，近似法向量与曲面的实际法向量存在偏差，网格越稀疏，偏差越大，反之则越小，从局部单元格角度看，最坏的情形下可能会产生 $\pi/4$ 的偏差极限，因此需要将路径起点处的法线进一步优化，才能作为曲面的法线。测地线实质是曲面法平面与曲面的交线，如图 5-9 所示，虽然测地线 C 上各点之间主法向量不平行，但都与各点所在的曲面法线平行，且各主法线共面于法平面 Π。

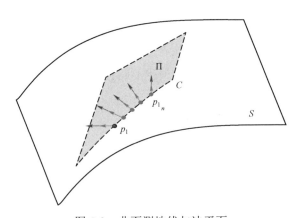

图 5-9　曲面测地线与法平面

由图 5-6 知，测地路径上各点主法向量不一定共面，因此需要将测地路径上各点的主法方向进行拟合，找到最佳法平面，拟合方法见图 5-10 所示。将测地路径上各点的主法向量移动到坐标原点，分别向平面投影，使各主法向量与投影向量之间的夹角之和最小。不妨设法平面为 Π 的方程为

$ax + by + cz + d = 0$ ，点的主法向量为 $v(v_x, v_y, v_z)$ ，可将向量分量 (v_x, v_y, v_z) 看作点 v 的在坐标系下的坐标，则在平面上的投影点为 $v'(v_x', v_y', v_z')$ ，对应投影向量为 $v'(x', y', z')$ ，那么 $\vec{v}$ 与 $\vec{v'}$ 交角余弦为：

$$\cos\alpha = \frac{v_x v_x' + v_y v_y' + v_z v_z'}{\sqrt{v_x^2 + v_y^2 + v_z^2}\sqrt{v_x'^2 + v_y'^2 + v_z'^2}} \tag{5-1}$$

其中：

$$\begin{cases} v_x' = v_x - \dfrac{a(av_x + bv_y + cv_z + d)}{(a^2 + b^2 + c^2)} \\[2mm] v_y' = v_y - \dfrac{b(av_x + bv_y + cv_z + d)}{(a^2 + b^2 + c^2)} \\[2mm] v_z' = v_z - \dfrac{c(av_x + bv_y + cv_z + d)}{(a^2 + b^2 + c^2)} \end{cases} \tag{5-2}$$

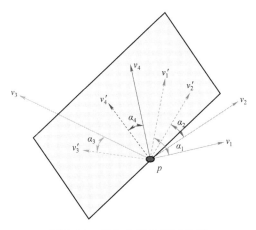

图 5-10 拟合向量共面示意图

则有目标函数：

$$\begin{cases} \min\sum_{i=1}^{n-1} -\cos\alpha_i \\[2mm] \text{s.t. } ax_j + by_j + cz_j + d = 0 \ (j = 1, n) \end{cases} \tag{5-3}$$

在正向跟踪过程中，测地路径终点无需计算测地方向与主法线方向，因此（5-3）式没有路径终点 p_n 的主法向量一项，但拟合法平面需过测地线起点 $p_1(x_1, y_1, z_1)$ 和终点 $p_n(x_n, y_n, z_n)$，通过式（5-3）拟合出曲面法平面，将起点 p_1 测地线的主法向量投影到平面上 Π 上就可得到该点的近似法线 N。由于测地路径网格计算和路径跟踪都基于二阶差分的数值计算，为了进一步提高法线估算可靠性，本章采用从起点 p_1 出发生成两条独立的测地路径 Γ_1 和 Γ_2，分别拟合 Γ_1 和 Γ_2 上点的主法向量得到近似法平面 Π_1 和 Π_2，将两平面的交线作为起点 p_1 的法线，如图 5-11 所示。

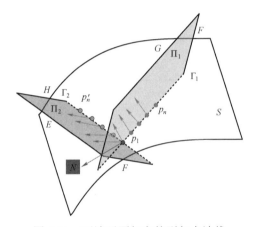

图 5-11　两法平面相交的到起点法线

5.4　实验与分析

法线估算实验中，分别选用了尖锐特征不明显的钣金件 1 和尖锐特征明显的钣金件 2 及飞机操纵杆手柄模型。结构件 1 点模型共有 1 196 个数据点，需要估算法线的点 p_1 定在曲面弯曲处，见图 5-12、图 5-13 和图 5-14 所示。结构件 2 点模型共有 10 086 个数据点，需要估算法线的点 p_1 定在尖锐特征处，见图 5-15、图 5-16 和图 5-17 所示。飞机操纵杆手柄点模型共有 5 006 个点，点云法线估算过程分别见图 5-18、图 5-19、图 5-20、图 5-21、图 5-22、图 5-23、图 5-24、图 5-25、图 5-26、图 5-27 和图 5-28 所示。三个模型法线估算均按照本章的方法，线指定当前点 p_1，预取最近邻域，找出路径终点构成初始路径，确定主行进区域并非均匀网格化，采用 UNCDFMM 计算单元格数值，正向跟踪测地路径并获得主法向量，拟合主法向量构成点云模型的近似法平面，以两张近似法平面的交线作为路径起点 p_1 的法线。

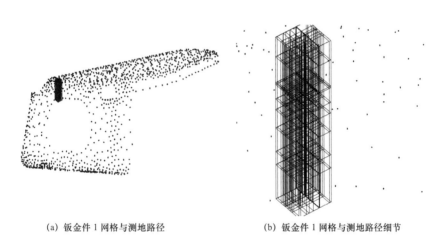

(a) 钣金件 1 网格与测地路径　　　　　　(b) 钣金件 1 网格与测地路径细节

图 5-12　钣金件 1 网格与测地路径

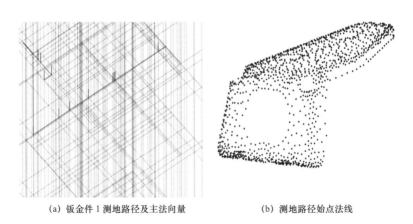

(a) 钣金件 1 测地路径及主法向量　　　　　(b) 测地路径始点法线

图 5-13　钣金件 1 测地路径主法向量与始点法线

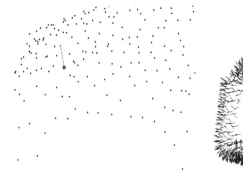
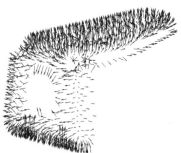

(a) 测地路径始点法线细节　　　　　　　　(b) 全模型法线

图 5-14　钣金结构件 1 点法线与全模型法线

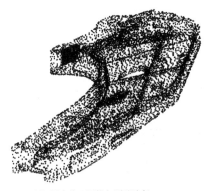
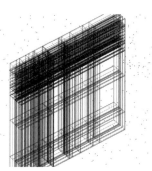

(a) 钣金件 2 网格与测地路径　　　　　　　(b) 钣金件 2 网格与测地路径细节

图 5-15　钣金件 2 网格与测地路径

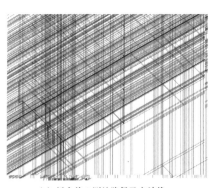
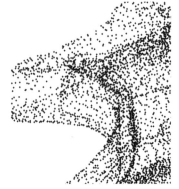

(a) 钣金件 1 测地路径及主法线　　　　　　(b) 测地路径始点法线

图 5-16　钣金件 2 测地路径主法向量与始点法线

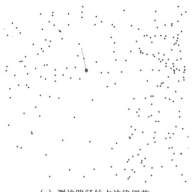
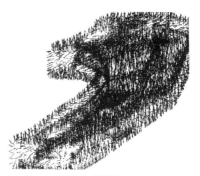

(a) 测地路径始点法线细节　　　　　　　　(b) 全模型法线

图 5-17　钣金件 2 测地路径及主法线

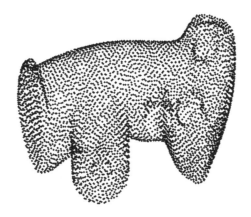

图 5-18　飞机操纵杆手柄点云模型

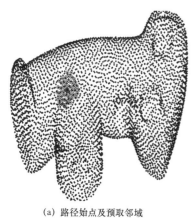

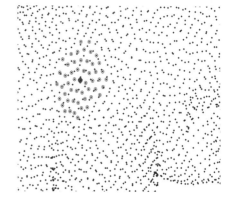

(a) 路径始点及预取邻域　　　　　　　　(b) 路径始点及预取邻域局部细节

图 5-19　路径始点及预取邻域

173

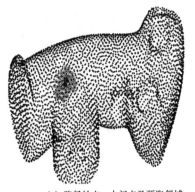
(a) 路径始点、中间点及预取邻域

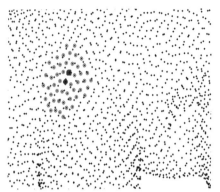
(b) 路径始点、中间点及预取邻域局部细节

图 5-20　路径始点、中间点及预取邻域

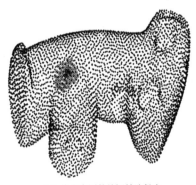
(a) 终点未调整的初始路径点

(b) 终点未调整的初始路径点细节

图 5-21　终点未调整的初始路径点

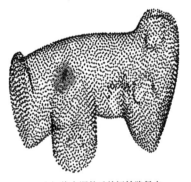
(a) 终点调整后的初始路径点

(b) 终点调整后的初始路径点细节

图 5-22　终点调整后的初始路径点

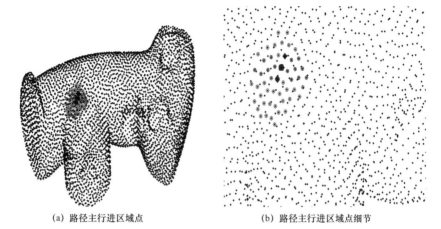

(a) 路径主行进区域点　　　　　　　　(b) 路径主行进区域点细节

图 5-23　测地路径主行进区域点

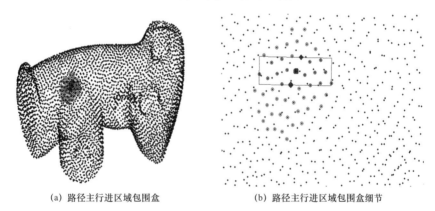

(a) 路径主行进区域包围盒　　　　　　(b) 路径主行进区域包围盒细节

图 5-24　测地路径主行进区域

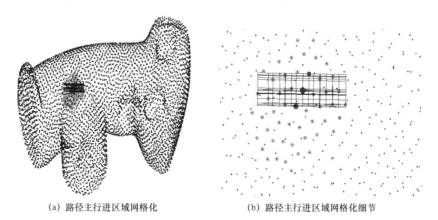

(a) 路径主行进区域网格化　　　　　　(b) 路径主行进区域网格化细节

图 5-25　测地路径主行进区域网格化

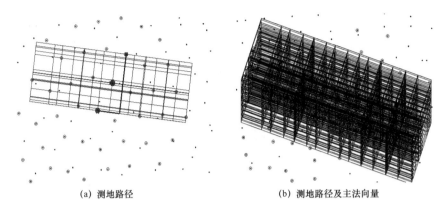

(a) 测地路径

(b) 测地路径及主法向量

图 5-26　测地路径上点的主法向量

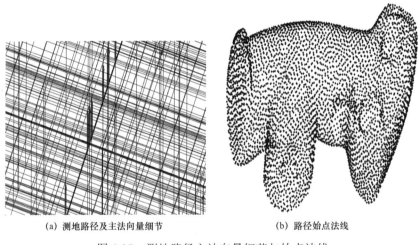

(a) 测地路径及主法向量细节

(b) 路径始点法线

图 5-27　测地路径主法向量细节与始点法线

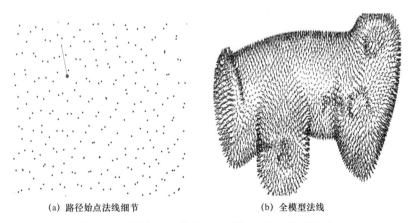

(a) 路径始点法线细节

(b) 全模型法线

图 5-28　测地路径始点法向量细节与全模型法线

利用现有算法 AngleWeighted[165]、AreaWeighted[166]、PlanePCA[62]、PlaneSVD[180]、QuadSVD[155]、QuadTransSVD[157]、VectorPCA[154]、VectorSVD[154]、Voronoi[150]和 OBNE[178]估算点云法线,计算估算法线与精确法线夹角均值(μ)和标准差(σ)两参数,通过比较均值和标准差来验证本章提出算法的有效性。点云法向估算通常将法线估算和法线定向分为两个过程,本节法线没做定向处理。通过模拟数据和真实数据实验,从表 5-1 和表 5-2 可以看出,在未做法线定向情况下,本章提出方法估算法线与模型精确法线的夹角平均值低于现有方法。

本节实验运行环境如下:CPU AMD A8-6600 K APU with Radeon™ HD Graphics 3.90 GHz,4 G 内存,本章算法和 OBNE[178]采用 Matlab R2012a(7.14.0.739)实现,Voronoi 方法采用 Visual Studio 2013(C++)实现,其余算法用 Visual Studio 2008(C++)实现,操作系统 32bit Windows 7。

（1）模拟数据实验

对平面片、立方体盒、圆柱面、圆锥面、球面和圆环面六种基本曲面模型离散化并计算离散点处的精确法线值,数据点分别为平面片 441 个点、立方体盒 5 402 个点、圆柱面 420 个点、圆锥面 401 个点、球面 402 个点、圆环面 2 500 个点,模型分别见图 5-29、图 5-30 和图 5-31 所示,最近邻点数量 $k=15$,估算法线与精确法线夹角均值与标准差见表 5-1。

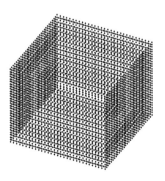

(a) 平面片点云模型（441 点）　　　　　　(b) 立方体盒点云模型（5 402 点）

图 5-29　平面片与立方体盒点云模型

(a) 圆柱面点云模型（420 点）　　　　　(b) 圆锥面点云模型（401 点）

图 5-30　圆柱面与圆锥面点云模型

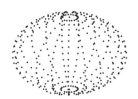

(a) 球面点云模型（402 点）　　　　　(b) 圆环面点云模型（2 500 点）

图 5-31　球面与圆环面点云模型

表 5-1　模拟数据参数

算法	参数	平面片	立方体盒	圆柱面	圆锥面	球面	圆环面
AngleWeighted	μ	1.033 8	1.566 1	1.570 8	1.501 5	1.570 8	1.570 8
	σ	0.646 7	0.896 2	0.646 2	1.143 4	0.905 8	0.687 0
AreaWeighted	μ	1.638 5	1.571 6	1.573 4	1.574 3	1.570 8	1.570 8
	σ	1.571 1	1.493 5	1.243 3	1.386 1	1.289 9	1.268 3
PlanePCA	μ	0.000 0	1.675 2	2.777 9	1.959 4	1.239 1	1.728 1
	σ	0.000 0	1.498 6	0.929 8	1.502 3	1.517 4	1.551 2
PlaneSVD	μ	1.923 4	1.665 0	1.923 3	1.175 7	1.235 3	1.633 0
	σ	1.532 4	1.498 5	1.480 4	1.498 4	1.516 7	1.558 3
QuadSVD	μ	0.000 0	1.666 5	1.654 0	1.539 5	1.570 8	1.568 3
	σ	0.000 0	1.428 1	1.388 4	0.153 9	0.861 6	0.907 1
QuadTransSVD	μ	0.955 3	1.570 8	1.570 3	1.566 2	1.570 8	1.570 8
	σ	0.000 0	0.371 0	0.048 5	0.020 3	0.023 1	0.011 2
VectorPCA	μ	0.000 0	1.691 1	2.742 5	1.665 6	1.076 3	1.703 6
	σ	0.000 0	1.497 7	0.964 3	1.547 5	1.473 6	1.554 5
VectorSVD	μ	0.000 0	1.560 4	1.845 1	1.345 6	1.549 3	1.633 3
	σ	0.000 0	1.499 9	1.519 7	1.508 4	1.536 1	1.543 5

续表

算法	参数	平面片	立方体盒	圆柱面	圆锥面	球面	圆环面
Voronoi	μ	0.000 0	1.592 1	1.632 4	1.654 4	1.543 2	1.664 8
	σ	0.000 0	1.348 6	1.601 1	1.436 2	1.508 5	1.573 3
OBNE	μ	0.000 0	1.580 2	1.528 1	1.366 1	1.478 2	1.568 3
	σ	0.000 0	1.494 9	1.520 6	1.537 5	1.551 5	1.558 6
本章算法	μ	0.000 0	1.554 3	1.516 4	1.337 5	1.003 6	1.547 8
	σ	0.000 0	1.407 6	0.632 8	1.176 1	1.175 3	0.891 8

（2）真实数据实验

扫描数据中选择四种钣金结构件、仪表盘和轴承架数据点分别为 8 740 个点、3 636 个点、4 002 个点、5 017 个点、仪表盘 4 980 个点、轴承架 3 941 个点，模型分别见图 5-32、图 5-33 和图 5-34 所示，最近邻点数量 $k=10$，估算法线与精确法线夹角均值与标准差见表 5-2。

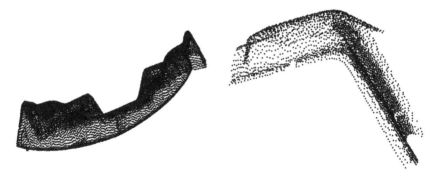

(a) 钣金件 1 点云模型（8 740 点）   (b) 钣金件 2 点云模型（3 636 点）

图 5-32 钣金件 1 和钣金件 2 点云模型

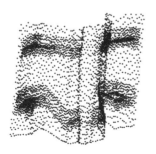 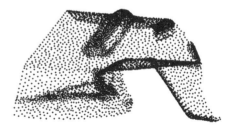

(a) 钣金件 3 点云模型（4 002 点）   (b) 钣金件 4 点云模型（5 017 点）

图 5-33 钣金件 3 和钣金件 4 点云模型

（a）仪表盘点云模型（4 980 点）   （b）轴承架点云模型（3 941 点）

图 5-34　仪表盘和轴承架点云模型

表 5-2　真实数据参数

算法	参数	钣金件 1	钣金件 2	钣金件 3	钣金件 4	仪表盘	轴承架
AngleWeighted	μ	1.602 8	1.565 3	1.538 3	1.554 3	1.557 1	1.554 0
	σ	1.405 9	1.429 2	1.403 4	1.458 2	1.402 7	1.259 7
AreaWeighted	μ	1.603 8	1.565 8	1.534 7	1.552 0	1.555 1	1.560 8
	σ	1.440 2	1.459 3	1.425 1	1.489 4	1.417 1	1.236 2
PlanePCA	μ	1.637 4	1.584 1	1.517 4	1.565 2	1.640 7	1.754 8
	σ	1.465 8	1.488 6	1.458 5	1.510 0	1.440 8	1.299 0
PlaneSVD	μ	1.649 0	1.571 6	1.570 9	1.616 1	1.646 4	1.691 7
	σ	1.432 3	1.431 6	1.418 3	1.490 4	1.418 9	1.219 0
QuadSVD	μ	1.480 5	1.566 9	1.527 9	1.569 2	1.252 7	1.565 6
	σ	0.795 4	0.801 3	0.801 4	0.851 3	0.884 6	0.926 9
QuadTransSVD	μ	1.561 5	1.572 4	1.568 0	1.566 7	1.572 1	1.576 4
	σ	0.133 6	0.081 1	0.104 3	0.067 7	0.149 0	0.248 4
VectorPCA	μ	1.618 0	1.589 1	1.601 4	1.604 3	1.594 7	1.761 1
	σ	1.467 7	1.489 6	1.460 3	1.510 6	1.442 9	1.306 4
VectorSVD	μ	1.466 4	1.388 7	1.547 6	1.589 7	1.491 5	1.467 0
	σ	1.450 1	1.463 5	1.442 3	1.499 3	1.425 6	1.236 5
Voronoi	μ	1.368 4	1.445 0	1.500 3	1.484 1	1.521 7	1.604 7
	σ	0.975 8	1.357 9	0.925 6	1.072 4	1.435 2	1.198 3
OBNE	μ	1.174 0	1.434 3	1.371 2	1.348 3	1.432 0	1.570 1
	σ	1.154 6	0.890 3	0.895 6	0.940 8	0.952 4	0.833 4
本章算法	μ	1.098 6	1.156 2	1.258 8	1.309 5	1.401 7	1.387 0
	σ	0.975 3	0.913 3	0.816 9	0.884 6	1.003 1	0.794 6

5.5 本章小结

点云法线在特征提取、特征识别及曲面重构中起重要作用，近年来提出了多种法线估算方法，这些方法的共同点就是在邻域内确定出与当前点近似共面的数据点，通过拟合曲面计算出当前点的法线，距离、角度、均匀分布等条件是数据点选择时主要考虑的要素，满足条件的数据点设置较大权值以增大对法线的贡献，反之设置较小权值减弱或忽略其影响。

由于未知曲面形状，数据点的选择都具有盲目性，为避免盲目选择邻近点来估算法线，本章在第4章测地路径生成方法基础上，以当前点为路径起点，从当前点的最近邻点集中选择一点作为中点，再从中点的最近邻点选择一点作为路径终点，利用测地路径各点的主法向量，通过拟合主法向量，生成点云法平面，计算两法平面交线估算出点云法线，实现了点云法线估算，尤其提高了尖锐特征的法线估算精度。

终点如果选择不当，初始路径出现"回转"现象，对终点时进行了调整，生成的测地路径也可能出现空间扭曲现象，影响法线估算精度，在路径生成中加入了"最直"性约束，优化测地路径，同时采用了两条测地路径分别拟合法平面，两平面的交线作为点的近似法向量，采用三条措施从三个环节确保法向估算的精度。测地路径上的点位于网格的单元格顶点，在6-邻域模式下，主法向量存在极限偏差，虽然拟合技术可矫正，但偏差影响仍然存在，同时测地路径生成过程中使用了快速行进法计算网格数值，因此提高算法效率是我们下一步需要完成的工作。

第6章　基于 Laplace 算子的
特征线识别

6.1　国内外研究现状

三维激光扫描技术广泛用于机械设计、文物保护、医学、智能感知及建筑测量等领域，越来越多的实物样件、CAD 模型以点云模型存储。点云模型中往往只有空间坐标信息，没有曲面法向、曲率等几何属性以及诸如三角网格、模型参数等拓扑结构，模型中存在特征点、特征曲线以及曲面等多种几何结构，如果不能正确分理出各种几何结构，不能合理分割出点云各曲面片，很难直接从点云数据整体重建出实物样件模型，即便如此，也给 CAD/CAM/CAE 处理带来困难。典型点云特征提取方法有以下几类：

（1）三角剖分法，Hubeli[181]、Hildebrandt[182]、Weinkauf[183] 和 Vidal[184] 等在三角网格基础上或将点云三角化后进行特征提取，三角化建立了点云数据拓扑关系，在与当前点直接相邻的三角面片上估算几何属性，以三角面片的边作为特征线，简化了特征点提取和特征线重建过程，但三角化是一个耗时过程，同时易受噪声影响，且三角面片不能顺应点云真实曲面拓扑。

（2）网格化方法，柯映林[185-187]生成点云数据包围盒，细分包围盒得到点云数据网格，通过网格建立点云拓扑结构，根据单元格是否包含点云数据，把单元格分为实格和空格，以单元格为基本单位，利用网格拓扑信息、网格曲率变化、高斯映射和法曲率映射识别边界网格和曲面特征，实现点云分割与特征提取。该方法无需对点云三角剖分，是一种简单快速方法，但网格中一般包含 25 个数据点，用网格作为基本单位来估算曲率或识别特征，粒度大会遗漏部分特征点。

（3）投票方法，Medioni[63]构造给定点邻域协方差矩阵，计算出特征值及对应特征向量，经过特征分析得到特征值与特征向量的线性组合，构成二阶张量并在邻域内投票，分解投票后的二阶张量来捕获三类局部几何结构，孤立点、具有坐标和切向的曲线以及包含坐标和法线的曲面，通过几何结构极值标记特征点。Park[188]将 Medioni[63]的张量投票方法扩展为多尺度投票方法，在投票中引入权重系数，系数包含尺度因子，尺度因子决定了投票系数及邻近点数量。系统中设定权重系数上下限，若当前系数大于上限则标记为特征点，小于下限则为曲面点，介于两者之间的系数需要再进行迭代，以找到最佳系数和尺度因子。与张量投票过程类似，但邻域之间传递的是法向信息而不是张量信息，Page[189]在三角网格上为给定点找到测地邻域三角面片，计算面片法线，根据测地线性质，当前点应与三角形顶点共面，计算面片法线与两点之间连线交角，以交角、面片法线及权重系数构造投票法向，为避免法向方向混乱，将法向转化为法向的协方差矩阵，最后构造法向分类模型，实现曲面片、折痕及特征点提取。投票核函数在该类方法中至关重要，影响特征提取，构建一个适用多种模型的核函数难度较大。

（4）基于 Voronoi 方法，TamalK[190]等认为邻近点 Voronoi 单元格反映了给定点的局部几何特征，边界或尖锐特征处的 Voronoi 单元格呈板形状，曲面片交线处呈圆多面体状，光滑曲面上呈棒形状，通过点呈现出的几何形状提取特征点。在特征线重建中，为了确定特征点的顺序，采用了特征 PCA 方法，构造特征点协方差矩阵，计算特征值及相应的特征向量，最大特征值对应的方向作为该点的切线方向，当最大特征值与其他特征值之比大于阈值 5，认为该点为角点，否则为边点或边界点。该方法一方面需要生成局部 Voronoi 图，另一方面不同模型的特征值比值偏差大，很难设定一个通用比值阈值。

（5）互近邻点（k Mutual Nearest Neighbors，$kMNN$）算法[191]：与 kNN 算法只计算一个点与另一个点单向距离不同，$kMNN$ 需要计算两点之间相互距离，以相互距离构成两点间相似度量，分割 LIDAR（Light Detection And Ranging，激光探测与测量）数据，将地面上对象与地面点云区域分割，基于对象提取物体特征，逆向工程中点云比 LIDAR 点云包含的特征更复杂，特征提取精度要求也更高。

（6）基于统计的方法，Zhang[192]用 PCA 估算点云法线，以邻域内点之间法向夹角及点之间距离构建局部特征描述器，当夹角大于阈值时将点标记为特征点，用 Possion 过程自动统计阈值，实现了阈值的自适应计算，比现有的预置阈值方法适应性高。但需要邻域内任意两点间法向夹角比较，是一种无序方法，比较过程中没有导向性。

（7）基于聚类的方法，Kai[193]将点云聚类为 n 个区域，线性近似点云区域及平面近似形成多边形网格，多边形网格交线就构成分割线段，当线段的两面夹角大于一定阈值（36°）时，标记该线段为特征线段，根据圆弧相交约束、线段邻近约束、线段相交约束及光滑约束等 4 个约束条件，得到特征线段序列，即得到点云特征线，最后根据可展曲面生成光滑特征线，该方法是针对可展曲面提出的特定方法。

（8）基于图的方法，Gumhold[194]将点云 Delaunay 三角剖分，生成点云 RG，构建给定点的协方差矩阵，利用特征分析判断特征点，结合罚函数生成特征点的最小生成树，通过树状结构重建特征曲线。从最小生成树中删除非特征边，需要一套可靠规则，规则往往具有专用性。

点云特征提取采用正向方法，分为两个步骤，特征点检测和特征线重建。特征点是几何属性发生突变之处，如曲率值突变、法向交角大于某一阈值、与特征点连接曲面的两面角突变等，特征点检测就是根据点的几何属性是否突变把点标记为特征点与非特征点。特征点检测涉及点几何属性量估算，由于无拓扑结构等因素，点云几何属性估算是通过查找给定点的 k 最近邻域点，拟合最近邻点为抛物面，以抛物面曲率近似点曲率，或者用 PCA 等方法通过生成协方差矩阵估算点的法向，或者通过生成点云的三角网格或 Voronoi 网格计算估算两面角，以助于特征点检测，这些方法估算的几何量精度不高，尖锐特征误差尤其明显。此外，点几何量之间比较是在邻域内任意两点间进行，只要偏差大于给定阈值，就认为该点为特征点，这样标记出来的特征点数量大，给特征线重建带来困难。

特征线重建是利用提取的特征点、非特征点的区域聚类及特征点与区域连接信息，将特征点连接成曲线段，特征点的顺序在重建阶段非常关键，未知特征线之前，任一特征点可能位于多条特征线上，现有方法通过比较距离或者生成最小生成树路径来进行特征线连接，特征线连接可能出现错误。

为解决上述问题，基于以下观察，即假如一个点 p 为潜在特征点，那么在 p 的 k 邻域内，必有一条特征线（路径）从 p 发出并与邻域内的某个点或某几个点共线于该特征线。为此以当前给定点 p 为原点，建立局部球坐标系，计算各邻近点的球坐标，各邻近点与球心的连线构成若干条线段，将相近坐标的邻近点分到同一组线段中，以每组线段为检测单元，如果当前线段是特征边，那么就将点 p 标记为特征点，并记录点 p 的连接的区域信息和该条边上点的顺序，如果当前坐标系中存在两条以上的特征边，将点 p 标记为角点，没有特征边存在，点 p 就是曲面内部点或内部边，否则点 p 就是边界点，以线段为检测单元的方法把几何属性量之间盲目比较，转化为线段之间有序比较，同时记录了线段上点之间的连接顺序，为特征线重建提供了便利。本章采用 Laplace 算子提取点云特征，Laplace 算子间接反映了曲面曲率变化，相对于曲率估算，Laplace 算子计算简单，简化了特征点检测模型。同一特征线上的特征点往往会具有全部相近或部分相近的坐标值，通过将相近坐标值的点归类到同一条线段中，线段上点的相互间的顺序关系也确定。在局部坐标系中，根据坐标值对每条线段排序，确定了每条线段之间的先后关系，以线段为检测单元，通过计算左右最近两条线段上点的 Laplace 算子平均值，以检测该条线段是否是潜在特征线，如果是潜在特征线，将球心标记为特征点，并记录潜在特征线与区域的连接信息和特征线上点之间的顺序关系，保证特征点提取有序性。根据提取的角点、特征点，通过查找特征点之间的顺序连接关系，连接所有特征点，构成分段特征多边形，实现区域分割，特征线重建简便。

6.2　点云特征提取预备知识

6.2.1　曲面 Laplace 与曲面曲率的关系

曲面曲率是曲面关于参数的二阶导数，直接反映了曲面在空间弯曲变化剧烈程度，潜在特征点处的曲率变化较大，通过比较潜在特征点曲率值与邻近区域曲率值大小，可检测出潜在特征点。但在点云模型下，曲率需要复杂运算估算得到，精度也难以保证，Laplace 算子间接反映了曲面曲率变化，因此采用易于计算的 Laplace 算子来检测特征点。

曲面 Laplace 算子是曲面 $f=0$ 上的二阶微分算子，定义为曲面梯度 ∇f 的散度 ∇f，$\Delta f = \nabla^2 f = \nabla \cdot \nabla f$，即：

$$\Delta f = \sum_{i=1}^{n} \frac{\partial^2 f}{\partial x_i^2} \qquad (6\text{-}1)$$

定理 6-1　曲面单位法矢的散度等于曲面平均曲率的 2 倍[195]。

证明：不妨假设曲面 $f=0$ 上过 p 点的两正交曲率线为 C_1 和 C_2，C_1 和 C_2 在 p 点的单位切向量分别为 T_1 和 T_2，曲面在点 p 的单位法向为 N，见图 6-1 所示。根据曲率线、切线和法线关系，则有：

$$N = T_1 \times T_2 \tag{6-2}$$

$$\nabla \cdot N = \nabla \cdot (T_1 \times T_2) = T_2 \cdot (\nabla \times T)_1 - T_1 \cdot (\nabla \times T_2) \tag{6-3}$$

将(6-2)式带入(6-3)式可得到：

$$\nabla \cdot N = (N \times T_1) \cdot \nabla \times T_1 + (N \times T_2) \cdot \nabla \times T_2 = N \cdot (T_1 \times \nabla \times T_1 + T_2 \times \nabla \times T_2) \tag{6-4}$$

由 $\nabla(\alpha \cdot \beta) = \alpha \times \nabla \times \beta + \beta \times \nabla \times \alpha + \beta \cdot \nabla \alpha + \alpha \nabla \beta$，不妨令单位向量 $\alpha = \beta = T$，则 $\nabla(T \cdot T) = \nabla(1) = 0$ 得到：

$$T \times \nabla \times T = -T \cdot \nabla T \tag{6-5}$$

根据方向导数的定义，对空间曲线切向 T，以弧长 s 为参数有：

$$T \cdot \nabla T = \mathrm{d}T / \mathrm{d}s \tag{6-6}$$

由空间曲线的 Frenet 方程 $\mathrm{d}T/\mathrm{d}s = \kappa(-N)$，其中 κ 为曲线的曲率，也即是 p 点的一个主曲率，$(-N)$ 为 $\mathrm{d}T/\mathrm{d}s$ 为正值的指向，对应于 T_1，s_1，T_2 和 s_2 可得到：

$$\nabla \cdot N = \kappa_1 + \kappa_2 \tag{6-7}$$

由于平均曲率 $H = (\kappa_1 + \kappa_2)/2$，所以有：

$$\nabla \cdot N = 2H \tag{6-8}$$

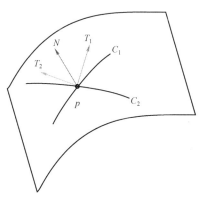

图 6-1　点切线与点法线示意图

定理 6-2　曲面 $f = 0$ 的 Laplace 算子等于曲面平均曲率的 2 倍，即 $\Delta f = 2H$。

187

证明分为两部分，第一部分简要证明曲面的梯度即为曲面在该点处的法线 *N*，第二部分直接引用定理 6-1 的结果。

证明：（1）设空间曲面表达式为 $f(x,y,z)=0$，$p(x,y,z)$ 为曲面上任一点，$C:r(t)=(x(t),y(t),z(t))$ 为过曲面上过点 *p* 任意曲线，因而有：

$$f(x(t),y(t),z(t))=0 \tag{6-9}$$

对(6-9)式两端求导，得到：

$$\frac{\partial f}{\partial x}\frac{\mathrm{d}x}{\mathrm{d}t}+\frac{\partial f}{\partial y}\frac{\mathrm{d}y}{\mathrm{d}t}+\frac{\partial f}{\partial z}\frac{\mathrm{d}z}{\mathrm{d}t}=0 \tag{6-10}$$

即：

$$\nabla f \bullet r'(t)=0 \tag{6-11}$$

（6-11）式表明曲面函数 *f*=0 在 *p* 点的梯度 ∇f 垂直于曲面上过 *p* 点的任一曲线 *r*(*t*)的切线 *r*′(*t*)，曲面上过 *p* 点的所有曲线的切线构成曲面在 *p* 点的切平面，因此梯度 ∇f 是曲面上点 *p* 的法向量 *N*。

（2）由于曲面的梯度为曲面法向，结合定理 6-1，定理 6-2 得证。

6.2.2　离散 Laplace 算子估算

定理 6-2 建立了曲面 Laplace 算子作用在曲面函数上的值与曲面平均曲率的关系，因此 Laplace 算子在某种程度上反映了曲面曲率的变化剧烈程度。对于点云模型没有曲面表达式 *f*，计算 Laplace 算子需要采用离散化方法。由定理 6-2 知，曲面的法线即为曲面的梯度，关于曲面法线的估算方法很多，第 5 章也介绍了曲面法线估算方法，不再赘述。因此点云 Laplace 算子将在曲面法向 *N* 上进行估算，曲面 Laplace 算子可改写为：

$$\Delta f=\frac{\partial^2 f}{\partial x^2}+\frac{\partial^2 f}{\partial y^2}+\frac{\partial^2 f}{\partial z^2}=\frac{\partial N_x}{\partial x}+\frac{\partial N_y}{\partial y}+\frac{\partial N_z}{\partial z} \tag{6-12}$$

其中 N_x、N_y 和 N_z 分别为点云法向 *N* 的分量。

不妨假设曲面在点 $p_1(x_1,y_1,z_1)$ 及邻域 $p_2(x_1-\varepsilon_x,y_1-\varepsilon_x,z_1-\varepsilon_x)$ 的单位法向

为 $N_1(N_{1x},N_{1y},N_{1z})$ 和 $N_2(N_{2x},N_{2y},N_{2z})$，用法向的差分近似导数，由（6-12）则曲面在点 p_1 处的 Laplace 算子为：

$$\Delta f = \frac{|\,N_{1x} - N_{2x}\,|}{\varepsilon + |\varepsilon_x\,|} + \frac{|\,N_{1y} - N_{2y}\,|}{\varepsilon + |\varepsilon_y\,|} + \frac{|\,N_{1z} - N_{2z}\,|}{\varepsilon + |\varepsilon_z\,|} \qquad （6-13）$$

式（6-13）中 $\varepsilon_i (i = x,y,z)$ 为两点之间坐标轴间距，由于点云模型上两点之间某个坐标值可能相等，导致 $\varepsilon_i (i=x,y,z)$ 为零，加入 ε 避免 $(N_{1i} - N_{2i})(i=x,y,z)$ 被零除，通常取 $\varepsilon = 1$。

6.2.3　局部球坐标系

输入点云数据 $P = \{p_1,p_2,\ldots,p_n\}(p_i \in R^3)$，搜索 p 的 k 个最近邻点集 $k_{NN}(p)$，以 p 为球心，将点云全局坐标系平移到 p 点，保持坐标轴方向不发生变化，计算 k 个最近邻点的球坐标系坐标 (ϕ_i,θ_i,ρ_i)，由于只考虑 $k_{NN}(p)$，忽略坐标参数 ρ_i，因此每个邻近点对应一个参数对 (ϕ_i,θ_i)。邻近点集合内两点之间可能共 ϕ 平面，或共 θ 平面，或同时共 ϕ 与 θ 平面。如图 6-2 所示，点 p_1 和 p_2 同时共 ϕ_1 与 θ_1 平面具有相同的坐标参数 (ϕ_1,θ_1)，p_3 和 p_4 同时共 ϕ_2 与 θ_2 平面，具有相同的坐标参数 (ϕ_2,θ_2)，p_5 和 p_6 同时共 ϕ_3 与 θ_3 平面具有相同的坐标参数 (ϕ_3,θ_3)，而 p_7 没有邻近点与之共参数。具有相同坐标的点将与球心 p 点共线，但在全域范围内并非真正共线，将各组坐标参数按照 θ 值升序排序，得到各点的有序排列，各线段作为特征检测的基本单元。

6.2.4　局部坐标系线段排序

建立了局部坐标系，连接球心 p 与各邻近点，得到一系列线段分组 $\{\Gamma_1,\Gamma_2\cdots,\Gamma_m\}(m \leqslant k)$，可计算出各邻近点在局部坐标下的球面坐标 (ϕ_i,θ_i)，为了便于搜索当前线段 Γ 的左右最近邻线段，与常用球面坐标一致，按 θ 值增大方向为逆时针方向，Γ 的左右最近邻线段分别记为 Γ_L 和 Γ_R，则 Γ、Γ_L 和 Γ_R 几种情况的排序如图 6-3、图 6-4 和图 6-5 所示。

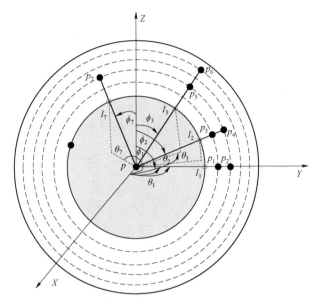

图 6-2 点 p 及邻近点局部球坐标系

图 6-3（a）和图 6-3（b）是 Γ 与 Γ_L 和 Γ_R 位于同一 θ 平面，按照逆时针方向确定顺序，图 6-4 是正常情况下逆时针排序，图 6-5（a）为 Γ 的 θ 值 θ_Γ 在坐标系下取最小值时，左边最近邻线段 Γ_L 只能从坐标系下 θ 值最大中选择一条与 Γ 夹角最小的线段，同理当 Γ 的 θ 值 θ_Γ 在坐标系下取最大值时，右边最近邻线段 Γ_R 只能从坐标系下 θ 值最小中的选择一条与 Γ 夹角最小的线段，如图 6-5（b）所示。

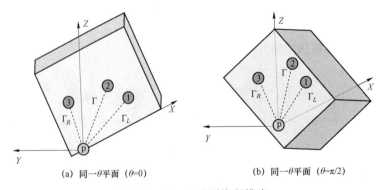

(a) 同一 θ 平面（$\theta=0$）   (b) 同一 θ 平面（$\theta=\pi/2$）

图 6-3 同一 θ 平面线段排序

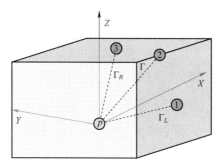

图 6-4   一般情况下线段排序

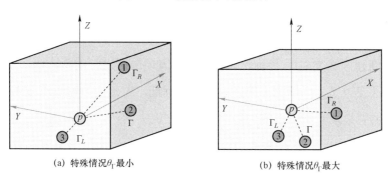

(a) 特殊情况 θ_Γ 最小　　　　　　　(b) 特殊情况 θ_Γ 最大

图 6-5   特殊情况下线段排序

6.3   特征点提取

6.3.1   特征提取模型

设当前线段、左最近邻线段、右最邻线段分别为 Γ、Γ_L 和 Γ_R，Γ_L 上的点为 $\{p_{\Gamma_L}^1, p_{\Gamma_L}^2, \cdots, p_{\Gamma_L}^{m_L}\}$，$\Gamma_R$ 上的点为 $\{p_{\Gamma_R}^1, p_{\Gamma_R}^2, \cdots, p_{\Gamma_R}^{m_R}\}$，$\Delta f$ 在点 p_1 与 p_2 上的值为 $\Delta f(p_1, p_2)$，定义 $\bar{g}$ 为：

$$\bar{g} = \frac{1}{m_L m_R} \sum_{i}^{m_L} \sum_{j}^{m_R} \Delta f(p_{\Gamma_L}^i, p_{\Gamma_R}^j) \qquad （6-14）$$

由（6-14）式可知，$\bar{g}$ 是 Γ_L 上的点和 Γ_R 上的点之间的 Laplace 算子和的

平均值，反映了两条线段点之间的平均曲率变化，特征点判断条件为：

$$\overline{g} > g_{max} \tag{6-15}$$

g_{max} 为特征点检测阈值，可根据不同模型设定。

在局部球坐标下，潜在边的检测方法：如果 $\overline{g} > g_{max}$，Γ 是潜在特征边，否则为非特征边。当 Γ 为将非特征边时，将 Γ 上的点 $\{p_{j_1}, \cdots, p_{j_n}\}$ 聚类到某个区域中：如果 Γ_L 是潜在特征边时，将 $\{p, p_{j_1}, \cdots, p_{j_n}\}$ 聚类到 Γ_L 区域连接信息 $\overrightarrow{SP}\{S_L^{T_L}, S_R^{T_L}\}$ 右边区域 $S_R^{T_L}$ 中；如果 Γ_L 也是非潜在特征边，则将点 $\{p, p_{j_1}, \cdots, p_{j_n}\}$ 聚类到 Γ_L 上点所在的区域 S^{T_L} 中；如果 Γ_L 的特征状态未知，则将 $\{p, p_{j_1}, \cdots, p_{j_n}\}$ 聚类到新建区域 S^{Γ} 中，并标记该聚类，以方便最后进行处理。

如果 $\overline{g} > g_{max}$，该边上的点具有尖锐特征，因此把边球心点 p 标记为潜在特征点，记录 Γ 上点之间的顺序关系 $\overrightarrow{EP}(p, p_{j_1}, \cdots, p_{j_n})$，保存点 p 连接区域信息 $\overrightarrow{SP}\{S_L^{\Gamma}, S_R^{\Gamma}\}$，如果 Γ_L 为非潜在特征边时，S_L^{Γ} 就是 Γ_L 上点所在的区域 S^{T_L}，将 Γ 上的 p 点和 p_{j_i} 聚类到 S^{T_L} 中；如果 Γ_L 为潜在特征边时，S_L^{Γ} 就是 Γ_L 区域连接信息 $\overrightarrow{SP}\{S_L^{T_L}, S_R^{T_L}\}$ 中的 $S_R^{T_L}$，将 Γ 上的点 $\{p, p_{j_1}, \cdots, p_{j_n}\}$ 聚类到 $S_R^{T_L}$ 中。

6.3.2 特征提取过程与分析

点 p 对应的所有线段检测完毕，如果潜在特征边的数目大于 2，则标记 p 点为角点，如果潜在特征边的数目大于 1 但小于等于 2，则标记 p 点为边界点，否则标记 p 点为边点，特征提取方法如图 6-6 所示。

在图 6-6（a）中，当前点为 p，最近邻点数量 $k = 15$，15 个邻近点分为 12 组，以 p 为球心构成 12 条线段，当前坐标系下，按照逆时针分别是 $p \rightarrow$ ③ $\rightarrow$ ⑨，$p \rightarrow$ ⑭，$p \rightarrow$ ⑥，$p \rightarrow$ ⑮，$p \rightarrow$ ② $\rightarrow$ ⑧，$p \rightarrow$ ⑪，$p \rightarrow$ ④，$p \rightarrow$ ⑩，$p \rightarrow$ ① $\rightarrow$ ⑦，$p \rightarrow$ ⑫，$p \rightarrow$ ⑤和 $p \rightarrow$ ⑬，p 同时位于这 12 条线段上，为此计算每条线段与左右最近邻两条线段的 $\overline{g}$ 值。以线 $p \rightarrow$ ③ $\rightarrow$ ⑨为例，左右两条线段分别为 $p \rightarrow$ ⑬和 $p \rightarrow$ ⑭，虽然 $p \rightarrow$ ③ $\rightarrow$ ⑨与 $p \rightarrow$ ⑭共 ϕ 平面，同时 $p \rightarrow$ ③ $\rightarrow$ ⑨与 $p \rightarrow$ ⑬共 θ 平面，但边 $p \rightarrow$ ⑬和 $p \rightarrow$ ⑭同时具有不同的 ϕ 值和 θ 值，满足 $\overline{g} > g_{max}$，因此线

段 $p \to ③ \to ⑨$ 是潜在特征边, 保存 p 点的区域连接信息 $\{S_3, S_2\}$, 把点 p、③ 和⑨聚类到左边线段 $p \to ⑬$ 上点⑬所在区域 S_3 中, 并记录边上各点的顺序 $p \to ③ \to ⑨$。对于线段 $p \to ⑭$, 左右两条线段分别为 $p \to ③ \to ⑨$ 和 $p \to ⑥$, 由于三条线段共 ϕ 平面, $\bar{g} < g_{max}$, 所以不是潜在特征边, 将点⑭聚类到某个区域中, 因为左边线段是潜在特征边, 就将点⑭聚类到区域 S_2 中, 同理可得到 $p \to ② \to ⑧$ 和 $p \to ① \to ⑦$ 是潜在特征边, 区域连接信息分别为 $\{S_2, S_1\}$ 和 $\{S_1, S_3\}$。由于存在三条潜在特征边, 将点 p 标记为角点, 保存点 p 的区域连接信息 $\{S_1, S_2, S_3\}$。

在图 6-6（b）中, p 的 15 个邻域点在局部坐标系下分成了 11 组, 四条线段 $p \to ③ \to ⑪$、$p \to ② \to ⑩$、$p \to ④ \to ⑫$ 和 $p \to ① \to ⑨$ 构成潜在特征边。对于线段 $p \to ④ \to ⑫$, 与左右相邻两条线段 $p \to ⑧$ 和 $p \to ⑦$ 共 ϕ 平面, 由于 $\bar{g} < g_{max}$, 该线段上的点不能标记为潜在特征点。同理, $p \to ① \to ⑨$ 与左右两相邻线段 $p \to ⑬$ 和 $p \to ⑭$ 共 θ 平面, $\bar{g} < g_{max}$, 该线段上的点不能标记为潜在特征点。因而该种情况下只有两条线段 $p \to ③ \to ⑪$ 和 $p \to ② \to ⑩$ 满足 $\bar{g} > g_{max}$, 标记这两条边上的点为潜在特征点, 从 p 发出的边条数大于等于 2, 是将 p 标记为潜在边界点, 把点 p、点③和点⑪聚类到 S_3 中, 点 p、点②和点⑩聚类到 S_2 中, 保存区域连接信息 $\{S_3, S_2\}$。当两条边的 ϕ 或 θ 相差 π 时, 将两条边合并为一条边, 同时记录潜在特征点的顺序, 例如将边 $p \to ③ \to ⑪$ 和边 $p \to ② \to ⑩$ 合并为 $⑩ \to ② \to p \to ③ \to ⑪$。

从图 6-6（c）可以看出, p 的 15 个邻域点在局部坐标系下分成了 11 组, 四条线段 $p \to ③ \to ⑪$、$p \to ② \to ⑩$、$p \to ④ \to ⑫$ 和 $p \to ① \to ⑨$ 构成潜在特征边。线段 $p \to ③ \to ⑪$ 与左右相邻线段 $p \to ⑥$ 和 $p \to ⑧$、线段 $p \to ② \to ⑩$ 与左右相邻线段 $p \to ⑦$ 和 $p \to ⑮$、线段 $p \to ④ \to ⑫$ 与左右相邻两条线段 $p \to ⑧$ 和 $p \to ⑦$、线段 $p \to ① \to ⑨$ 与左右相邻线段 $p \to ⑬$ 和 $p \to ⑭$ 都共 θ 平面, $\bar{g} < g_{max}$, 点 p 与这些边上的点都能标记为非特征点, 被聚类到同一区域 S_3 中, p 称为边点或内部点。

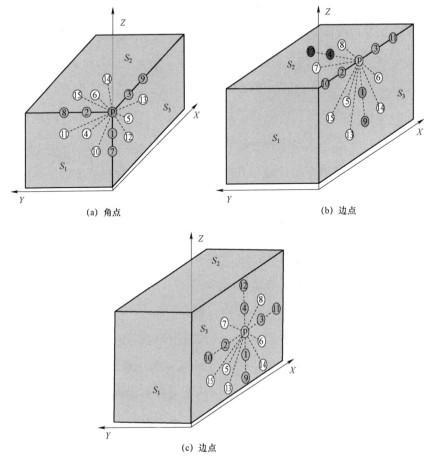

(a) 角点

(b) 边点

(c) 边点

图 6-6　三类点的邻近点坐标按 θ 平面的分组示意图

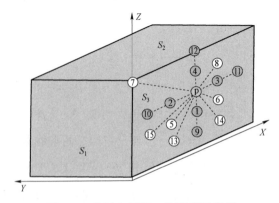

图 6-7　特征点标识二次更新示意图

6.3.3　特征点标记冲突处理

潜在特征检测是在局部坐标下进行，点 p 的邻近点 q 在检测过程中可能被标记为非特征点，但在以 q 为球心的坐标下检测结果标记为特征点，特征点标记出现冲突，此时应以 q 为球心检测结果为主，并更新 q 的聚类区域。如图 6-7 所示，点⑫和点⑦在以 p 为球心的坐标下检测结果为非特征点，并聚类到区域 S_3 中，但在以点⑫和点⑦为球心检测特征时，点⑫和点⑦将分别是边界特征点和角点，因此将这两个点特征标记更新，并将点⑦添加到聚类 S_2 中，将点⑫添加到聚类 S_2 和 S_1 中。相反，如果点 p 的邻近点 q 在检测过程中被标记为特征点，但在以 q 为球心的坐标下检测结果标记为非特征点，也会出现特征点标记冲突，此时 q 应为非特征点，从所在连接顺序中删除，将 q 从对应的聚类中删除或聚类到新的区域中。

6.3.4　非特征点聚类歧义性处理

特征检测过程中同时对非特征点聚类，由于检测在局部坐标下进行，要把非特征线段上的点聚类到相应的区域，当球心 p 位于特征边界附近时，邻近点可能会位于不同的曲面片或区域中，如果仅是按照第 6.3.2 节中的规则进行聚类，出现非特征点聚类混乱。如图 6-8 所示，边界点②的区域连接信息是 $\{S_3, S_2\}$，左边区域 S_3，右边区域 S_2，边界点④的区域连接信息是 $\{S_2, S_3\}$，左边区域 S_2，右边区域 S_3。当检测到线段 $p\rightarrow$③是非特征边，按规则非特征点③将聚类到边界点②的右边区域 S_2 中。当检测到线段 $p\rightarrow$⑤是非特征边时，非特征点 5 将聚类到边界点④的右边区域 S_3 中，这时出现聚类错误。因此在对非特征线段 Γ 上的点 p_{j_i} 聚类，如果左近邻 Γ_L 是潜在特征边，区域连接信息为 $\{S_L^{\Gamma_L}, S_R^{\Gamma_L}\}$ 时，采用系统聚类法的中值聚类，分别计算 p_{j_i} 到区域 $S_L^{\Gamma_L}$ 和区域 $S_R^{\Gamma_L}$ 平均值的距离，选择距离最小的区域聚类，如果其中一个区域为空，比如 $S_L^{\Gamma_L}$ 或 $S_R^{\Gamma_L}$ 为空，那么则新建一个聚类并标记做标记，待该坐标系下所有线段检测完后或系统特征提取完毕后再合并聚类。

6.3.5　聚类一致性检测

由特征提取过程可以看出，点聚类到区域存在以下集中情况：（1）在解决特征点标记冲突过程中，更新特征点和非特征点聚类时，未进行反向跟踪对更新前期相关点的聚类信息，出现部分聚类歧义性；（2）角点位于三张及以上曲面的相交处，在提取过程中，角点聚类相应的相交曲面中，由于在局部坐标下进行提取，提取过程中涉及到新建聚类，出现多个小规模聚类区域，影响下一步特征线重建；（3）第6.3.4节中，部分邻近线段上点的聚类区域为空时，新建聚类，产生小规模聚类区域。

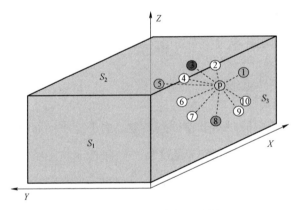

图 6-8　跨区域聚类示意图

本节对上述问题，统一采用系统聚类的重心距离法对上述聚类一致性问题进行处理。设特征检测完毕系统产生 m 个聚类 $S_i = \{s_j\}(1 \leq i \leq m, 1 \leq j \leq m_j)$，$s_j$ 的重心为

$$\overline{s}_j = \frac{1}{m_j} \sum_{j=1}^{m_j} s_j \qquad (6\text{-}16)$$

先计算出各聚类的重心，找出在特征提取过程中已做标记的聚类，计算相互之间的欧式距离 $D = d(\overline{s}_{j_1}, \overline{s}_{j_2})$，将其合并到距离值最小的聚类中。最后

按照上述方法，将聚类中点数目小于 $M_s(M_s=10)$ 的聚类进行合并，以保证各聚类中有足够数量的点。

6.3.6　特征提取算法

（1）算法数据结构

Struct BorderSequence

{

  Point* prev;//the prior point in border

  Point* next; //the next point in border

}

Struct Sequence

{

  BorderSequence * borderSequence;//the current local border in system

  Sequence * next; //the next border in system

}

Struct RegionPoint

{

 Point* point;//pointer to a point in a region

 RegionPoint*next;//the next point in the same region

}

Struct Region

{

  RegionPoint * regionPoint;//multiple regions

  Region* next;//

}

Struct Point

```
{
    x,y,z,index;
        featureflag;//0 = edge,1=border,2=corner
Sequence * includeSequence;
Region* whichRegion;
}
```

（2）算法伪代码

```
Foreach  p_i  in PCD
{
    nbr( p_i )=knn()
    group = calcoordinate();
    DetectFeature();
}
DetectFeature()
{borders=0;
    foreach group[i] in group
        if  g(\gamma,\eta)=0
        {
            if  \Gamma_L been tested
            {if  \Gamma_L  is not a border
                { set  p_{j_i}  to non-feature; Cluster();/* cluster  p_{j_i}  into  S  of  \Gamma_L */ }
                else
                { if  S_R^{\Gamma_L}==null  create new region  S_R ;  S_R^{\Gamma_L}==S_R ; set  p_{j_i}  to feature;
            Cluster   p_{j_i}  /*into   S_R^{\Gamma_L} */; } }
                else
                {create a new region  S  and add  p_{j_i}  into  S ;}}
```

　　　　}

　　else

　　{borders++;save sequence $p \rightarrow \cdots \rightarrow p_{j_i}$;set p_{j_i} to feature;

　　　　if Γ_L been tested

　　　　{if Γ_L is not a border

　　　　　　{ save region link info{ S_L , S_R }, $S_L = S^{\Gamma_L}$,if p_{j_i} associated with a

region S_{j_i} , $S_R = S_{j_i}$,otherwise S_R=*null* ; set p_{j_i} to feature

　　　　　　}

　　　　　　else

　　　　{

　　　　save region link info{ S_L , S_R }, if $S_R^{\Gamma_L}$ ==*null* create new region $S_R^{\Gamma_L}$,

$S_L = S_R^{\Gamma_L}$;if p_{j_i} associated with a region S_{j_i} , $S_R = S_{j_i}$,otherwise

S_R=*null* ; } }

　　　　　　else{ save region link info S_L=*null* , S_R=*null* }

　　　　}

　　}

　If borders>2

　　　　set p is corner;

　else if borders>0

　　　　set p is border;

　else

　　　　set p is edge;

　　　　Cluster();/*cluster p*/

　}

6.4 特征线重建

从第 6.3 节已经得到角点、边界点等特征点以及非特征点的聚类区域，本节将连接特征点形成特征线，以实现点云区域分割。在特征提取过程中，虽然得到了潜在特征点、特征线及连接区域，但由于噪声、采样各向异性、设定较小阈值避免漏掉部分特征点等因素，真实特征点及附近区域的数据点都可能被当作特征点标记，因此潜在特征点数量远大于真实特征点数量，需要对潜在特征点进一步处理才能完成连接。

本节通过协方差矩阵的特征分析来光滑特征点[196,197]，依次从特征点集合 F 中选一点 p，并搜索 k 个最近邻域 $k_{NN}(p)$，计算质心点 $\bar{p}=1/k\sum_{i=1}^{k}p_i$，构造协方差矩阵 $Cov=(p_1-\bar{p},\cdots,p_k-\bar{p})(p_1-\bar{p},\cdots,p_k-\bar{p})^T$，计算特征值 $\lambda_1\geqslant\lambda_2\geqslant\lambda_3$ 和相应的特征向量 e_1、e_2 和 e_3。e_1 作为特征线方向，由 $\bar{p}$ 和 e_1 构成线 L，把点 p 在 L 上的投影点 p' 作为特征点，得到新的特征点集合 F'。由于在特征点检测过程中标识了潜在特征线上点的顺序和潜在特征线的连接区域信息，光滑过程采用了投影操作，部分特征点之间在空间的坐标顺序发生了改变，光滑完成后，需要检查并调整特征点之间的连接顺序 $\overline{EP}$，进一步调整新顺序下特征线连接的区域信息 $\overline{SP}$ 并更新边界点和角点标记。

完成特征点光滑得到新特征点集合 F'，特征提取在局部坐标下进行，特征线上的点数量有限，是一个局部顺序，不能完整表达一条特征边，在重建过程中，首先找到角点对，然后从起始角点出发搜索，依次查找边上关联的特征点，直到匹配到另一个角点为止，完成一条特征边上点的排序，最后将其有序连接。边位于两个角点之间，在边连接之前，需要找到配对的角点，角点的区域连接信息中保存了角点所连接的三个区域，利用区域连接信息查找具有两个相同区域的角点，称为角点对，在配对角点之间进行特征点连接。

提取的特征点如图 6-9（a）所示，对应的特征信息见表 6-1 所示。从系统中搜索出标记为角点的点①，获取区域连接信息 $\overrightarrow{SP}\{S_1, S_2, S_3\}$，然后从系统查找一个与 $\{S_1, S_2, S_3\}$ 有两个共同区域的角点，比如角点⑩，两者连接了两个相同的区域 $\{S_2, S_3\}$，在角点①和角点⑩直接连接特征点构成特征线。从角点①出发，角点⑩的连接顺序（①，③，⑤），找特征点③或⑤开始的连接顺序，有两组有效顺序（③，⑤，⑫）和（⑤，⑫，⑧），以特征点⑫出发的连接顺序有（⑫，⑧，⑩），以点⑧出发的连接顺序没有，则特征线最后的特征点连接顺序为（①，③，⑤，⑫，⑧，⑩）。整个查找过程类似生成一棵树的过程，最后对树深度遍历，得到两角点的特征点连接顺序，连接过程如图 6-9（b）所示。

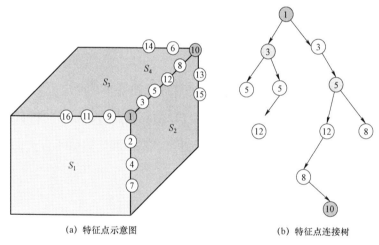

(a) 特征点示意图　　　　　　　(b) 特征点连接树

图 6-9　特征点顺序与连接过程

表 6-1　特征点及连接顺序

序号	起始特征点	连接顺序 $\overrightarrow{EP}$	区域连接 $\overrightarrow{SP}$	是否角点
1	①	（①，③，⑤）	$\{S_1, S_2, S_3\}$	是
2	①	（①，②，④）	$\{S_1, S_2, S_3\}$	是
3	①	（①，⑨，⑪）	$\{S_1, S_2, S_3\}$	是
4	③	（③，⑤，⑫）	$\{S_2, S_3\}$	否
5	⑤	（⑤，⑫，⑧）	$\{S_2, S_3\}$	否

序号	起始特征点	连接顺序 $\overrightarrow{EP}$	区域连接 $\overrightarrow{SP}$	是否角点
6	⑫	(⑫、⑧、⑩)	$\{S_2, S_3\}$	否
7	⑩	(⑩、⑬、⑮)	$\{S_2, S_3, S_4\}$	是
8	⑩	(⑩、⑧)	$\{S_2, S_3, S_4\}$	是
9	⑩	(⑩、⑥、⑭)	$\{S_4, S_3\}$	是

6.5 实验与分析

6.5.1 特征检测初始阈值设定

为特征点检测提供参考，阈值 g_{max} 可进行如下方式设定初始值。将当前点 p 及邻域点 $k_{NN}(p)$ 抛物面拟合 S（6-17），估算各点的近似法向 $(-2x, -2y, 1)$，计算 p 与 $k_{NN}(p)$ 中各点的 Lapace 算子值 g_i，然后取平均值作为 g_{max}。

$$z = x^2 + y^2 \tag{6-17}$$

$$g_{max} = \frac{1}{k} \sum_{p_i \in nbr(p)} \Delta f(p, p_i) \tag{6-18}$$

在实验中修改特征点检查的判定条件为：

$$\bar{g} > \lambda g_{max} \tag{6-19}$$

其中 λ 为阈值系数，初次实验可设定 $\lambda=1.0$。

6.5.2 模拟数据特征点提取实验

在模拟数据实验中，选择尖锐特征比较明显的立方体来提取特征点。将定义在 $[0,1] \times [0,1] \times [0,1]$ 上的正方体离散化并计算出各点的单位法向，x 轴、y 轴和 z 轴三个方向采样间距均为 0.1，共计 602 个数据点，最近邻点数量

$k=10$。不同 λ 值下特征点提取效果见图 6-10、图 6-11 和图 6-12 所示。从图 6-10 和图 6-11（a）可以看出，λ 值分别为 1.0，2.0 和 3.0 时是一种欠提取状态，潜在特征点中存在大量非特征点，从图 6-12 可以看出，λ 值分别为 5.0 和 6.0 时是一种过提取状态，部分特征点未提取出来。λ 为 4.0 时（图 6-11（b））是一种正常状态，没有遗漏特征点，但潜在特征点中仍然包含部分非特征点。

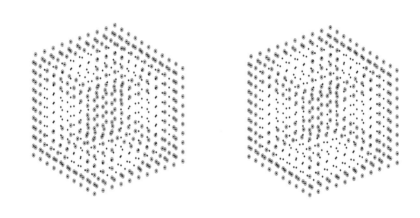

(a) $\lambda = 1.0$　　　　　　　　　　　　　(b) $\lambda = 2.0$

图 6-10　阈值系数为 1.0 和 2.0 的特征点检测情况

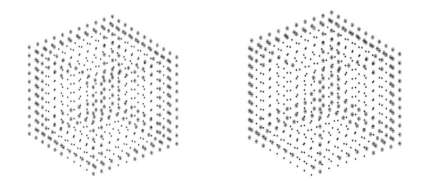

(a) $\lambda = 3.0$　　　　　　　　　　　　　(b) $\lambda = 4.0$

图 6-11　阈值系数为 3.0 和 4.0 的特征点检测情况

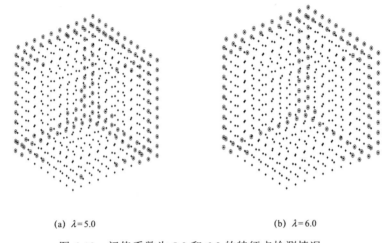

(a) $\lambda=5.0$ (b) $\lambda=6.0$

图 6-12　阈值系数为 5.0 和 6.0 的特征点检测情况

6.5.3　点云数据特征点提取实验

在该实验中，选择光滑异形曲面模型，吹风机出风口扫描数据进行实验，1 200 个数据点，最近邻点数量 $k=10$。不同 λ 值下特征点提取效果见图 6-13、图 6-14 和图 6-15 所示。从图 6-13 和图 6-14（a）可以看出，λ 值分别为 1.0，8.0 和 16.0 时是一种欠提取状态，潜在特征点中存在大量非特征点，从图 6-15 可以看出，λ 值分别为 40.0 和 50.0 时是一种过提取状态，部分特征点未提取出来。λ 为 23.0 时（图 6-14（b））是一种正常状态，没有遗漏特征点，由于是光滑曲面，尖锐特征不明显，与立方体模型相比，提取结果的潜在特征点中包含了更多数量的非特征点。

6.5.4　特征线连接实验

在特征线连接实验中，选择光滑异形曲面，飞机操纵杆手柄由圆柱体、四个盲孔及异形表面构成，见图 6-16 所示。模型共 5 006 个数据点（图 6-16（a）），阈值系数 $\lambda=5.0$，共提取到 619 特征点（图 6-16（b）），构成 10 条特征线（图 6-17（a）～（b））。

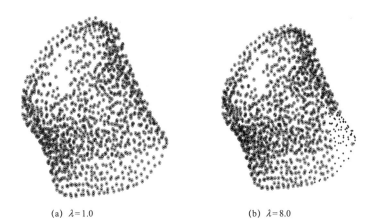

(a) $\lambda=1.0$　　　　　　　　　　　　(b) $\lambda=8.0$

图 6-13　阈值系数为 1.0 和 8.0 的特征点检测情况

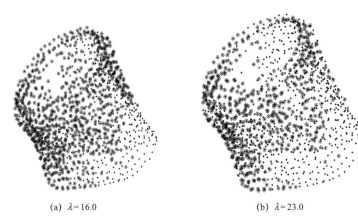

(a) $\lambda=16.0$　　　　　　　　　　　(b) $\lambda=23.0$

图 6-14　阈值系数为 16.0 和 23.0 的特征点检测情况

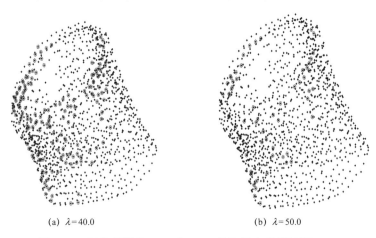

(a) $\lambda=40.0$　　　　　　　　　　　(b) $\lambda=50.0$

图 6-15　阈值系数为 40.0 和 50.0 的特征点检测情况

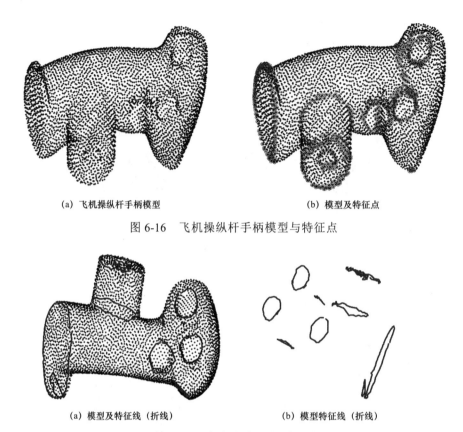

(a) 飞机操纵杆手柄模型　　　　　　　　(b) 模型及特征点

图 6-16　飞机操纵杆手柄模型与特征点

(a) 模型及特征线（折线）　　　　　　　　(b) 模型特征线（折线）

图 6-17　飞机操纵杆手柄特征线

6.6　本章小结

实物样件由多种体素构造而成，点云数据往往蕴含多种特征，如角点、边界等。特征提取的目的是将特征点从点云中检测出来，将特征点连接形成特征曲线，以辅助曲面片分离。通过估算曲率、法向夹角及协方差矩阵特征值等，在给定点邻域内数据点之间进行两两比较，将大于阈值的点标记为特征点，这种比较和检测方法是无序的，特征线连接过程中难以确定特征点之间连接的先后顺序。

　　为有序进行特征点检测，以给定点为球心建立局部坐标，计算邻近点的球坐标，将具有相近球坐标的点与球心构成的线段按顺时针方向排序，根据各直线段左右线段上点的 Lapalce 算子值来标识特征点和特征线，记录潜在特征点连接顺序和潜在特征线的连接区域，最后搜索并连接特征点形成特征线，将点云分割为若干区域。Lapalce 算子检测模型主要使用了点云法线，并计算线段上点的平均 Lapalce 算子值作为阈值，在离散 Laplace 算子计算中，用微分计算导数，为了避免被零除，增加了调节因子 ε，使两点之间的轴向距离增大，给算子值计算带来不确定性，增加了阈值 g_{max} 的分析难度。由于阈值 g_{max} 难以分析，需要根据不同曲面进行设定，或通过调整阈值系数 λ 来设定，还没有实现自适应设定。

第7章 点云基元曲面特征识别

7.1 国内外研究现状

点云曲面特征识别是采用某种方法或技术手段，确定出点云数据所蕴含曲面（片）几何形状的数学表达式，并根据点云坐标数据计算出表达式系数或几何参数。把前者称为几何形状识别，后者称为几何参数提取。

工业领域中几何模型的曲面，85%以上可由平面、球面、圆柱面和圆锥面四种基本图元近似，如果加上圆环面，五种基本图元可近似几何模型曲面高达 95%[198,199]，因此五种基本图元曲面特征识别是研究和应用重点。曲面特征识别可分为两个过程，第一是在点云数据上识别出曲面几何形状或图元，第二是从已知形状点云数据块上提取形状的几何参数。现有曲面特征识别方法没有将两个过程做明显区分。针对一种或多种图元曲面，几何形状识别主要有三类方法：

（1）基于高斯映射（Gauss Map）的方法，根据各曲面高斯映像的分布特性来区分曲面几何形状。平面的高斯影像为一个点，圆锥面的高斯影像是一小圆，圆柱面的高斯影像是一大圆，球面和圆环面的高斯影像分布在整个单位球面上。柯映林等[187]在高斯映射基础上，利用曲面法曲率映射坐标系对平面、柱面、锥面、直纹面和一般拉伸面等形状进行识别，同时也有效区分了球面和环面两种仅从高斯影像难以分离的曲面。Toony[200]用高斯映射识别点云中的平面、球面、圆锥面、圆柱面和圆环面等几何形状，估算高斯球面上点的 PCA 平面法线，取点的中位数和法线确定映像的 PCA 平面。通过映像的 PCA 平面，将五种图元分为平面-圆锥面-圆柱面与球面-环面两组，针对球面-环面，构造高斯累加器（Gaussian Accumulator）来进行识别，该类方法可在点云区域分割之后进行。

（2）基于 RANSAC 的方法，分析图元表达式中几何参数关系，通过随机采样选择数据点，选择满足图元表达式的潜在数据点，这种方法几是何形状识别和几何参数提取同时进行，潜在曲面点是满足图元几何参数关系的点。Bolles[201]和 Chaperon[202]通过高斯映射找到约束平面得到一组数据点，从数据点中提取圆柱体。无论找约束平面还是提取圆柱体都采用随机采样法，利用迭代和评价函数得到"局内点"构造圆柱面，点云数据可能存在多个圆柱面，根据圆柱面上点分布稀疏状况，建立推理规则，将数据点归类到不同圆柱面上。Schnabel[203]定义了形状评价函数，RANSAC 每一次迭代，评价平面、球面、圆柱面、圆锥面和圆环面的形状函数值，取得分最高形状作为候选形状，每个形状均需要设定阈值，如距离为 ε 的点法向夹角不得大于阈值，最后根据用户指定的条件概率值来完成提取。

（3）基于 Hough 变换的方法，Rabbani[204]改进了传统用 5D-Hough 检测圆柱面的方法，分两步来提取圆柱面，用 2D-Hough 从高斯球检测圆柱旋转轴方向，用 3D-hough 检测圆柱面位置和方向，以减小时间和节省空间。Borrmann[172]将空间平面转换为 Hesse 形式，利用 3D-Hough 变换来检测平面。

第二类方法和第三类方法在特征提取过程中，利用了图元几何表达式或代数表达式，几何形状识别和几何参数提取同时进行，事实上是一种混合方法。

几何参数提取主要利用已知几何形状的表达式，采用最小二乘法拟合数据点，求解出几何形状表达式系数。Pratt[205]采用精确拟合、简单拟合、球面拟合及融合拟合四种方法对多种代数曲线、曲面非迭代拟合，在拟合过程中使用代数距离。由于代数距离不稳定和存在奇异性等问题，Lukacs[206,207]和Marshall[208]提出了几何距离法，采用几何方法结合点法向量与曲率，对球面、圆柱面、圆锥面和圆环面非线性最小二乘拟合。Tran[209]将点云预处理后，计算出点法线和曲率，利用曲率信息提取属于圆柱面的潜在点。对于每一个圆柱面点，把邻域当作"局内点"，将鲁棒圆柱面拟合算法应用于"局内点"，拟合过程中不断迭代和更新"局内点"，传播至所有余下点，用验证方法评估提取的圆柱面是否可靠，最后应用均值漂移聚类（Mean Shift Clustering）方法估计圆柱面的参数，可同时检测多个圆柱面。Laurent[210]采用代数插值方法，在最小点集及法向基础上，拟合出柱面和锥面，该方法适合集成到基于RANSAC 或 Hough 曲面特征提取中，以最小点集确定出完整曲面特征。

实物样件表面由多张曲面片组合而成，点云模型经分割之后形成多个相应曲面片区域，由于区域没有相应的几何信息，无法精确重构出各曲面片，分析并研究点云曲面特征识别具有重要意义。传统点云重构方法不进行曲面片识别，采用某种方法对点云模型进行统一建模得到整体近似曲面，如隐函数法[62,171,211-214]，或进行网格剖分建立点云拓扑关系，如三角剖分法[215-220]，曲面的几何形状未知，重建过程无导向性，因此曲面重建精度不够，曲面的局部特征无法准确表达，进而无法更好支持 CAD\CAM\CAE 后续处理。实物样件点云数据，通常也被称为散乱点云或无结构点云，虽然空间上呈散乱状，无拓扑结构，但点云源于样件表面，在空间上会呈现某种规律分布，分布特性蕴含着点与点之间的约束关系。点云模型经特征提取和区域分割后将形成独立的曲面片，准确识别这些曲面片的几何形状，可以有针对性地提取曲面片的几何参数，从而精确提取曲面片特征，是完成点云模型精度重构的重要过程之一。

平面、球面、圆柱面、圆锥面和圆环面五种基本图元可表达 95%[198,199]以上几何模型，因此研究基于五种基本图元的点云曲面特征识别具有代表性。本章是第 6 章工作的继续，在已完成点云特征提取和区域分割基础上，针对潜在平面、圆柱面、圆锥面、球面和圆环面等五种典型图元的几何形状进行识别并提取几何参数。

同时识别五种图元曲面的方法主要有基于 RANSAC 的方法和基于 Gauss 映射的方法。基于 RANSAC 方法[203]首先定义五种图元曲面的形状评价函数，每次从点云数据中随机选择一数据点，计算形状评价函数的函数值，函数值最大（得分最高者）评价函数对应的形状作为候选几何形状，这种方法不足之处在于参数设置，比如需要为每种形状设置不同阈值，阈值通常需要用户来指定。基于 Gauss 映射的方法利用点云法向的在单位球面上分布特性对几何形状进行定性分析，通过量化法曲率映射[187]或高斯映像 PCA 平面及高斯累积器[200]来区别图元的几何形状。法曲率映射方法需要估算点云的法曲率，找出法曲率绝对值的最大和最小来建立法曲率坐标系，统计法曲率分布来识别形状，由于同时需要估算法向和曲率，几何量估算精度难以保证，对噪声敏感。后者首先估算高斯映像的所在平面法线，并以映像的中位数方法作为平面上一点，构造映像的 PCA 平面，分析法线在 PCA 平面附近的分布来容易识别平面、柱面和锥面，这种方法需要量化八个参数指标，部分参数指标阈值需要用户设置，未实现自适应设定阈值，同时球面和圆环面识别还需借助高斯累积器。基于 Gauss 映射方法的优势在于高斯映像直观，区分平面、柱面和锥面容易，但难点在于球面和圆环面的高斯映像分布在整个高斯球面上，无论是采用曲率映射法还是高斯累积器来区别球面和圆环面都显得复杂。

由于高斯映射的直观性，本章利用高斯映射从点云中识别五种基本图元的几何形状，在简便识别平面、柱面和锥面的几何形状基础上，提出球面和环面识别的鲁棒方法。受 Toony[200]启发，在曲面几何形状识别阶段，利用高斯映射将曲面分为两组，分别是平面-圆柱面-圆锥面和球面-圆环面，通过分析高斯映像的特征分析将前者区分，球面和环面无法从高斯映射来识别，通过估算 Lapalce-Beltrami 矩阵，定义一个函数并计算在曲面上的算子值，利用均值和方差可简单识别出球面和圆环面。最后结合各曲面片的特点，主要通过拟合方法来提取几何参数。将曲面特征识别分两个阶段进行，避免了曲面拟合的盲目性，增强参数提取的导向性，提高几何参数提取精度。高斯映像用于基本图元分组容易实现，高斯映像圆弧切向与高斯球心连线垂直关系区别圆柱面和圆锥面方法简单可行，Laplace-Beltrami 算子区分球面和圆环面特征明显，易于区分。已知几何形状的单一曲面片，通过拟合提取几何参数，具有针对性，鲁棒性强，提取几何参数精度高。

7.2　曲面几何形状识别

7.2.1　曲面高斯映射

设曲面 S 的参数表示为 $r=r(u,v)$，它在每点有一个确定的单位法向量：

$$N(u,v)=\frac{r_u \times r_v}{|r_u \times r_v|} \tag{7-1}$$

平行移动 N 使之起点落在原点，则 N 的终点就落在 E^3 单位球面 S^2 上。这样就得到一个映射：

$$g:\begin{cases} S \to S^2 \\ r(u,v) \to N(u,v) \end{cases} \tag{7-2}$$

称为曲面 S 的 Gauss 映射[48]。

基于高斯映射，可对五种基本图元的高斯映像进行定性分析，平面的高斯映像为球面上一点（图 7-1），平面法向决定了高斯映像点在单位球面上的位置。无底面圆柱面的高斯映像为球面上一大圆（图 7-2），大圆与球面共面，大圆位置与柱面旋转轴方向相关。无底圆锥面的高斯映像为球面上一小圆（图 7-3），小圆半径与柱面半顶角相关，锥面旋转轴方向决定小圆在球面上的位置。球面的高斯映像分布整个球面（图 7-4），同样圆环面的高斯映像分布整个球面（图 7-5），未体现出明显的几何特征。

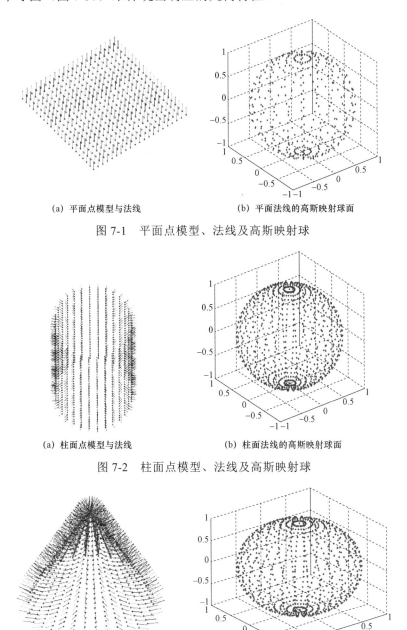

(a) 平面点模型与法线　　　　　　(b) 平面法线的高斯映射球面

图 7-1　平面点模型、法线及高斯映射球

(a) 柱面点模型与法线　　　　　　(b) 柱面法线的高斯映射球面

图 7-2　柱面点模型、法线及高斯映射球

(a) 锥面点模型与法线　　　　　　(b) 锥面法线的高斯映射球面

图 7-3　锥面点模型、法线及高斯映射球

213

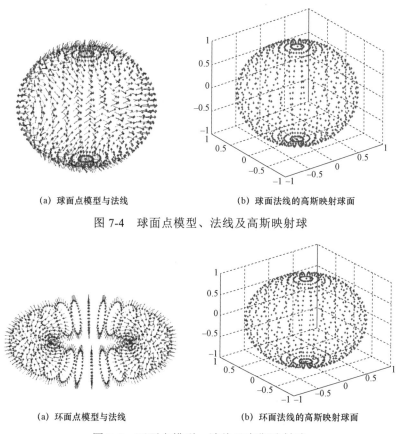

(a) 球面点模型与法线　　　　　　(b) 球面法线的高斯映射球面

图 7-4　球面点模型、法线及高斯映射球

(a) 环面点模型与法线　　　　　　(b) 环面法线的高斯映射球面

图 7-5　环面点模型、法线及高斯映射球

7.2.2　曲面分组

点云特征分析表明，孤立点、曲线及曲面的显著性分别表现为球形、板形和棒形[63]。五种图元的高斯映像中，平面的高斯映像为点，圆柱面和圆锥面的高斯映像为曲线，而球面和圆环面的高斯映像为曲面，因此本章利用图元高斯映像的特征显著性来将图元进行分组。

以曲面高斯映像为数据点，搜索 k 最近邻点，采用 PCA[62] 方法估算特征值 λ_1、λ_2、λ_3（$\lambda_1 \geqslant \lambda_2 \geqslant \lambda_3$）及相应的特征向量 e_1、e_2、e_3，根据谱理论[221]，张量可分解为 3 种特征的线性组合，$S = (\lambda_1 - \lambda_2)e_1e_1^T + (\lambda_2 - \lambda_3)(e_2e_2^T + e_3e_3^T) +$

$\lambda_3(e_1e_1^T+e_2e_2^T+e_3e_3^T)$，$e_1e_1^T$ 表示棒形张量、$(e_2e_2^T+e_3e_3^T)$ 表示板形张量，$(e_1e_1^T+e_2e_2^T+e_3e_3^T)$ 表示球形张量，根据几何结构显著性特征[188]，当 $\lambda_3>(\lambda_1-\lambda_2)$ 同时 $\lambda_3>(\lambda_2-\lambda_3)$，局部几何结构为点，无方向；当 $(\lambda_2-\lambda_3)>(\lambda_1-\lambda_2)$ 同时 $(\lambda_2-\lambda_3)>\lambda_3$ 时，局部几何结构为曲线，e_1 为切线方向；当 $(\lambda_1-\lambda_2)>(\lambda_2-\lambda_3)$ 同时 $(\lambda_1-\lambda_2)>\lambda_3$ 时，局部几何结构为曲面，e_3 为法线方向。

根据特征分析理论[63]，当高斯映像的显著性特征满足 $\lambda_3>(\lambda_1-\lambda_2)$ 且 $\lambda_3>(\lambda_2-\lambda_3)$，或 $(\lambda_2-\lambda_3)>(\lambda_1-\lambda_2)$ 且 $(\lambda_2-\lambda_3)>\lambda_3$ 时为平面 - 圆柱面 - 圆锥面组，当高斯映像的显著性特征满足 $(\lambda_1-\lambda_2)>(\lambda_2-\lambda_3)$ 且 $(\lambda_1-\lambda_2)>\lambda_3$ 时为球面 - 圆环面组。

7.2.3　平面-圆柱面-圆锥面形状识别

平面高斯影像为高斯球面上一个点，平面的法向决定了点的球面坐标，如图 7-6 所示。当高斯映像的显著性特征满足 $\lambda_3>(\lambda_1-\lambda_2)$ 且 $\lambda_3>(\lambda_2-\lambda_3)$ 时，该局部几何结构为点，因此该高斯映射的原像为平面。

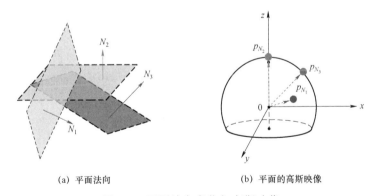

(a) 平面法向　　　　　　　　　　(b) 平面的高斯映像

图 7-6　平面法向变化与高斯映像

圆柱面的高斯映像为高斯球面上一大圆，圆柱面旋转轴的方向 a 决定了高斯映像大圆 C 所在平面的法向 N，方向 a 与 N 方向一致，见图 7-7 所示。

圆锥面的高斯映像为高斯球面上一个小圆，圆锥面旋转轴方向 b 决定了高斯映像小圆 c 所在平面的法向 N，方向 b 与 N 方向一致，见图 7-8 所示。

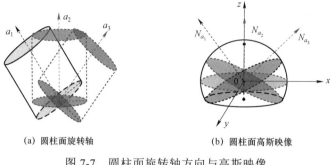

(a) 圆柱面旋转轴　　　　　　　　(b) 圆柱面高斯映像

图 7-7　圆柱面旋转轴方向与高斯映像

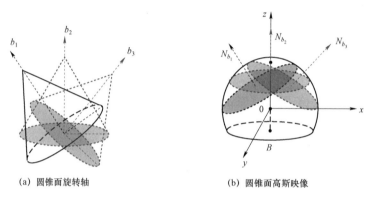

(a) 圆锥面旋转轴　　　　　　　　(b) 圆锥面高斯映像

图 7-8　圆锥面旋转轴方向与高斯映像

　　圆锥面高斯映像小圆所在平面与球心的距离由圆锥面的半顶角 β 决定，β 越大，高斯映像小圆半径越小，离球心距离越大。当 $\beta \to \pi/2$ 时，圆锥面近似平面，高斯映像趋于一个点，当 $\beta \to 0$ 时，圆锥面近似柱面，高斯映像趋于一个大圆，见图 7-9 所示。

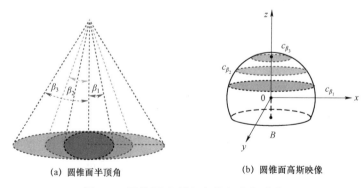

(a) 圆锥面半顶角　　　　　　　　(b) 圆锥面高斯映像

图 7-9　圆锥面半顶角变化与高斯映像

由于圆柱面高斯像和圆锥面高斯像都是曲线，张量显著性均满足$(\lambda_2 - \lambda_3) >$ $(\lambda_1 - \lambda_2)$ 且 $(\lambda_2 - \lambda_3) > \lambda_3$ 条件，仅由张量显著性还无法区别两种曲面片，借助张量显著性分析中曲线特征切线方向 $\boldsymbol{e}_1$ 来区别圆柱面和圆锥面。球面上大圆切线与球面半径垂直，而球面上小圆切线与球面半径不垂直，如图 7-10 所示，过点 p_1 的大圆在 p_1 的切线为 $\boldsymbol{v}_1$，半径连线 $\overrightarrow{Op_1} \perp \boldsymbol{v}_1$，而过点 p_2 的小圆在 p_2 的切线为 $\boldsymbol{v}_2$，半径连线 $\overrightarrow{Op_2}$ 与 $\boldsymbol{v}_2$ 不垂直，因此通过这种方式将圆柱面和圆锥面区分开。

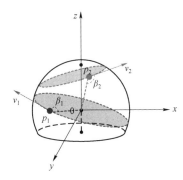

图 7-10　球面上圆的切线与球面半径夹角

7.2.4　球面-圆环面形状识别

球面-圆环面高斯映像分布在整个高斯球面，从高斯映像无法直接区分两种曲面片。拉普拉斯贝尔特拉米算子（Lapalce-Beltrami Operator，LBO）是欧式空间中 Lapalce 算子在黎曼流行上的推广，是一种二阶微分算子，本质上描述了空间中某点函数值与邻域均值差异这一特征[222]。广泛用于数字几何处理，如网格处理[223,224]、形状分析[225,226]、模型配准[227]、几何模型搜索[228]等。在数字几何处理中，通过计算 Laplace-Beltrami 算子矩阵的特征值表征模型特征，不同模型具有不同特征值。

设 M^n 为 n 维紧致黎曼流行，M 的局部坐标为（x^1，…，x^n）为，黎曼度量为 $\mathrm{d}S^2 = \sum g_{ij} \mathrm{d}x^i \otimes \mathrm{d}x^j$，$M$ 上的 Laplace-Beltrami 算子定义为：
$$\Delta = \frac{1}{\sqrt{g}} \sum_{ij} \frac{\partial}{\partial x^i} \left(\sqrt{g} g^{ij} \frac{\partial}{\partial x^i} \right)$$

假定 S 为一参数曲面 $r(u, v)$，(u, v) 是参数（$u = u^1$，$v = u^2$），设 $f: S \to R$ 是光滑函数，则 f 在面 S 上的 Laplace-Beltrami 算子为[48]：

$$\Delta_S f = \frac{1}{\sqrt{g}} \frac{\partial}{\partial u^\beta} \left(\sqrt{g} g^{\alpha\beta} \frac{\partial f}{\partial u^\alpha} \right) \tag{7-3}$$

（7-3）式中采用 Einstein 求和约定，α，$\beta = 1$，2，$g_{\alpha\beta} = \left\langle \dfrac{\partial r}{\partial u^\alpha}, \dfrac{\partial r}{\partial u^\beta} \right\rangle$ 为度量矩阵，$g^{\alpha\beta} = (g_{\alpha\beta})^{-1}$，$g = det(g_{\alpha\beta})$。

函数 f 的选择是 Laplace-Beltrami 算子在数字几何处理应用的难点。

将（7-3）式展开可得到：

$$\Delta_S f = \frac{1}{\sqrt{g}} \frac{\partial}{\partial u^\beta} \left(\sqrt{g} g^{\alpha\beta} \frac{\partial f}{\partial u^a} \right)$$

$$= \frac{1}{\sqrt{g}} \left\{ \frac{\partial(\sqrt{g})}{\partial u^\beta} g^{\alpha\beta} \frac{\partial f}{\partial u^a} + \sqrt{g} \frac{\partial(g^{\alpha\beta})}{\partial u^\beta} \frac{\partial f}{\partial u^a} + \sqrt{g} g^{\alpha\beta} \frac{\partial \left(\frac{\partial f}{\partial u^a} \right)}{\partial u^\beta} \right\}$$

$$= \frac{1}{\sqrt{g}} \left\{ \begin{array}{l} \dfrac{1}{2} \dfrac{1}{\sqrt{g}} \left(\dfrac{\partial g}{\partial u}, \dfrac{\partial g}{\partial v} \right) \begin{pmatrix} g^{11} & g^{12} \\ g^{21} & g^{22} \end{pmatrix} \begin{pmatrix} \dfrac{\partial f}{\partial u} \\ \dfrac{\partial f}{\partial v} \end{pmatrix} + \sqrt{g} \left(\dfrac{\partial}{\partial u}, \dfrac{\partial}{\partial v} \right) \begin{pmatrix} g^{11} & g^{12} \\ g^{21} & g^{22} \end{pmatrix} \begin{pmatrix} \dfrac{\partial f}{\partial u} \\ \dfrac{\partial f}{\partial v} \end{pmatrix} \\ + \sqrt{g} \begin{pmatrix} g^{11} & g^{12} \\ g^{21} & g^{22} \end{pmatrix} \left(\dfrac{\partial}{\partial u}, \dfrac{\partial}{\partial v} \right) \begin{pmatrix} \dfrac{\partial f}{\partial u} \\ \dfrac{\partial f}{\partial v} \end{pmatrix} \end{array} \right\}$$

$$= \frac{1}{2g} \left(\frac{\partial g}{\partial u}, \frac{\partial g}{\partial v} \right) \begin{pmatrix} g^{11} & g^{12} \\ g^{21} & g^{22} \end{pmatrix} \begin{pmatrix} \dfrac{\partial f}{\partial u} \\ \dfrac{\partial f}{\partial v} \end{pmatrix} + \left(\frac{\partial}{\partial u}, \frac{\partial}{\partial v} \right) \begin{pmatrix} g^{11} & g^{12} \\ g^{21} & g^{22} \end{pmatrix} \begin{pmatrix} \dfrac{\partial f}{\partial u} \\ \dfrac{\partial f}{\partial v} \end{pmatrix} +$$

$$\begin{pmatrix} g^{11} & g^{12} \\ g^{21} & g^{22} \end{pmatrix} \begin{pmatrix} \dfrac{\partial^2 f}{\partial u^2} & \dfrac{\partial^2 f}{\partial uv} \\ \dfrac{\partial^2 f}{\partial uv} & \dfrac{\partial^2 f}{\partial v^2} \end{pmatrix}$$

$$= \frac{1}{2g} \left(\frac{\partial g}{\partial u}, \frac{\partial g}{\partial v} \right) \begin{pmatrix} g^{11} & g^{12} \\ g^{21} & g^{22} \end{pmatrix} \begin{pmatrix} \dfrac{\partial f}{\partial u} \\ \dfrac{\partial f}{\partial v} \end{pmatrix} + \begin{pmatrix} \dfrac{\partial g^{11}}{\partial u} & \dfrac{\partial g^{12}}{\partial u} \\ \dfrac{\partial g^{21}}{\partial v} & \dfrac{\partial g^{22}}{\partial v} \end{pmatrix} \begin{pmatrix} \dfrac{\partial f}{\partial u} \\ \dfrac{\partial f}{\partial v} \end{pmatrix} +$$

$$\begin{pmatrix} g^{11} & g^{12} \\ g^{21} & g^{22} \end{pmatrix} \begin{pmatrix} \dfrac{\partial^2 f}{\partial u^2} & \dfrac{\partial^2 f}{\partial uv} \\ \dfrac{\partial^2 f}{\partial uv} & \dfrac{\partial^2 f}{\partial v^2} \end{pmatrix}$$

$$= \frac{1}{2g}(g_u, g_v)\begin{pmatrix} g^{11} & g^{12} \\ g^{21} & g^{22} \end{pmatrix}\begin{pmatrix} f_u \\ f_v \end{pmatrix} + \begin{pmatrix} g^{11}_u & g^{12}_u \\ g^{21}_v & g^{22}_v \end{pmatrix}\begin{pmatrix} f_u \\ f_v \end{pmatrix} + \begin{pmatrix} g^{11} & g^{12} \\ g^{21} & g^{22} \end{pmatrix}\begin{pmatrix} f_{uu} & f_{uv} \\ f_{uv} & f_{vv} \end{pmatrix}$$

$$\tag{7-4}$$

从（7-4）式可以看出，$\Delta_S f$ 涉及到曲面参数表达式 $r(u,v)$ 的一阶微分和函数 f 的一阶和二阶微分。

对于点云应用，Lapalce-Beltrami 算子需要离散化，离散化方法有 Taubin 框架法[229]、余切法[230]等，基于点云模型的离散方法有切空间近似法[231]，微分属性法[232]以及移动最小二乘法等。由于曲面 Lapalce-Beltrami 算子是欧氏空间 Laplace 算子在曲面上的推广，将作用于欧氏空间上的函数 f 推广到曲面上，因此可在球面和圆环面上作用同一个函数 f，得到曲面上的算子值，这样就将曲面的特征分析转化为一维数值进行分析，借助简单工具来分析函数值的特征，可容易实现曲面的形状分析。

曲面 S 为球面和圆环面，从圆环面参数方程（7-5）可以看出，球面是圆环面的特殊情况，大半径 R 为小圆中心到旋转轴的距离，当 R 消失，即旋转轴为圆的直径时，圆环面即为球面，因此两类曲面是具有相近几何形状的光滑曲面，在任一点的局部邻域内，可采用抛物面来拟合。

$$\begin{cases} x(u,v) = (R + r\cos v)\cos u \\ y(u,v) = (R + r\cos v)\sin u \\ z(u,v) = r\sin v \end{cases} \tag{7-5}$$

点云模型计算 Laplace-Beltrami 算子矩阵需要进行离散化，Wang[232]利用 PCA 估算任一点 p 的 k 最近邻点协方差矩阵的特征值和特征向量，用特征向量建立局部正交坐标系，用抛物面来拟合局部几何形状，将局部曲面泰勒级数展开至二阶，估算曲面 S 的微分，用同样的方式来近似函数 f 在点云上的函数值，估算 f 的微分，构建出 Laplace-Beltrami 算子矩阵。Wang[232]在未知函数 f 表达式条件下，对 f 进行近似，本章将直接定义作用于曲面 S 上的函数 f。从方程（7-5）可知，虽然球面与圆环面有近似的表达形式，但从几何图形上可以看出有差别。为此定义函数 $f = x^2 + y^2 + z^2$，当 f 作用于球面时，函数值恒等于一固定值，即球面半径平方，当 f 作用于圆环面时候，函数值将不会恒等于一固定值，产生规律性变化，见图 7-11、图 7-12、图 7-13 和图 7-14 所示。

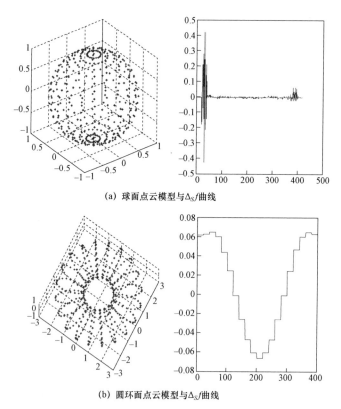

(a) 球面点云模型与$\Delta_S f$曲线

(b) 圆环面点云模型与$\Delta_S f$曲线

图 7-11　球面与圆环面点云模型与对应的$\Delta_S f$曲线

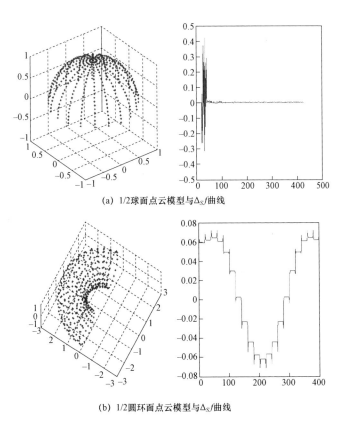

(a) 1/2 球面点云模型与$\Delta_S f$曲线

(b) 1/2 圆环面点云模型与$\Delta_S f$曲线

图 7-12　1/2 面与半圆环面点云模型与对应的$\Delta_S f$曲线

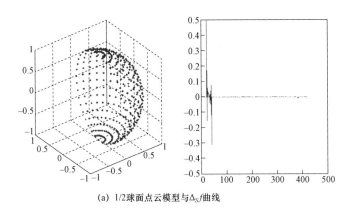

(a) 1/2 球面点云模型与$\Delta_S f$曲线

图 7-13　1/2 球面与半圆环面点云模型与对应的$\Delta_S f$曲线

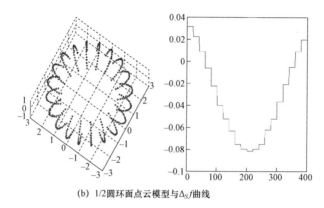

(b) 1/2圆环面点云模型与$\Delta_S f$曲线

图 7-13 1/2 球面与半圆环面点云模型与对应的$\Delta_S f$曲线（续）

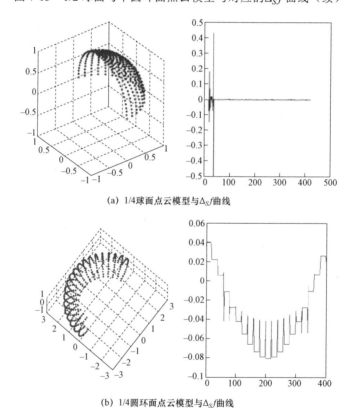

(a) 1/4球面点云模型与$\Delta_S f$曲线

(b) 1/4圆环面点云模型与$\Delta_S f$曲线

图 7-14 1/4 球面与 1/4 圆环面点云模型与对应的$\Delta_S f$曲线

图 7-11（a）、图 7-12（a）、图 7-13（a）和图 7-14（a）中左边为球面点云模型，右边为对应归一化$\Delta_S f$，可以看出，少量数据点由于 Laplace-Beltrami

矩阵估算误差，导致 $\Delta_S f$ 值出现较大偏差外，球面点云模型的 $\Delta_S f$ 近似一条直线。图 7-11（b）、图 7-12（b）、图 7-13（b）和图 7-14（b）中左边为圆环面点云模型，右边为对应归一化 $\Delta_S f$，圆环面的 $\Delta_S f$ 不再是一条直线，呈现自相似性。两种模型通过 f 作用和 Laplace-Beltrami 运算后，显现出明显不同的特征。因此把两种模型的 $\Delta_S f$ 看作随机变量，计算均值和方差，因为球面模型均值和方差都近似等于 0，很容易将球面和圆环面识别出来。

7.3　曲面几何参数提取

由于存在噪声、各向异性等，拟合法是提取点云曲面几何参数的最有效方法之一，因此对五种图元曲面，根据不同的几何或代数表达式，均采用拟合方法来实现参数提取。

7.3.1　平面几何参数提取

常见的平面方程有一般式、点法式、参数式、点位式、截距式、三点式及法式等七种形式，考虑点云特点及噪声等因素，采用基于一般式的最小二乘拟合来提取几何参数。

平面几何参数 $\{p(p_x, p_y, p_z), \vec{v}(\vec{v}_x, \vec{v}_y, \vec{v}_z)\}$ 由平面上一点 p 和法向 $\vec{v}$ 决定，p 通过点云坐标均值得到，拟合平面方程的求解出系数得到平面法向，见图 7-15 所示。平面区域点为 $p_i(x_i, y_i, z_i)(1 \leqslant i \leqslant n)$，平面 Π 方程为：

$$ax + by + cz + d = 0 \tag{7-6}$$

则点 p_i 到平面 Π 的距离 D_i 的平方和为：

$$D_i^2 = \frac{(ax_i + by_i + cz_i + d)^2}{a^2 + b^2 + c^2} \tag{7-7}$$

所有点 p_i 到平面 Π 的距离和 L 为：

$$L = \sum_{i=1}^{n} D_i^2 \qquad\qquad (7\text{-}8)$$

采用 LSM，最佳拟合平面为使 L 最小的参数 a，b，c 和 d。

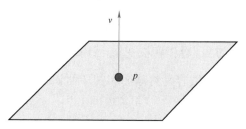

图 7-15 平面几何参数示意图

L 最小化的必要条件是 $\partial L/\partial a = 0$，$\partial L/\partial b = 0$，$\partial L/\partial c = 0$ 和 $\partial L/\partial d = 0$，即：

$$
\begin{cases}
\dfrac{\partial L}{\partial a} = \dfrac{2\sum\limits_{i=1}^{n} x_i^2}{a^2+b^2+c^2}a + \dfrac{2\sum\limits_{i=1}^{n} x_i y_i}{a^2+b^2+c^2}b + \dfrac{2\sum\limits_{i=1}^{n} x_i z_i}{a^2+b^2+c^2}c + \dfrac{2\sum\limits_{i=1}^{n} x_i}{a^2+b^2+c^2}d = 0 \\[3ex]
\dfrac{\partial L}{\partial b} = \dfrac{2\sum\limits_{i=1}^{n} y_i x_i}{a^2+b^2+c^2}a + \dfrac{2\sum\limits_{i=1}^{n} y_i^2}{a^2+b^2+c^2}b + \dfrac{2\sum\limits_{i=1}^{n} y_i z_i}{a^2+b^2+c^2}c + \dfrac{2\sum\limits_{i=1}^{n} y_i}{a^2+b^2+c^2}d = 0 \\[3ex]
\dfrac{\partial L}{\partial c} = \dfrac{2\sum\limits_{i=1}^{n} z_i x_i}{a^2+b^2+c^2}a + \dfrac{2\sum\limits_{i=1}^{n} z_i y_i}{a^2+b^2+c^2}b + \dfrac{2\sum\limits_{i=1}^{n} z_i^2}{a^2+b^2+c^2}c + \dfrac{2\sum\limits_{i=1}^{n} z_i}{a^2+b^2+c^2}d = 0 \\[3ex]
\dfrac{\partial L}{\partial d} = \dfrac{2\sum\limits_{i=1}^{n} x_i}{a^2+b^2+c^2}a + \dfrac{2\sum\limits_{i=1}^{n} y_i}{a^2+b^2+c^2}b + \dfrac{2\sum\limits_{i=1}^{n} z_i}{a^2+b^2+c^2}c + \dfrac{2n}{a^2+b^2+c^2}d = 0
\end{cases}
\qquad (7\text{-}9)
$$

求解超定方程组（7-9），可得到平面 Π 的系数 a，b，c 和 d。

7.3.2 圆柱面几何参数提取

圆柱面几何参数由旋转轴 l 和半径 r 确定，旋转轴 l 可分解为方向 $\vec{v}$ 和轴上一点 p_v，因而圆柱面的几何参数 $\{p(p_x, p_y, p_z), \vec{v}(\vec{v}_x, \vec{v}_y, \vec{v}_z), r\}$ 由三个参数 p、$\vec{v}$ 和 r 确定，见图 7-16 所示。从第 7.2.3 节知道（见图 7-7），圆柱面的高斯映像所在平面的法向与圆柱旋转轴的方向一致，以圆柱高斯映像点为离散点，通过 PCA 估算特征值 $\lambda_1 \geq \lambda_2 \geq \lambda_3 \geq 0$ 和对应的特征向量 e_1、e_2 和 e_3，最小特征值对应的特征向量 e_3 即为圆柱面旋转轴方向 $\vec{v}$。

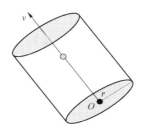

图 7-16　圆柱面几何参数示意图

特征向量 e_1、e_2 和 e_3 构成了以 e_3 为 z 轴、e_1 为 x 轴、e_2 为 y 轴的局部坐标标架£，只考虑坐标平面 $e_1 \times e_2$ 形成二维平面 $\prod_2$，将圆柱面区域上的点投影到平面 $\prod_2$ 上，得到一个圆，通过拟合圆来计算圆柱面半径 r 和圆心 c，并将 c 作为旋转轴上的点 p_v。基于代数拟合方法[205]，得到关于 r 和 c 的方程[209]：

$$(c_x, c_y, r^2 - c_x^2 - c_y^2)^T = (A^T A)^{-1} A^T b \qquad (7\text{-}10)$$

其中：

$$A = \begin{pmatrix} 2q_{1x} & 2q_{1y} & 1 \\ 2q_{2x} & 2q_{2y} & 1 \\ \vdots & \vdots & \vdots \\ 2q_{mx} & 2q_{my} & 1 \end{pmatrix}, b = \begin{pmatrix} |q_1|^2 \\ |q_2|^2 \\ \vdots \\ |q_m|^2 \end{pmatrix} \qquad (7\text{-}11)$$

上式中 $q_i(q_{ix}, q_{iy})(1 \leqslant i \leqslant m)$ 为圆柱面区域点云 $p_i(1 \leqslant i \leqslant m)$ 在 $\prod_2$ 上对应的投影点，$|q|$ 为点 q 的长度。求解（7-10）式计算出 r 和 c，将 c 转换为三维空间坐标，可得到圆柱面旋转轴上的点 $p_v = c_x e_1 + c_y e_2$。

7.3.3　圆锥面几何参数提取

圆锥面的几何参数 $\{p(p_x, p_y, p_z), \vec{v}(\vec{v}_x, \vec{v}_y, \vec{v}_z), r_p, \beta\}$ 为旋转轴方向 $\vec{v}$，$\vec{v}$ 上一点 p、p 所在的圆半径 r_p 和半顶角 β，见图 7-17 所示。与圆柱面相同，通过 PCA 估算高斯映像点所在平面的特征值和特征向量，最小特征值对应的特征向量为旋转轴方向 $\vec{v}$。

从图 7-9 可知，随着圆锥面半顶角 β 增大，高斯映像的小圆与高斯球心之间的距离减小，可以证明半顶角 β 与高斯映像球坐标 φ 之和等于 90°，即 $\beta + \varphi = 90°$，如图 7-18 所示。因此旋转高斯球所在球坐标系 £，使 z 轴与 $\vec{v}$ 重合，原坐标系 £ 变成新球坐标系 £'，在 £' 坐标系下通过计算锥面高斯映像的坐标 φ，可得到圆锥面的半顶角 β。

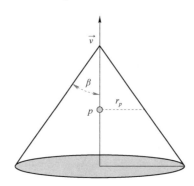

图 7-17　圆锥面几何参数示意图

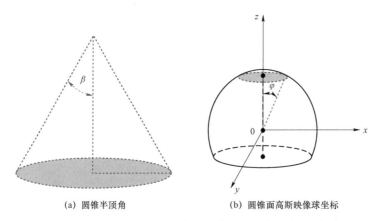

(a) 圆锥半顶角　　　　　　　(b) 圆锥面高斯映像球坐标

图 7-18　圆锥面半顶角与高斯映像球面坐标之间的关系

计算点云坐标均值 $\bar{p}$，过 $\bar{p}$ 作垂直于 $\vec{v}$ 的平面 $\prod$，$\vec{v}$ 与 $\prod$ 的交点即为轴上一点 p，p 与 $\bar{p}$ 之间的距离为 r_p。以 $\vec{v}$、p、r_p 和 β 为初值，利用 Newton 迭代法结合区域数据进行优化，计算出最佳几何参数。

过每个点分别作垂直于 $\vec{v}$ 的平面 $\prod_j$ 计算与 $\vec{v}$ 的交点 p_j 和半径 r_j，以半径最大值 $r_{\max}$ 作为底面圆半径，对应的交点 $p_{\max}$ 为地面圆心 c，确定出圆锥面的空间位置。

7.3.4　球面几何参数提取

球面几何参数 $\{p(a,b,c),r\}$ 包括球心坐标 p 和球面半径 r，如图 7-19 所示。设球面区域点为 $p_i(x_i,y_i,z_i)(1 \leqslant i \leqslant n)$，球面 S 的标准方程

$$(x-a)^2 + (y-b)^2 + (z-c)^2 = r^2 \qquad （7-12）$$

计算出 p_i 到 p 的距离平方 $d_i^2 = (x_i-a)^2 + (y_i-b)^2 + (z_i-c)^2$，令 $L = \sum_{i=1}^{n}$ $(d_i^2 - r^2)^2$ 为残差和，使 L 最小化的参数 a、b、c 和 r 即为球面几何参数。

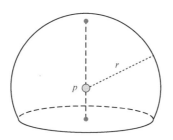

图 7-19　球面几何参数示意图

根据 L 最小化的必要条件 $\partial L/\partial a = 0$，$\partial L/\partial b = 0$，$\partial L/\partial c = 0$ 和 $\partial L/\partial d = 0$，即：

$$\begin{cases} \dfrac{\partial L}{\partial a} = -4\sum_{i=1}^{n}(x_i-a)[(x_i-a)^2 + (y_i-b)^2 + (z_i-c)^2 - r^2] = 0 \\[2mm] \dfrac{\partial L}{\partial b} = -4\sum_{i=1}^{n}(y_i-b)[(x_i-a)^2 + (y_i-b)^2 + (z_i-c)^2 - r^2] = 0 \\[2mm] \dfrac{\partial L}{\partial c} = -4\sum_{i=1}^{n}(z_i-c)[(x_i-a)^2 + (y_i-b)^2 + (z_i-c)^2 - r^2] = 0 \\[2mm] \dfrac{\partial L}{\partial r} = -4r\sum_{i=1}^{n}[(x_i-a)^2 + (y_i-b)^2 + (z_i-c)^2 - r^2] = 0 \end{cases}$$

$$（7-13）$$

求解超定方程组（7-13），即得球面几何参数 a、b、c 和 r。

7.3.5　圆环面几何参数提取

圆环面的几何参数 $\{p(p_x, p_y, p_z), \vec{v}(\vec{v}_x, \vec{v}_y, \vec{v}_z), R, r\}$ 为大圆中心 p、旋转轴方向 $\vec{v}$，大圆半径 R 和小圆半径 r，见图 7-20 所示。计算点云数据均值 $\bar{p}$，设定 $\vec{v}$、p、R 和 r 的初值，旋转 $\vec{v}$ 与标准坐标 z 方向一致并计算旋转矩阵 M，同时旋转 $\bar{p}$、p 和区域数据点，计算出旋转轴上一点 p 并以此为原点建立坐标系，将区域数据点和 p 到映射到新坐标系，采用 Newton 迭代法结合区域数据进行优化，计算出最佳几何参数。

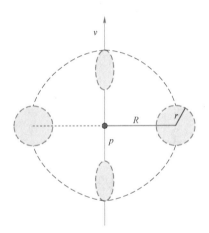

图 7-20　圆环面几何参数示意图

7.4　实验与分析

在形状识别基础上，实验中将提取五种图元形状的几何参数。平面片点云区域共 93 个数据点，见图 7-21（a）所示，采用最小二乘拟合计算平面方程系数，提取的几何参数为：平面上一点（0.322 8，0.312 9，0.000 013 12），平面法线（0.000 365 8，−0.000 530 4，−0.999 9）。图 7-21（b）是点云与拟合平面的距离曲线图。圆柱面片共有 420 个数据点，见图 7-22（a）所示，提取的几何参数为：底圆圆心坐标（−8.669 8，0.000 5，1.000 3），底圆半径 0.935 7，旋转轴方向（−0.000 5，0.001 4，0.999 9），图 7-22（b）是点云与拟合柱面圆之间的距离曲线图。锥面片 101 共个数据点，见图 7-23（a）所示，提取的几何参数为：旋转轴上一点坐标（0.026 4，0.022 10，0.479 5），旋转轴方向（−0.008 7，−0.001 3，0.999 9），旋转轴上点的半径几何参数 0.548 6，半顶角 0.792 3，图 7-23（b）是点云到拟合锥面轴距离与半径之间的偏差曲线图。球面片共 111 个数据点，见图 7-24（a）所示，提取的球心为（0.025 4，0.022 39，0.027 04），球面半径为 0.997 0，图 7-24（b）为点云与拟合球面之间的距离曲线图。圆环面片共 100 个数据点，见图 7-25（a）所示，大圆中心（0.002 7，0.007 1，0.005 5），旋转轴方向（−0.002 3，−0.005 6，0.999 9）为，大圆半径为 5.029 9，小圆半径 1.992，图 7-25（b）是点云与圆环面片之间的距离曲线图。从上述实验可以看出，点云与拟合曲面之间存在距离偏差，偏差的大小，反应了点云与曲面之间的偏离程度，造成偏差的有多个原因，比如在区域分割中，部分数据点聚类在邻近的曲面片区域中，尤其是边界处的数据点；或者噪声、各向异性等因素影响，数据点偏离蕴含的曲面；或者曲面拟合过程中产生数值误差等。

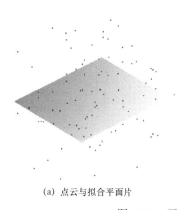

(a) 点云与拟合平面片　　　　　(b) 点到拟合平面距离

图 7-21　平面片点云几何参数提取

229

(a) 点云与拟合圆柱面

(b) 点到拟合柱面与半径偏差

图 7-22　圆柱面几何参数提取

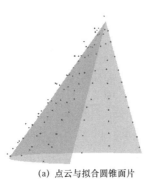

(a) 点云与拟合圆锥面片

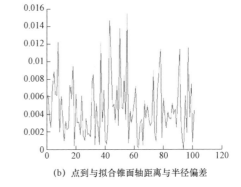

(b) 点到与拟合锥面轴距离与半径偏差

图 7-23　圆锥面片几何参数提取

(a) 点云与拟合球面片

(b) 点云到拟合球面距离与半径偏差

图 7-24　球面片几何参数提取

（a）圆环面片

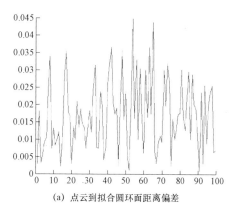

（a）点云到拟合圆环面距离偏差

图 7-25　圆环面几何参数提取

7.5　本章小结

无论是对点云数据进行 CAD\CAM\CAE 处理还是对模型再设计，都需要模型几何形状和几何参数先验知识，才能更好对模型进行操控。曲面形状由表达式决定，具有多样性，平面和柱面的提取在点云应用中研究较多。本章基于点云分割结果形成的曲面片区域，估算点云区域法线，进行高斯映射，通过对高斯映像的特征分析，将点云区域分为平面-圆柱面-圆锥面和球面-圆环面两组，利用高斯映像的特征方向与高斯球半径垂直位置关系识别前者的几何形状识别，后者通过在区域上定义函数并进行 Laplace-Beltrami 运算，将算子值作为随机变量，计算均值和方差将球面和圆环面区分。

在区域几何形状识别基础上，根据各曲面类别的特点，分别提取曲面片的几何参数，以实现点云区域的曲面特征识别。基于高斯映射的图元几何形状识别中，由于高斯映像都分布在整个高斯球面，因此球面和环面识别难度大，通过定义二次函数，采用 Laplace-Beltrami 算子，简化了球面和圆环面形状识别。

鉴于点云的各向异性，采用拟合法提取几何参数相对稳定，但如果数据量大，效率相对低，同时拟合法从原理上是尽可能满足所有点，在该意义下，如果点云噪声大，拟合法将引入了更多噪声，提取的几何参数与真实参数有偏差增大。在形状识别和几何形状的参数提取中，未考虑带底面的圆柱面、带底面的圆锥面和锥台形状的几何参数提取。几何参数提取使用拟合方法，拟合方法通常是非线性，部分需要指定初值，拟合效率和精度是需要考虑的问题。

参考文献

［1］ 王小超. 三维数字几何处理中特征提取与孔洞修补研究［D］. 大连：大连理工大学，2014.

［2］ 谢倩茹，耿国华. 三维模型孔洞修补方法的研究［J］. 计算机应用研究，2013，30（10）：3175-3177.

［3］ Ngo HM, Lee W. Feature-first hole filling strategy for 3D meshes［C］. Computer Vision, Imaging and Computer Graphics. Theory and Applications:International Joint Conference, VISIGRAPP 2011.

［4］ 刘云华，吕剑，朱林，等. 基于区域生长的三角网格模型孔洞修补方法［J］. 计算机工程，2014，40（10）：239-244.

［5］ Quinsat Y, Lartigue C. Filling holes in digitized point cloud using a morphing-based approach to preserve volume characteristics［J］. The International Journal of Advanced Manufacturing Technology. 2015, 81(1):411-421.

［6］ 邱泽阳，宋晓宇，张定华. 离散数据中的孔洞修补［J］. 工程图学学报，2004（4）：85-89.

［7］ 朱春红，达飞鹏. 基于 B 样条曲面的点云孔洞拟合填充［J］. 中国机械工程，2006（S2）：270-274.

［8］ Li Z, Meek DS, Walton DJ. Polynomial blending in a mesh hole-filling application［J］. Computer-Aided Design, 2010, 42(4): 340-349.

［9］ Marchandise E, Piret C, Remacle JF. CAD and mesh repair with radial basis functions［J］. Journal of Computational Physics, 2012, 231(5): 2376-2387.

［10］晏海平，吴禄慎，陈华伟. 基于径向基函数的散乱点云孔洞修复算法［J］. 计算机工程与设计，2014，35（4）：1253-1257.

［11］王凡. 基于机器学习的点云孔洞修补算法的并行化研究［D］. 银川：宁夏大学，2016.

［12］刘许，宋阳. 一种基于移动最小二乘法的点云数据孔洞修补算法研究［J］. 现代电子技术，2017，40（5）：101-104.

［13］曾露露，盖绍彦，达飞鹏，等. 基于从运动中恢复结构的三维点云孔洞修补算法研究［J］. 光学学报，2018，38（6）：131-137.

［14］李绪武. 基于三维扫描工程建模的面部整形点云数据处理方法研究［D］. 重庆：重庆大学，2013.

［15］黄志安. 基于机载 LiDAR 点云与影像配准的真彩色点云生成技术［D］. 广州：华南理工大学，2017.

［16］Levoy M, Pulli K, Curless B, at al. The digital michelangelo project: 3D scanning of large Statues［C］. In Proceedings of The Annual Conference on Computer graphics and Interactive Techniques, 2000: 131-144.

［17］Scaramuzza D, Harati A, Siegwart R. Extrinsic self calibration of a camera and a 3D laser range finder from natural science［J］. Proceedings of the 2007 IEEE/RSJ International Conference on Intelligent Robots and Systems.

［18］Stamos I, Allen PK. Integration of range and image sensing for photo realistic 3D modeling［C］. International. Conference. on Robotics and Automation, San Fransisco, CA, 2000: 1435-1440.

［19］Roux M. Registration of airborne laser data with one aerial image［C］. CDROM(The International Archives of the Photogrammetry, Remote Sensing and Spatial Information Sciences, Istanbul). 2004, XXXV-A,

234

B1-B8: 1043-1048.

［20］胡戬. 三维激光扫描技术中纹理图像与点云的配准［D］. 南京：南京理
工大学，2009.

［21］方伟. 融合摄影测量技术的地面激光扫描数据全自动纹理映射方法研
究［D］. 武汉：武汉大学，2014.

［22］邓非，张祖勋，张剑清. 一种激光扫描数据与数码照片的配准方法［J］.
武汉大学学报（信息科学版），2007（4）：290-292+296.

［23］米晓峰，李传荣，苏国中，等. LiDAR 数据与 CCD 影像融合算法研究
［J］. 微计算机信息，2010，26（10）：113-114+122.

［24］吴福朝. 计算机视觉中的数学方法［M］. 北京：科学出版社，2008.

［25］Zhang ZY. A flexible new technique for camera calibration［J］. IEEE
Transactions on Pattern Analysis and Machine Intelligence, 2000, 22(11):
1330-1334.

［26］Tsai RY. A versatile camera calibration technique for high-accuracy 3D
machine vision metrology using off-the-shelf TV cameras and lenses［J］.
IEEE Journal on Robotics and Automation, 1987, 3(4): 323-344.

［27］雷成，吴福朝，胡占义. Kruppa 方程与摄像机自标定［J］. 自动化学报，
2001（5）：621-630.

［28］Luong QT, Faugeras OD. Self-calibration of a moving camera from point
correspondences and fundamental matrices［J］. International Journal of
Computer Vision, 1997, 22(3): 261-289.

［29］Tomasi C, Kanade T. Shape and motion from image streams under
orthography: a factorization method［J］. International Journal of Computer
Vision, 1992, 9(2): 137-154.

［30］Shi J, Tomasi C. Good features to track［C］Proceedings of the IEEE
Conference on Computer Vision and Pattern Recognition［s. n.］: 1994:

593-600.

[31] 王瑞岩. 计算机视觉中相机标定及点云配准技术研究［D］. 西安：西安电子科技大学，2015.

[32] Besl PJ, Mckay HD. A method for registration of 3-D shapes［J］. IEEE Transactions on Pattern Analysis and Machine Intelligence, 1992, 14(2): 239-256.

[33] 何婧，吴跃，杨帆，等. 基于 KD 树和 R 树的多维云数据索引［J］. 计算机应用，2014，34（11）：3218-3221+3278.

[34] Schutz C, Jost T, Hugli H. Multi-feature matching algorithm for free-form 3D surface registration［C］. Proceeding of the 14th International Conference on Pattern Recognition, 1998, 2: 982-984.

[35] Johnson A, Kang SB. Registration and Integration of textured 3-D data［R］. Technique Report CRL96/4, Digital Equipment Corporation. Cambridge Research Lab. 1996.

[36] Strecha C, Hansen WV, Gool LV, et al. On benchmarking camera calibration and multi-view stereo for high resolution imagery［C］IEEE Conference on Computer Vision and Pattern Recognition. IEEE, 2008: 1-8.

[37] 郭慧，马永有，潘家祯. 基于遗传算法的复杂平面曲线轮廓度误差评定［J］. 华东理工大学学报（自然科学版），2007，33（6）：888-892.

[38] 王进. 叶片表面测量点曲线拟合及轮廓度误差评定［J］. 航空制造技术，2014（7）：88-90.

[39] 张琳，郭俊杰，姜瑞，等. 自由曲线轮廓度误差评定中的坐标系自适应调整［J］. 仪器仪表学报，2002，23（2）：115-117：217.

[40] 蔺小军，王增强，史耀耀. 平面复杂曲线轮廓度误差评定和判别［J］. 计量学报，2011，32（3）：227-234.

[41] 郭慧，潘家祯. 采用进化算法的空间曲线误差计算［J］. 工程图学学报，

2008（3）：93-98.

［42］于源，邱子魁. 平面曲线轮廓度误差评定的算法分析［J］. 北京化工大学学报，2006，33（4）：41-43；47.

［43］Tomas P, Luc VG. Matching of 3-D curves using semi-differential Invariants［C］. 5th International Conference on Computer Vision, Cambridge Ma, IEEE Computer Society Press, 1995: 390-395.

［44］Tomas P, Luc VG. Efficient matching of space curves［C］. Computer Analysis of Images and Patterns, 1995: 25-32.

［45］Kuhl FP, Giardina CR. Elliptic fourier features of a closed contour［J］. Computer Graphics Image Processing, 1982(18): 236-258.

［46］Lin CS, Hwang CL. New forms of shape invariants from elliptic fourier descriptors［J］. Pattern Recognition, 1987(20): 535-545.

［47］林增刚，周明全. 基于不变特征量的空间三维曲线匹配［J］. 计算机工程与应用 2003. 32：105-107.

［48］彭家贵，陈卿. 微分几何［M］. 北京：高等教育出版社，2002.

［49］Andre G, Nicholas A. Soomthing and matching of 3-D space curves［J］. International Journal of Computer Vision, 1994, 12(1): 79-104.

［50］Thomas L, Joao JR, Hello L, et al. Arc-length based curvature estimator［C］. Proceeding of the Computer Graphics and Image Processing, VVII Brazilian Symposium, 2004: 250-257.

［51］Thomas L, Joao JR, Hello L, et al. Curvature and torsion estimators based on parametric curve fitting［J］. Computers & Graphics, 2005(29): 641-655.

［52］Thanh PN, Isabelle DR. Curvature estimation in noisy curves［C］. Conference on Computer Analysis of Images and Patterns. Springer Verlag, 2007: 474-481.

［53］Thanh PN, Isabelle DR. Curvature and torsion estimators for 3D curves

［M］. Advances in Visual Computing. Springer Berlin Heidelberg, 2008.

［54］ Tang CK, Medioni G. Robust estimation of curvature information from noisy 3D data for shape description ［C］. The Proceedings of the Seventh IEEE International Conference on Computer Vision, 1999. 152(4): 426-433.

［55］ 童莉, 平西建, 李磊. 一种基于自适应模糊段的离散曲率估计 ［J］. 计算机辅助设计与图形学报, 2007, 19（5）: 589-594.

［56］ 方丽菁, 卢卫君, 黄文均. 曲率扰率的估计算法及其工艺嵌入 ［J］. 图学学报, 2012, 33（2）: 9-13.

［57］ Chong HL, Hon SD. Invariant representation and matching of space curves ［J］. Journal of Intelligent and Robotic Systems, 2000, (28): 125-149.

［58］ 宋海川. 点到自由曲线和曲面上法向投影问题的研究 ［D］. 清华大学, 2015.

［59］ 钱春. 基于区间牛顿法的点到参数曲线最小距离的计算方法 ［J］. 机电工程, 2010, 27（1）: 82-84.

［60］ 廖平. 分割逼近法快速求解点到复杂平面曲线最小距离 ［J］. 计算机工程与应用, 2009, 45（10）: 163-164.

［61］ 温秀兰, 许有熊, 王东霞, 等. 基于拟随机序列求解点到自由曲线最短距离 ［J］. 计算机仿真, 2012, 29（8）: 105-108.

［62］ Hoppe H, DeRose T, Duchampy T, et al. Surface reconstruction from unorganized points ［J］. Computer Graphics, 1992(26): 71-78.

［63］ Medioni G, Tang CK, Lee MS. Tensor voting: theory and applications ［J］. Proceedings of Rfia, 2000, 34(8): 1482-1495.

［64］ Lele SK. Compact finite difference scheme with spectral-like resolution ［J］. Journal of computational Physics, 1992, 3(1): 16-42.

［65］ Chu PC, Fan CW. A three-point combined compact difference scheme ［J］. Journal of Computational Physics, 1998, 140(2): 370-399.

［66］Chu PC, Fan CW. A three-point sixth-order nonuniform combined compact difference Scheme［J］. Journal of Computational Physics, 1999, 148(2): 663-674.

［67］伍丽峰，陈岳坪，谌炎辉，等. 求点到空间参数曲线最小距离的几种算法［J］. 机械设计与制造，2011（9）：15-17.

［68］甘用立. 形状和位置误差检测［M］. 北京：国防工业出版社，1995.

［69］汪凯. 形状和位置公差标准应用指南［M］. 北京：中国标准出版社，1999.

［70］Menq CH, Yau HT, Lai GY. Automated precision measurement of surface profile in CAD-directed inspection［J］. IEEE Transactions on Robotics & Automation, 1992, 8(2): 268-278.

［71］Fischler MA, Bolles RC. Random sample consensus: a paradigm for model fitting with applications to image analysis and automated cartography［J］. Readings in Computer Vision, 1981, 24(6): 381-395.

［72］Aiger D, Mitra NJ, Cohen OD. 4-points congruent sets for robust pairwise surface registration［C］. ACM SIGGRAPH. ACM, 2008: 85.

［73］杜建军，高栋，孔令豹，等. 光学自由曲面误差评定中匹配方法的研究［J］. 光学精密工程，2006，14（1）：133-138.

［74］刘晶. 叶片数字化检测中的模型配准技术及应用研究［D］. 西北工业大学，2006.

［75］席平，孙肖霞. 基于 CAD 模型的涡轮叶片误差检测系统［J］. 北京航空航天大学学报，2008，34（10）：1159-1162.

［76］徐毅，李泽湘. 自由曲面的匹配检测新方法［J］. 哈尔滨工业大学学报，2010，42（1）：106-108.

［77］蔺小军，单晨伟，王增强，等. 航空发动机叶片型面三坐标测量机测量技术［J］. 计算机集成制造系统，2012，18（1）：125-131.

［78］胡述龙，张定华，张莹，等. 带公差约束的数字样板叶型检测方法［J］.

航空学报，2013，34（10）：2411-2418.

［79］ Barequet G, Sharir M. Partial surface matching by using directed footprints ［C］. Twelfth Symposium on Computational Geometry. ACM, 1996: 409-410.

［80］ Johnson AE, Hebert M. Surface matching for object recognition in complex three dimensional scenes ［J］. Image & Vision Computing, 1998, 16(9-10): 635-651.

［81］ Chua CS, Jarvis R. Point signatures: A new representation for 3D object recognition ［J］. International Journal of Computer Vision, 1997, 25(1): 63-85.

［82］ Yamany SM, Farag AA. Surface signatures: an orientation independent free-form surface representation scheme for the purpose of objects registration and matching ［J］. IEEE Transactions on Pattern Analysis & Machine Intelligence, 2002, 24(8): 1105-1120.

［83］ 马骊溟，徐毅，李泽湘. 基于旋量理论的复杂曲面定位算法 ［J］. 农业机械学报，2007，38（11）：129-132.

［84］ 石磊，孙根正，王仲奇，等. 基于最大独立集的曲面匹配算法研究 ［J］. 机械科学与技术，2010，29（12）：1617-1622.

［85］ Li Y, Gu P. Automatic localization and comparison for free-form surface inspection ［J］. Journal of Manufacturing Systems, 2006, 25(4): 251-268.

［86］ 徐金亭，孙玉文，刘伟军. 复杂曲面加工检测中的精确定位方法［J］. 机械工程学报，2007，43（6）：175-179.

［87］ Mehrad V, Xue D, Gu P. Robust localization to align measured points on the manufactured surface with design surface for freeform surface inspection ［J］. Computer-Aided Design, 2014, 53: 90-103.

［88］ Chua CS, Jarvis R. 3D free-form surface registration and object recognition

〔J〕. International Journal of Computer Vision, 1996, 17(1): 77-99.

〔89〕 Ko KH, Maekawa T, Patrikalakis NM. Algorithms for optimal partial matching of freeform objects with scaling effects 〔J〕. Graphical Models, 2005, 67(2): 120-148.

〔90〕 Ko KH, Maekawa T, Patrikalakis NM. An algorithm for optimal free-form object matching 〔J〕. 2003, 35(10): 913-923.

〔91〕 Mitra NJ, Gelfand N, Pottmann H, et al. Registration of point cloud data from a geometric optimization perspective 〔C〕 Proceedings of the 2004 Eurographics ACM SIGGRAPH symposium on Geometry processing, 2004: 22-31.

〔92〕 潘小林，张丽艳，揭裕文，等. 三维曲面部分匹配的算法研究 〔J〕. 南京航空航天大学学报，2004，36（5）：544-549.

〔93〕 王坚，周来水. 基于最大权团的曲面粗匹配算法 〔J〕. 计算机辅助设计与图形学学报，2008，20（2）：167-173.

〔94〕 李宗民，刘玉杰，李华. 基于极半径曲面矩的三维模型检索 〔J〕. 软件学报，2007，18（Supplement）：71-76.

〔95〕 Xiao G, Ong SH, Foong KW. Efficient partial-surface registration for 3D objects 〔J〕. Computer Vision & Image Understanding, 2005, 98(2): 271-293.

〔96〕 任同群，赵悦含，龚春忠，等. 自由曲面测量的三维散乱点云无约束配准 〔J〕. 光学精密工程，2013，21（5）：1234-1243.

〔97〕 郑航. 基于点云配准的自由曲面寻位技术研究 〔D〕. 镇江：江苏大学，2015.

〔98〕 Lorusso. A comparison of four algorithms for estimating 3-D rigid transformations 〔C〕. In Proc, BMVC, 1995: 237-246.

〔99〕 Chen Y, Medioni G. Object modeling by registration of multiple range images〔C〕. International Conference on Robotics and Automation, Proceedings. IEEE, 1991: 145-155.

〔100〕 Zhang Z. Iterative point matching for registration of free-form curves and surfaces〔J〕. International Journal of Computer Vision, 1994, 13(2): 119-152.

〔101〕 Rusinkiewicz S, Levoy M. Efficient variants of the ICP algorithm〔C〕. International Conference on 3-D Digital Imaging and Modeling, 2001: 145-152.

〔102〕 Fitzgibbon AW. Robust registration of 2D and 3D point sets〔J〕. Image & Vision Computing, 2002, 21(13): 1145-1153.

〔103〕 杨志永, 毕德学, 孟强, 等. 四旋翼飞行器航姿参考系统的误差补偿方法研究〔J〕. 计算机测量与控制, 2016, 24(2): 267-270.

〔104〕 刘通, 罗天男, 乔立岩, 等. 基于分支限界的三维曲面全局配准方法〔J〕. 仪器仪表学报, 2016, 37(8): 1869-1877.

〔105〕 李淑萍, 闫坤, 李环, 等. 利用单纯形法优化点到曲面的最近距离〔J〕. 图学学报, 2006, 27(1): 116-118.

〔106〕 叶晓平, 龚友平, 陈国金. 快速求解点到自由曲面的距离的方法〔J〕. 图学学报, 2008, 29(4): 91-95.

〔107〕 廖平. 用粒子群优化算法计算点到复杂曲面最短距离〔J〕. 计算机仿真, 2009, 26(8): 176-178.

〔108〕 董明晓, 郑康平, 许伯彦, 等. 一种快速求取空间点到曲面最短距离的算法〔J〕. 组合机床与自动化加工技术, 2004(9): 11-12.

〔109〕 徐汝锋, 陈志同, 陈五一. 计算点到曲面最短距离的网格法〔J〕. 计算机集成制造系统, 2011, 17(1): 95-100.

〔110〕 廖平. 基于遗传算法和分割逼近法精确计算复杂曲面轮廓度误差〔J〕. 机械工程学报, 2010, 46(10): 1-7.

［111］ 朱建宁，王敏杰，魏兆成，等. 计算空间点到细分曲面有符号最近距离的方法［J］. 计算机集成制造系统，2013，19（4）：687-694.

［112］ Che W, Paul JC, Zhang X. Lines of curvature and umbilical points for implicit surfaces［J］. Computer Aided Geometric Design, 2007, 24(7): 395-409.

［113］ Min K. Estimating principal properties on triangular meshes［M］ Convergence and Hybrid Information Technology. Springer Berlin Heidelberg, 2011: 614-621.

［114］ An Y, Shao C, Wang X, et al. Estimating principal curvatures and principal directions from discrete surfaces using discrete curve model［J］. Journal of Information & Computational Science, 2011, 8(2): 296-311.

［115］ Szilvasi NM. Face-based estimations of curvatures on triangle meshes［J］. Journal for Geometry & Graphics, 2008, 12(1): 63-73.

［116］ Goldfeather J, Interrante V. A novel cubic-order algorithm for approximating principal direction vectors［J］. ACM Transactions on Graphics, 2004, 23(1): 45-63.

［117］ Taubin G. Estimating the tensor of curvature of a surface from a polyhedral approximation［C］ International Conference on Computer Vision, 1995. Proceedings. IEEE Xplore, 1995: 902-907.

［118］ Rusinkiewicz S. Estimating curvatures and their derivatives on triangle meshes［C］. International Symposium on 3d Data Processing, Visualization and Transmission, 2004：486-493.

［119］ 程章林，张晓鹏. 基于法向拟合的微分几何量估计［J］. 中国科学：信息科学，2009，39（1）：72-84.

［120］ Ma W，Kruth JP. Parameterization of randomly measured points for least squares fitting of B-spline curves and surfaces［J］. Computer-Aided

Design，1995，27（9）：663-675.

［121］ 贺美芳，周来水，神会存. 散乱点云数据的曲率估算及应用［J］. 南
京航空航天大学学报，2005，37（4）：515-519.

［122］ 谭昌柏. 逆向工程中基于特征的实体模型重建关键技术研究［D］. 南
京：南京航空航天大学，2006.

［123］ 陈娟，李崇君，陈万吉. 采用三角形面积坐标的四边形 17 节点样条单
元［J］. 应用数学和力学，2010，31（1）：117-126.

［124］ 车武军，张晓鹏，车武军，等. 一种在三角网格曲面上检测脐点的方
法［P］. 中国，201010175614. 5，2010-5-12.

［125］ Maekawa T, Wolter FE, Patrikalakis NM. Umbilics and lines of curvature
for shape interrogation［J］. Computer Aided Geometric Design, 1996,
13(2): 133-161.

［126］ Liu YS, Paul JC, Yong JH, et al. Automatic least-squares projection of
points onto point clouds with applications in reverse engineering［J］.
Computer-Aided Design, 2006, 38(12): 1251-1263.

［127］ Azariadis PN. Parameterization of clouds of unorganized points using
dynamic base surfaces［J］. Computer-Aided Design，2004，36（7）：
607-623.

［128］ 赵俊莉，辛士庆，刘永进，等. 网格模型上的离散测地线. 中国科学：
信息科学，2015，45（3）：313-335.

［129］ Memoli F, Sapiro G. Distance functions and geodesics on points clouds
［R］. Technical Report 1902, IMA, University ofMinnesota, Minneapolis,
USA, 2003.

［130］ 肖春霞，冯结青，缪永伟，等. 基于 Level Set 方法的点采样曲面测地
线计算及区域分解［J］. 计算机学报，2005，28（2）：250-258.

［131］ Hoffer M, Pottmann H. Energy-minimizing splines in manifolds［J］.

ACM Transactions on Graphics, 2004, 23(3): 284-293.

［132］ Ruggeri MR, Darom T, Saupe D, et al. Approximating geodesics on point set surfaces ［C］. Proceedings of the 3rd Eurographics Conference on Point-Based Graphics, 2006: 85-94.

［133］ 杜培林，屠长河，王文平. 点云模型上测地线的计算 ［J］. 计算机辅助设计与图形学学报，2006，18（3）：438-442.

［134］ Crane K, Weischedel C, Wardetzky M. Geodesics in heat: a new approach to computing distance based on heat flow ［J］. ACM Transactions on Graphics, 2013, 32(5): 152.

［135］ Liu Y, Prabhakaran B, Guo XH. Point-based manifold harmonics ［J］. IEEE Transactions on Visualization and Computer Graphics, 2012, 18(10): 1693-1703.

［136］ Yu HC, Zhang JJ, Zheng J. Geodesics on point clouds ［J］. Mathematical Problems in Engineering, 2014(2): 1-12.

［137］ 孙家广. 计算机图形学（第三版）［M］. 北京：清华大学出版社，1998.

［138］ Sethian JA. A fast marching level set method for monotonically advancing fronts ［C］. Proceedings of the National Academy of Sciences of the USA Paper Edition, 1996, 93(4): 1591-1595.

［139］ Osher S, Sethian JA. Fronts propagating with curvature dependent speed: Algorithms based on Hamilton-Jacobi formulations ［J］. Journal of Compute Physis, 1998, 79(1): 12-49.

［140］ Sethian JA. Fast marching methods ［J］. SIAM Review 1999, 41(2): 199-235.

［141］ Sethian JA. Level Set Methods and Fast marching methods ［M］. Cambridge Monographs on Applied and Computational Mathematics. Second edition. Cambridge University Press, 1999.

［142］ Sethian JA, Popovici AM. 3D traveltime computation using the fast marching method ［J］. Geophysics, 1999, 64(2): 516-23.

［143］ Rickett J, Fomel S. A second-order fast marching eikonal solver ［R］. Technical report, Stanford Exploration Project, 2000.

［144］ Bærentzen JA. On the implementation of fast marching methods for 3D lattices ［R］. Technical report, Technical University of Denmark, 2001.

［145］ Hassouna MS, Farag AA. Multistencils fast marching methods: a highly accurate solution to the eikonal equation on cartesian domains ［J］. IEEE Transactions on Pattern Analysis and Machine Intelligence, 2007, 29(9): 1-11.

［146］ Covello P, Rodrigue G. A generalized front marching algorithm for the solution of the eikonal equation ［J］. Journal of Computational and Applied Mathematics, 2003, 156: 371-388.

［147］ Golub GH, Van CF. Matrix computations(3rd Edition) ［M］. Maryland: Johns Hopkins University Press, 1996.

［148］ Pauly M, Keiser R, Kobbelt LP, et al. Shape modeling with point-sampled geometry ［J］. ACM Transactions on Graphics, 2003, 22(3): 641-650.

［149］ Mitran NJ, Nguyen A, Guibas L. Estimating surface normals in noisy point cloud data ［J］. International Journal of Computational Geometry & Applications, 2004, 14(4): 261-276.

［150］ Dey TK, Li G, Sun J. Normal estimation for point clouds: a comparison study for a Voronoi based method ［C］. Proceedings Eurographics/IEEE VGTC Symposium Point-Based Graphics, 2005.

［151］ Park JC, Shin H, Choi BK. Elliptic Gabriel graph for finding neighbors in a point set and its application to normal vector estimation ［J］. Computer-Aided Design, 2006, 38(6): 619-626.

［152］Zhang J, Cao JJ, Liu XP, et al. Point cloud normal estimation via low-rank subspace clustering［J］. Computers & Graphics, 2013, 37(6): 697-706.

［153］Wang CH, Tanahashi H, Hirayu H, et al. Comparison of local plane fitting methods for range data［C］. IEEE Conference on Computer Vision and Pattern Recognition, 2001, 1: I-663-669.

［154］Gopi M, Krishnan S, Silva CT. Surface reconstruction based on lower dimensional localized delaunay triangulation［J］. Computer Graphics Forum, 2000, 19(3): 467-478.

［155］Yang M, Lee E. Segmentation of measured point data using a parametric quadric surface approximation［J］. Computer-Aided Design, 1999, 31(7): 449-457.

［156］Sun W, Bradley C, Zhang YF, et al. Cloud data modeling employing a unified, non-redundant triangular mesh［J］. Computer-Aided Design, 2001, 33(2): 183-193.

［157］Vanco M. A direct approach for the segmentation of unorganized points and recognition of simple algebraic surfaces［D］. Chemnitz: University of Technology Chemnitz, 2003.

［158］Klasing K, Althoff D, Wollherr D, et al. Comparison of surface normal estimation methods for range sensing applications［C］. IEEE International Conference on Robotics and Automation, 2009.

［159］Jordan K, Mordohai P. A quantitative evaluation of surface normal estimation in point clouds［C］. IEEE/RSJ International Conference on Intelligent Robots and Systems, 2014.

［160］Grimm C, Smart WD. Shape classification and normal estimation for non-uniformly sampled, noisy point data［J］. Computers &Graphics, 2011, 35(4): 904-915.

［161］ Amenta N, Bern M. Surface reconstruction by voronoi filtering ［J］. Discrete and Computational Geometry, 1999, 22(4): 481-504.

［162］ Dey TK, Goswami S. Provable surface reconstruction from noisy samples ［J］. Computational Geometry, 2006, 35(1-2): 124-141.

［163］ Ouyang DS, Feng HY. On the normal vector estimation for point cloud data from smooth surfaces ［J］. Computer-Aided Design, 2005, 37(10): 1071-1079.

［164］ Gouraud H. Continuous shading of curved surfaces ［J］. IEEE Transactions on Computers, 1971, 20(6): 623-629.

［165］ Thürrner G, Wüthrich CA. Computing vertex normals from polygonal facets ［J］. Journal of Graphics Tools, 1998, 3(1): 43-46.

［166］ Max N. Weights for computing vertex normals from facet normals ［J］. Journal of Graphics Tools, 1999, 4(2): 1-6.

［167］ Jin SS, Lewis R, West D. A comparison of algorithms for vertex normal computation ［J］. The Visual Computer, 2005, 21(1-2): 71-82.

［168］ Song T, Xi FF, Guo S, et al. A comparison study of algorithms for surface normal determination based on point cloud data ［J］. Precision Engineering, 2014, 39: 47-55.

［169］ Woo H, Kang E, Wang S, et al. A new segmentation method for point cloud data ［J］. International Journal of Machine Tools & Manufacture, 2002, 42(2): 167-178.

［170］ Demarsin K, Vanderstraeten D, Volodine T, et al. Detection of closed sharp edges in point clouds using normal estimation and graph theory ［J］. Computer-Aided Design, 2007, 39(4): 276-283.

［171］ Guennebaud G, Gross M. Algebraic point set surfaces ［J］. ACM Transactions on Graphics, 2007, 26(3): 23.

［172］ Borrmann D, Elseberg J, Lingemann K, et al. The 3D hough transform for plane detection in point clouds: A review and a new accumulator design ［J］. 3D Research, 2011, 2(2): 3.

［173］ Boulch A, Marlet A. Fast and robust normal estimation for point clouds with sharp features ［J］. Computer Graphics Forum, 2012, 31(5): 1765-1774.

［174］ Li B, Schnabel R, Klein R, et al. Robust normal estimation for point clouds with sharp features ［J］. Computers&Graphics, 2010, 34(2): 94-106.

［175］ Wang Y T, Feng HY, Delorme FE, et al. Anadaptive normal estimation method for scanned point clouds with sharp features［J］. Computer-Aided Design, 2013, 45(11): 1333-1348.

［176］ Wang Jun, Yang ZW, Chen FL. A variational model for normal computation of point clouds ［J］. The Visual Computer, 2012, 28(2): 163-174.

［177］ Yu Y, Wu QB, Khan Y, et al. An adaptive variation model for point cloud normal computation［J］. Neural Computing and Applications, 2015, 26(6): 1451-1460.

［178］ Liu J, Cao JJ, Liu XP, et al. Mendable consistent orientation of point clouds ［J］. Computer-Aided Design, 2014, 55: 26-36.

［179］ Milroy MJ, Bradley C, Vickers GW. Segmentation of a wrap-around model using an active contour ［J］. Computer-Aided Design, 1997, 29(4): 259-320.

［180］ Huang J, Menq CH. Automatic data segmentation for geometric feature extraction from unorganized 3-d coordinate points［J］. IEEE Transactions on Robotics & Automation, 2001, 17: 268-279.

［181］ Hubeli A, Gross M. Multi resolution feature extraction for unstructured meshes〔C〕. Proceedings of the Conference on Visualization. IEEE Computer Society, SanDiego, California, 2001. Weily: 287-294.

[182] Hildebrandt K, Polthier K, Wardetzky M. Smooth feature lines on surface meshes〔C〕. Proceedings of the Symposium on Geometry Processing, 2005: 85-90.

[183] Weinkauf T, Gunther D. Separatrix persistence: extraction of salient edges on surfaces using topological methods〔J〕. Comput Grapicsh Forum 2009, 28(5): 1519-1528.

[184] Vidal V, Wolf C, Dupont F. Robust feature line extraction on cad triangular meshes〔C〕. Proceedings of the International Conference on Computer Graphics Theory and Applications, 2011.

[185] 柯映林，范树迁. 基于点云的边界特征直接提取技术〔J〕. 机械工程学报，2004，40（9）：116-120.

[186] 柯映林，单东日. 基于边特征的点云数据区域分割〔J〕. 浙江大学学报（工学版），2005，39（3）：377-396.

[187] 柯映林，陈曦. 点云数据的几何属性分析及区域分割〔J〕. 机械工程学报，2006，42（8）：7-15.

[188] Park MK, Lee SJ, Lee KH. Multi-scale tensor voting for feature extraction from unstructured point clouds〔J〕. Graphical Models, 2012, 74(4): 197-208.

[189] Page DL, Sun YY, Koschan AF, et al. Normal vector voting: crease detection and curvature estimation on large, noisy meshes〔J〕. Graphical Models, 2002, 64(3-4): 199-229.

[190] Dey TK, Wang L. Voronoi-based feature curves extraction for sampled singular surfaces〔J〕. Computers &Graphics, 2013, 37(6): 659-668.

[191] Chang J. Segmentation-based filtering and object-based feature extraction

from airborne LIDAR point cloud data ［D］. Texas: The University of Texas, 2011.

［192］ Zhang YH, Geng GH, Wei XR, et al. A statistical approach for extraction of feature lines from point clouds ［J］. Computers & Graphics, 2016, 56: 31-45.

［193］ Lee KW, Bo PB. Feature curve extraction from point clouds via developable strip intersection ［J］. Journal of Computational Design and Engineering, 2016, 3(2): 102-111.

［194］ Gumhold S, Wang XL, Macleodz R. Feature extraction from point clouds ［C］. Proceeding of the 10th international meshing roundtable, 2001: 293-305.

［195］ 王一平. 曲面法向单位矢与主曲率的关系及其推论 ［J］. 西安电子科技大学学报, 1991, 18(1): 99-102.

［196］ Lee IK. Curve reconstruction from unorganized points. Computer-Aided Geometric Design ［J］. 2000, 17(2): 161-177.

［197］ Daniels JI, Ha LK, Ochotta T, et al. Robust smooth feature extraction from point clouds ［C］. Proceedings of the IEEE International Conference on Modeling and Applications, 2007: 123-36.

［198］ Nourse BE, Iiakala DG, Hillyard RC, et al. Natural quadrics in mechanical design ［C］. Proceedings of Autofact West 1, Anaheim, CA., 1980: 363-378.

［199］ Petitjean S. A survey of methods for recovering quadrics in triangle meshes ［J］. ACM Computing Surveys, 2002, 34(2): 211-262.

［200］ Toony Z, Laurendeau D, Gagne C. Describing 3D geometric primitives using the gaussian sphere and the gaussian accumulator ［J］. 3D Research, 2015, 6(4): 42.

［201］ Bolles RC, Fischler MA. A ransac-based approach to model fitting and its application to finding cylinders in range data ［C］. Proceedings of the 7th IJCAI, Vancouver, Canada, 1981: 637-643.

［202］ Chaperon T, Goulette F. Extracting cylinders in full 3d data using a random sampling method and the gaussian image ［C］. Gaussian image: Proceedings of the Vision Modeling and Visualization Conference, University of Stuttgart, Germany, 2001: 35-42.

［203］ Schnabel R, Wahl R, Klein R. Efficient ransac for point-cloud shape detection ［J］. Comput Graphics Forum, 2007, 26(2): 214-226.

［204］ Rabbani T, Van D, Heuvel F. Efficient hough transform for automatic detection of cylinders in point clouds ［J］. ISPRS Workshop on Laser scanning 2005, Enschede, the Netherlands, 2005: 60-65.

［205］ Pratt V. Direct least-squares fitting of algebraic surfaces ［J］. Computer Graphics, 1987, 21(4): 145-152.

［206］ Lukacs G, Marshall AD, Martin RR. Geometric least-squares fitting of spheres, cylinders, cones and tori ［R］. Technical Report, University of Wales, 1997.

［207］ Lukacs G, Martin RR, Marshall AD. Faithful least-squares fitting of spheres, cylinders, cones and tori for reliable segmentation ［C］. Proceedings of Fifth European Conference on Computer Vision, H. Burkhardt and B. Neumann eds. , 1998, I: 671-686.

［208］ Marshall AD, Lukacs G, Martin RR. Robust segmentation of primitives from range data in the presence of geometric degeneracy ［J］. IEEE Transactions on Pattern Analysis and Machine Intelligence, 2001, 23(3): 304-314.

［209］ Tran TT, Cao VT, Laurendeau D. Extraction of cylinders and estimation of their parameters from point clouds［J］. Computers & Graphics, 2015, 46: 345-357.

［210］ Buse L, Galligo A, Zhang JJ. Extraction of cylinders and cones from minimal point sets［J］. Graphical Models, 2016, 86: 1-12.

［211］ Carr JC, Beatson RK, Cherrie JB, et al. Reconstruction and representation of 3D objects with radial basis functions［C］. Proceedings of the ACM SIGGRAPH Conference on Computer Graphics. Los Angeles: ACM, 2001: 67-76.

［212］ Kazg DM, Bolitho M, Hoppe H. Poisson surface reconstruction［C］. Proceedings of Eurographics Symposium on Geometry Processing. Cagliari, Italy, 2006: 61-70.

［213］ 方林聪, 汪国昭. 基于径向基函数的曲面重建算法［J］. 浙江大学学报(工学版), 2010, 44(4): 728-731.

［214］ 李自胜, 肖晓萍, 蒋刚. 水平集方法在点云建模中的应用研究［J］. 工程图学学报, 2009(4): 102-106.

［215］ Cazals F, Giesen J. Delaunay triangulation based surface reconstruction［M］. Effective Computational Geometry for Curves and Surfaces(Mathematics and Visualization). Springe r-Verlag, 2006: 231-276.

［216］ Dey TK, Goswami S. Tight cocone: a water-tight surface reconstructor ［C］. Proceedings of the Symposium on Solid Modeling and Applications. Sea ttle: ACM, 2003: 127-134.

［217］ Dong CS, Wanf GZ. Surface reconstruction by offset surface filtering［J］. Journal of Zhejiang University(Science in Engineering), 2005, 6A(Suppl.): 137-143.

［218］ Boissonnat JD. Geometric structures for three-dimensional shape represe ntation［J］. Transactions on Graphics, 1984, 3(4): 266-286.

［219］ Amenta N, Marshall B, Manolic K. A new Voronoi-based surface reconstruction algorithm ［C］. Proceedings of the ACM SIGGRAPH Conference on Computer Graphics. Orlando, ACM, 1998: 415-421.

［220］ Bernardini F, Mittleman J, Rushmeier H, et al. The ball-pivoting algorithm for surface reconstruction ［J］. IEEE Transactions on Visualization and Computer Craphics, 1999, 5(4): 349-359.

［221］ Granlund GH, Knutsson H. Signal processing for computer Vision ［M］. Kluwer Academic Publishers, 1995.

［222］ 范典，刘永进，贺英. 数字几何处理中 laplace-beltrami 算子的离散化理论与应用研究综述 ［J］. 计算机辅助设计与图形学学报，2015，27（4）：559-569.

［223］ Bajaj CL, Xu GL. Anisotropic diffusion of surfaces and functions on surfaces ［J］. ACM Transactions on Graphics, 2003, 22(1): 4-32.

［224］ Clarenz U, Diewald U, Rumpf M. Anisotropic geometric diffusion in surface processing ［C］. Proceedings of the 11th IEEE Visualization Conference, 2000.

［225］ Bronstein MM, Kokkinos I. Scale-invariant heat kernel signatures for non-rigid shape recognition ［C］. Proceedings of IEEE Conference on Computer Vision and Pattern Recognition. 2010.

［226］ Schneider R, Kobbelt L. Geometric fairing of irregular meshes for free-form surface design ［J］. Computer Aided Geometric Design, 2001, 18(4): 359-379.

［227］ Lai RJ, Zhao HK. Multi-scale non-rigid point cloud registration using robust sliced-wasserstein distance via laplace-beltrami eigenmap ［OL］. arXiv preprint arXiv: 1406. 3758, 2014. 1.

［228］ Reuter M, Wolter FE, Peinecke N. Laplace-beltrami spectra as 'shape-DNA' of surfaces and solids [J]. Computer-Aided Design, 2006, 38: 342-366.

[229] Taubin G. A signal processing approach to fair surface design [C]. Proceedings of the 22nd Annual Conference on Computer Graphics and Interactive Techniques, ACM New York, NY, USA, 1995: 351-358.

[230] Fujiwara K. Eigenvalues of laplacians on a closed riemannian manifold and its nets [C]. Proceedings of the American Mathematical Society, 1995, 123(8): 2585-2594.

[231] Belkin M, Sun J, Wang YS. Constructing laplace operator from point clouds in Rd [C]. Proceedings of the Twentieth Annual ACM-SIAM Symposium on Discrete Algorithms, 2009: 1031-1040.

[232] Wang RM, Yang ZW, Liu LG, et al. Discretizing laplace-beltrami operator from differential quantities [J]. Communications in Mathematics and Statistics, 2013, 1: 331-350.